U0153547

圖解系列

圖解

五南圖書出版公司 印行

大氣科學

張泉湧 / 著

閱讀文字

理解內容

觀看圖表

圖解讓
大氣科學
更簡單

序

三版序

自1930年代工業革命以來，由於人類不當活動造成全球暖化及氣候變遷，聯合國甚至於2023年7月27日宣告，全球開始步入全球沸騰時代（global boiling），人類面臨極端天氣與災難事件將更加嚴峻。作者於2015年6月2日搭機抵達紐西蘭北島奧克蘭國際機場時，正逢雷雨交加，飛機嘗試降落兩次失敗拉起重飛，在劇烈亂流中持續低空盤旋超過一小時後放棄，改降紐西蘭南島之基督城國際機場，致旅程延誤約五小時，親身感受大氣威力影響人類生活，包括飛安。

大氣科學是研究大氣本身及大氣現象的科學，需運用物理、數學及化學等基礎科學知識，以了解、詮釋曾經被歸諸於宗教神奇力量的大氣。大氣科學也是一座知識的橋樑，一端是基礎科學，另一端連結人類社會與天下蒼生；我們觀測大氣、嘗試了解大氣甚至預測未來，這中間環環相扣，我們將這些知識內化成獨一無二的大氣科學，最終目的無非是充分掌握大氣的瞬息萬變，預測大氣的趨勢，再善加利用這些資訊，希望可以趨吉避凶，更期待能讓地球環境永續發展；本書利用圖解方式，讓讀者能迅速理解並掌握先機。

我們所居住的地球表層主要由大氣圈、水圈、岩石圈、冰雪圈及生物圈等5大部分，共同組成一個綜合系統。大氣圈圍繞著地球，不但提供我們所需的空氣，並且影響陽光和氣溫、濕氣以及空氣流動，從而決定天氣。由於大氣圈中發生的各種現象不僅種類繁多，而且在時間和空間尺度上不受限制，其複雜性和不確定性是自然界最為突出的；大氣科學的研究必須擁有觀測點分散全球，觀測方法具高度協調統一以利比較，觀測資料能迅速交換集中，而國際間任何一個地區、一個國家都無法孤軍作戰；相反的，世界氣象工作也少不了任何一個地區或一個國家的合作。

大氣科學在它的發展進程中已逐漸形成許多分支，如大氣探測學、大氣化學、數值天氣預報學、氣候學及太空大氣學等，像一棵百年大樹，它的根深入基礎科學的土壤，吸取養分；從大氣科學主幹長出的枝葉，競相朝無窮的蒼穹伸展，象徵無限的應用層面與發展潛勢。

應用大氣科學是將大氣科學的原理、方法和成果應用於農業、水文、航海、航

空、軍事及太空等方面，也著重開發利用氣候資源。了解大氣科學的特性後，即可發現它的多樣性，每個人依照興趣，都可以在大氣科學中找到適合自己才能的研究方向，讓自己在這個充滿挑戰的領域中發光發熱。

解決全球沸騰與極端氣候議題，更需利用大氣科學知識，協助各領域節能減碳開發綠能，為讓國人能體認氣候劇烈變遷的嚴峻課題，建議政府與社會各界儘速從小培養國人認識大氣科學與全球暖化甚至全球沸騰議題，進而養成減碳愛地球觀念，尤其大學各學科如何將地球永續觀念融入課程，以成為大學生必備的基本素養，培養拯救地球菁英，實踐社會責任之人才。

本書於2015年出版第一版，隨即於2016年更新第二版，均獲各界讀者愛用，因此每年再加印 1刷，但因近年全球氣候災難更加嚴峻，五南圖書與作者咸認第二版需加以修訂以饗讀者，作者剛好於2022年7月完成《圖解全球暖化之危機與轉機》一書，因此構思探討全球暖化原因與大氣科學基本理念相結合，並迅速完成修訂本書第三版作業；感謝五南圖書堅強工作團隊，克服困難協助完成本書第三版的出版事宜。

最後作者更期盼讀者閱讀本書後，對所從事之工作、研究與日常生活都能獲得實質助益，尤盼讀者能於日常生活中，融入大氣科學知識，並實踐地球永續發展之觀念。

張泉湧

2023年8月於新北市新店

第5章 海洋氣象

第6章 大氣現象觀測

第7章 天氣分析與預測

第8章　大氣化學

第9章　氣候學

第10章 氣候異常與氣候災害

第11章 大氣科學的應用

CONTENTS 目錄

第 1 章
藍色地球與地球大氣的誕生

1-1 宇宙的誕生

大爆炸宇宙論（the big-bang theory）

在地球及其大氣誕生前實際上宇宙就已存在了，宇宙中有地球形成後再歷經 46 億年的演化，終於才誕生了生命。在浩瀚的宇宙中，目前只知地球為唯一有水及氧氣可供人類居住生存的星球，如同宇宙中唯一的綠洲。地球與地球上的大氣究竟是怎麼形成的？對地球大氣科學有興趣的讀者，有必要大略了解宇宙起源及宇宙科學的最新進展。

1927 年，比利時牧師與宇宙論者喬治勒梅特（Georges Henri Joseph Éduard Lemaître）提出「宇宙的膨脹源自於火球的膨脹」，並建議天文觀測者可以觀察遠方星系的紅位移現象，來證實宇宙膨脹的論點。

1929 年，天文科學家艾雲哈伯（Edwin P. Hubble）依據早期星系種類分類的研究工作經驗證實喬治勒梅特的宇宙膨脹論點。哈伯指出銀河中看似微弱的星雲其實是位在距離我們有幾百萬光年的其他星系中。哈伯發現遠方星系遠離我們的速度 v 和與我們的距離 d 成正比（即 $V = H_0 \times d$），式中比例常數 H_0 稱為「哈伯常數（Hubble constant）」，H_0 數值大小可以用來計算宇宙年齡。

1930 年喬治伽莫夫（George Gamow）與同事拉爾夫阿爾菲（Ralph Alpher）闡述宇宙的由來是起源於一次的「大爆炸宇宙論」。1949 年，喬治伽莫夫進一步依據理論推導，宇宙會有隨膨脹展開，約有絕對溫度 5K 的殘餘能量，散布在整個宇宙空間。由於質能互換原理，大爆炸所產生的能量最後乃轉為物質。

大爆炸宇宙論建立在 3 個主要基礎：

1. 由數學上證明廣義相對論只容許唯一的解，這個數學解是在時間原點時，整個宇宙的大小只是一個點，因大爆炸而炸開一個三度空間。由於空間以固定速率不斷向外膨脹，整個空間瞬間的大小可由時間形成指標和定義。

2. 美國天文學家哈伯證實宇宙確實是在膨脹中，並且愈遠的星系膨脹的速度愈快，與相對論的數學解大致吻合。

3. 1965 年阿默彭齊亞斯（Amo Penzias）和羅伯特威爾森（Robert Wilson）發現約 2～7K 的「宇宙背景輻射（cosmic background radiation）」，這是最具關鍵性的基礎，因而宇宙起源於大爆炸宇宙論得以廣被接受。

2014 年 3 月 17 日美國 BICEP（background imaging of cosmic extragalactic polarization）第 2 代計畫團隊（BICEP2）宣布，他們已在南極用太空望遠鏡首次監測到宇宙約 140 億年前大爆炸後，散發於宇宙空間的重力波，因此能夠支持大爆炸後在千萬億分之一秒的瞬間，宇宙迅速膨脹的直接證據。2015 年美國雷射干涉儀重力波觀測站（laser interferometer gravitational wave observatory, LIGO）首次觀察到一場黑洞合併事件引起的重力波，2017 年獲得諾貝爾物理獎。

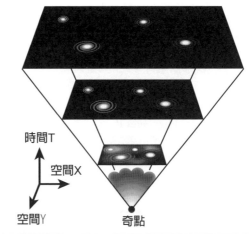

大爆炸宇宙論描述宇宙誕生初始條件及其後續演化的宇宙學模型，這一模型已獲當今科學研究和觀測最廣泛的支持。宇宙學家通常所指的大爆炸觀點為：宇宙是在過去某一時間之前，由一個密度極大且溫度極高的初始狀態，不斷的膨脹演變而達到目前狀態。

根據理論和觀測獲得宇宙的年齡約在 130～100 億年間，使用先進的科學儀器和研究方法，包括對宇宙微波背景輻射的測量以及對宇宙膨脹的多種測量方法，已能提升精確度。測量宇宙微波背景輻射可得到宇宙自大爆炸以來的冷卻時間，而測量宇宙膨脹則可計算出宇宙年齡的精確數據。

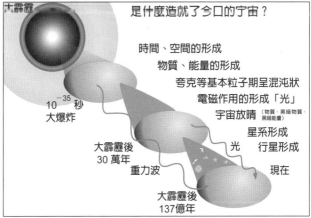

是什麼造就了今日的宇宙？

大霹靂

10^{-35} 秒
大爆炸

時間、空間的形成
物質、能量的形成
夸克等基本粒子期呈混沌狀
電磁作用的形成「光」
宇宙放晴（物質、黑暗物質、黑暗能量）
星系形成
行星形成

大霹靂後
30 萬年

重力波

光

現在

大霹靂後
137億年

美國 BICEP2 研究計畫，設在南極的天文望遠鏡。BICEP2 團隊包括哈佛史密森尼天文物理學中心、明尼蘇達大學、史丹福大學、加州理工學院及美國航空暨太空總署噴射推進實驗室等，進行長達 3 年的觀測，分析宇宙微波背景輻射，成功觀測到肉眼無法看見的重力波，等於找到大爆炸宇宙論的 DNA。

1-2 太陽星雲假說

　　1734 年，瑞典科學家兼哲學家伊曼紐斯威登堡（Emanuel Swedenborg）提出星雲假說，認為大爆炸後約經過 1 億年，因氫氣與氦氣互相結合而形成星際物質（interstellar medium），造成無數龐大的雲，部分則陸續形成恆星與銀河群。1755 年，德國哲學家伊曼努爾康德（Immanuel Kant）進一步提出太陽系起源的星雲假說（nebular hypothesis），他認為經過星際雲慢慢的旋轉後，由於引力的作用，雲氣逐漸坍塌和漸漸變得扁平，最後形成恆星和行星。1796 年，法國數學家皮埃爾拉普拉斯（Pierre Simon Laplace）提出類似概念，一致認為在太陽系形成之前，有一體積極其龐大，混雜著塵埃微粒的星際雲，稱為「原始太陽星雲」，這些可以被認為是早期的宇宙論。

　　大約在 50 億年前，原始太陽星雲的星際雲，開始因重力而潰縮，體積愈縮愈小，核心的溫度也愈來愈高，密度也愈來愈大。當體積縮小百萬倍後，成為一顆原始恆星，核心區域溫度也升高而趨近於 1,000 萬℃左右。當這個原始恆星或胎星的核心區域溫度高達 1,000 萬℃時，觸發了氫融合反應，也就是氫彈爆炸的反應，此時，一顆叫太陽的恆星就此誕生了。

太陽系與銀河（galaxy）

　　萬有引力使得星際物質中的微粒互相靠近，大微粒吸引小微粒而逐漸凝聚，引力最強的中心部分吸引的物質最多，最後就形成了太陽。銀河系的迴轉力，就是產生這種星際雲的原動力。依照星雲假說，當太陽形成後，原始星際雲的其它部分，也會因冷卻、收縮而產生自轉，在逐漸加快旋轉下變得扁平，形成一圓盤面，當此扁平狀旋轉盤內的氣體與塵埃彼此凝聚成愈來愈大的物體時，就會因引力作用而成為不穩定，最後分裂成許多所謂的「小行星」。這些小行星由於數量極多，在彼此撞擊下，有的碎裂成殘塊，這就是今天布滿整個太陽系內流星體的來源，但也有在多次互相撞擊後逐漸聚集在一起，最後就結合成體積較大、引力較強的行星。

　　銀河呈漩渦狀，並從其中心部分伸出許多類似動物觸手的漩渦狀伸長物，這些漩渦狀觸手所及的空間加上中心部分，就構成巨大的圓盤。包括核心在內的整個圓盤面，稱為「銀河面（galactic plane）」，數千個直徑約 10 光年，由恆星聚集而成的星團及新星，都被納入在此圓盤中。

　　我們的太陽和 8 大行星，幾乎在同一時期從星際雲中誕生；星際雲由飄浮在銀河系的氣體和微塵組成，氣體有 92% 是氫，7.8% 是氦，微塵的主要成分是矽酸鹽。哈伯太空望遠鏡最近觀測結果，宇宙中大概有 5,000 億個星雲；太陽系所在的銀河系，稱作「本銀河系（The Milky Way）」，與宇宙中的大多數銀河一樣，為一碟形的旋渦狀星雲。

原始太陽系形成示意圖

原始星雲由塵埃微粒與氣體均勻混合而成，塵埃微粒在星雲內沉降至赤道面，形成塵埃微粒層，最後分裂為小行星。較靠近原始太陽附近的小行星，因受太陽引力影響，其所組成的物質以岩石或金屬等較重者為主。這些微粒因互受引力作用，反覆碰撞並逐漸集結成長，當直徑達到數公里時就稱為小行星。接著當眾小行星中較大者與鄰近小行星集結後就可成長成原始行星。在能集結成小行星所分布的範圍內，行星愈成長，愈向太陽外擴展，但需花漫長時間，地球型者約需百萬年、木星型者約需 1 千萬～ 1 億年、而天王星型者更需花 1 ～ 10 億年才能形成。

左圖：位於仙女星座（The Andromeda Galaxy）的一個典型巨型旋渦星系（spiral galaxy），規模比銀河系大。
右圖：全球最大地面天文望遠鏡「阿塔卡瑪大型毫米及次毫米波陣列（Atacama large millimeter/submillimeter array, ALMA）」，2014 年 10 月以長基線模式觀測，獲超高解析度影像，揭露一顆約一百萬年的年輕恆星 HL Tau、位於金牛座的恒星，其星盤在濃密氣體和塵埃中形成，深色的環清楚可見，比哈伯太空望遠鏡在可見光下拍到的影像還清晰。影像顯示環繞年輕恆星 HL Tau 的原行星盤。ALMA 新觀測能揭露出前所未見的盤狀內結構，甚至顯示出行星可能正在形成的位置。
Credit：ALMA（ESO/NAOJ/NRAO）

1-3 太陽系的誕生

在銀河系的漩渦臂上，誕生出許多周圍被雲氣所包圍的原始恆星，太陽乃誕生在其中的一個，其周圍環境為高溫雲氣。距今約 46 億年前，太陽系還是一團充滿氣體塵埃的星雲圈，它的中心就是最初的太陽。包圍太陽的雲氣不停旋轉，受重力壓縮及雲氣角動量守恆的結果使得雲氣變成一個扁平的盤狀結構，能量一直往外傳遞，物質不停的往中心集中，繞著太陽中心旋轉。盤中的微粒不斷地運動、碰撞。固體微粒吸附氣體微粒，並形成大的團塊。大團塊不斷壯大，最後形成幾個原始行星的胚胎，其中一個就是地球。

太陽內部一直被重力擠壓溫度升高，不斷產生氫融合或氦的核融合反應，並輻射出熱能照射太陽周圍的雲氣。在最初太陽星雲中，不同成分的物質會依距離太陽的遠近而在不同的溫度區域裡結合。例如揮發性較低的物質會在溫度較高處凝結，也就是在離太陽較近處聚集。揮發性較高的氣體物質會被太陽熱輻射送往溫度較低處結合，也就是凝結聚集的地方會離太陽很遠。

目前我們知道太陽系內層的水星、金星、冥王星、地球與火星，它們的體積較小，表面都有硬的地殼，稱為「類地行星（固體型行星）」，而較外層的木星、土星、天王星與海王星體積較大，且都是由氣體所構成，則稱之為「類木行星（氣體型行星）」。類地行星的平均密度每立方公分約有 4～5 公克，這表示它們的地涵大部分為岩石物質所構成，其核心多為鐵與鎳，而類木行星的平均密度每立方公分僅有 1～2 公克，這反映出它們主要是由氫和氦等氣體所構成，因此與類地行星相比，它們的成分更接近於太陽系形成之初的原始星雲，因為在太陽系形成之初，由於原始星雲內側的溫度較高而外側較低，就這樣星雲的中心部分凝聚成太陽，然後是內層的類地行星與外側的類木行星，這其間有些小行星並沒有撞擊到大行星，但受其引力捕捉而圍繞該行星運行，因此就成為該行星的衛星，而體積最小的冥王星很可能原來是海王星的衛星，由於受到撞擊才成為圍繞太陽運行的行星。就這樣，一個今日太陽系的原形就逐漸顯現出來了。

2006 年國際天文聯合會將當時的九大行星，除了冥王星之外，其他 8 顆稱為傳統行星。冥王星、「齊娜（Xena）」和「查龍星（Charon）」並稱為「冥王星類行星（plutons）」；再加上「賽瑞斯（Ceres）」矮行星，又稱為侏儒行星（dwarf planet），環繞太陽運行的行星共有 12 個。

原始地球與原始大氣的形成

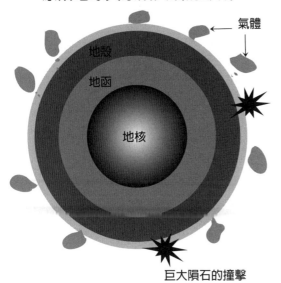

氣體

地殼

地函

地核

巨大隕石的撞擊

大約在 45.7 億年前，地球跟其他的行星一起從太陽星雲中誕生。剛形成的原始地球是熔融狀態，不停的被太陽系中的小行星撞擊，後來地核、地函形成，當溫度逐漸下降後地殼也形成了。原始地球因重力而捕捉周圍氣體，形成原始大氣，當時之大氣稱為太陽組成原始大氣。

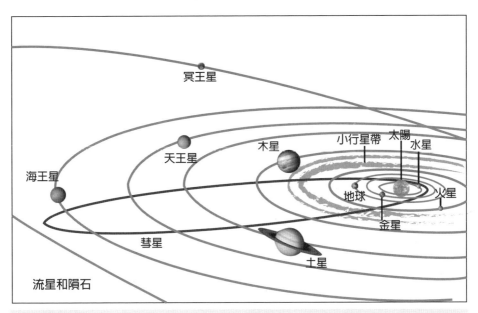

冥王星

天王星

海王星

彗星

木星

小行星帶 太陽 水星

地球

金星

火星

土星

流星和隕石

太陽系內層的水星、金星、冥王星、地球與火星等體積較小，表面都有硬的地殼，稱為「類地行星」，而較外層的木星、土星、天王星與海王星體積較大，且都是由氣體所構成，則稱之為「類木行星」。但近年航海家 2 號太空船，觀測到土星外側之天王星等具有水氣或甲烷、氨等氣體較以往所估計者豐富太多，因此在太陽核心最外側，增列具有冰地殼之「天王星型行星（巨大冰型行星）」。

1-4 太陽系行星的誕生

　　根據研究顯示，大約在 45.7 億年前，地球跟其他的行星一起從太陽星雲中誕生。剛形成的原始地球是熔融狀態，不停的被太陽系中的小行星撞擊，後來地核、地函形成，當溫度逐漸下降後地殼也形成了。隨後月球產生，這很有可能是一個火星大小的不明物體撞擊地球造成的。

　　以太陽為中心的天體系統，由太陽、八大行星及其衛星（至少 165 顆）、5 顆已經辨認出來的矮行星（冥王星和它的衛星）和數以億計的小天體構成。這些小天體包括小行星、柯伊伯帶（Kuiper belt）的天體、彗星和星際塵埃。八大行星依照至太陽的距離，依序是水星、金星、地球、火星、木星、土星、天王星和海王星。

　　柯伊伯帶的位置處於距離太陽 40 ～ 50 天文單位低傾角的軌道上。該處過去一直被認為空無一物，是太陽系的盡頭所在。但事實上這裡布滿著直徑從數公里到上千公里的冰封物體。這些物體是他們在繞日運動的過程中發生碰撞，互相吸引，最後黏附成一個個大小不一的天體，形成現在的樣子。

　　柯伊伯帶是現時我們所知的太陽系的邊界，是太陽系大多數彗星的來源地。由於冥王星的大小和柯伊伯帶內大的小行星大小相近，20 世紀末即有主張該歸入柯伊伯帶小行星的行列當中；而冥王星的衛星則應被當作是其伴星。在 2006 年 8 月的國際天文聯合會已經將冥王星、穀神星／賽瑞斯（Ceres）與閻神星（Eris）一起歸入新分類「冥王類行星（plutons）」的矮行星（dwarf planet）。

　　太陽系的主角是位於中心的太陽，擁有太陽系內已知質量的 99.86%，並以引力主宰著太陽系。木星和土星，是太陽系內最大的兩顆行星，又占了剩餘質量的 90% 以上，1950 年荷蘭天文學家簡奧爾特（Jan Hendrick Oort）推斷，在太陽系外沿有大量彗星，後來被稱為奧爾特星雲（Oort cloud）或歐特雲，還不知道會占有多少百分比的質量。

　　環繞太陽運動的天體都遵守開普勒行星運動定律（Kepler's laws of planetary motion），軌道都以太陽為橢圓的一個焦點，並且愈靠近太陽的速度愈快。行星的軌道接近圓型，但許多彗星、小行星和柯伊伯帶天體的軌道則是高度橢圓的。奧爾特星雲是一個假設包圍著太陽系的球體雲團，散布著不少不活躍的彗星。雖然人們未曾對奧爾特星雲作直接觀測，但從觀測得彗星的橢圓軌道，認為不少彗星皆是從奧爾特星雲進入內太陽系的，一些短週期的彗星則可能來自柯伊伯帶。

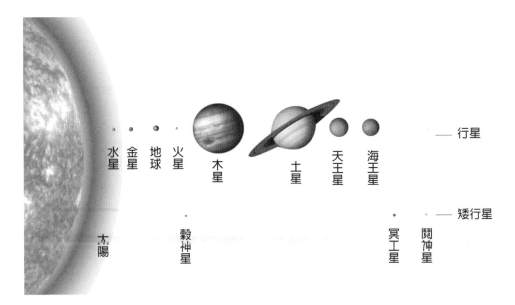

2006 年 8 月 14 日，世界 80 多個國家的 2,000 多名天文學家，在捷克首都布拉格召開的國際天文聯合會第 26 屆大會，以投票方式對太陽系行星的族譜進行表決，確定 8 大行星外，將冥王星降級為矮行星，並新增 3 顆行星列入新的類別。太陽系的行星數量不止 9 顆，而是 12 顆。

2006 年國際天文聯合會將當時的 9 大行星，除了冥王星之外，其他 8 顆稱為傳統行星。冥王星、「齊娜（Xena）」和「查龍星 / 卡倫星（Charon）」並稱為「冥王星類行星（plutons）」；再加上「賽瑞斯（Ceres）」矮行星，又稱為侏儒行星（dwarf planet），環繞太陽運行的行星共有 12 個。

新修訂後的太陽系行星

國際天文學聯合會2006年表決通過行星的新定義，確定太陽系只有八大行星。

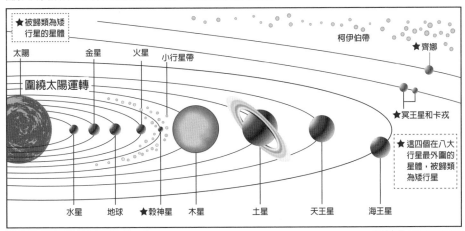

資料來源：GRAPHICNEWS

1-5 地球的形成與地球結構

原始地球的進化

　　要了解地球大氣，無疑必先了解一點地球形成的知識，你知道地球是怎麼形成的呢？又是怎麼變成現在我們所看到的地球呢？你相信現在繽紛五彩的世界，多采多姿的陸地上，最早之前也是荒蕪一片，毫無生氣。甚至在更早之前的地球沒有海洋，沒有陸地，只有炙熱的岩漿包圍著。

　　讓我們來想像一下，在地球形成以前，宇宙中有許多的氣體與固體物質包圍著原始太陽，後來物質的凝聚，形成了原始的地球，由於受到萬有引力的作用，宇宙中有數不清的大小岩石，日以繼夜地以隕石的方式轟擊地球。

　　原始太陽系的旋轉圓盤圈，與唱片或 CD 整片同時旋轉方式不同，在接近太陽中心附近旋轉速度快，較遠處旋轉速度減緩。因此同時受到離心力與太陽引力雙重作用，因而對離太陽一定距離的小行星產生特殊作用力。

　　尤其圓盤圈中離太陽距離為 0.6 億、1.1 億、1.5 億、2.3 億公里處，形成如同氣袋（air pocket）般的特殊點，容易集結直徑約 10 公里的小行星。其中由內側開始數到第 3 的 1.5 億公里附近，集結小行星後形成「原始地球」。原始地球大概在太陽系形成後約 5,000 萬年誕生，當形成地球的物質團塊聚集了地球現在質量的 64% 時，就可以認為原始地球誕生了。

　　原始地球為周邊飄浮著數千個小行星開始聚集，特別是含鐵成分高的小行星間互相衝撞，而衝撞所產生的能量將鐵融化而合成一體。當體積擴展到某一程度時，由於本身所產生的重力（引力）而吸入更多小行星。富含岩石成分的小行星在激烈衝撞過程中紛紛粉碎，隨處紛飛的破片受重力影響又全都落回到原始地球上了。原始地球一經形成，鄰近較小行星隨即相繼不斷併入加速成長。

　　當原始地球直徑達到目前規模的 10～20% 規模時期，溫度只有負數十度低溫狀態下，內部開始累積熱能。除因碰撞產生能量帶來熱能外，內部急速不斷升高壓力也造成熱能上升。如此不久後原始地球整體熱能上升，並邁向一個高溫融化新狀態，各處逐漸出現激烈的閃電、暴風雨、火山運動、隕石的撞擊和來自太陽的各種輻射線。

　　當小行星撞擊的次數逐漸減少，原始地球開始降溫，其所吸納的大氣水蒸汽開始形成雨，並逐漸降到地表、經過長期間重複這種降水過程後，地球上終於形成了水的海洋。由於此後接著陸地上各種物質流進海洋，並產生胺基酸、核酸、甚至製造蛋白質，地球上終於開始有了生命出現。

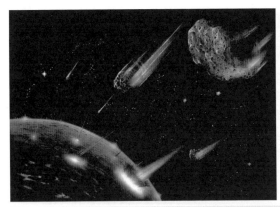

小行星們源源不絕地降落到原始地球，並與地球表面激烈撞擊（左圖），因而產生高溫，使原始
地球變成滾滾發燙般的岩漿海（右圖）

46億年前地球開始形成階段之模樣與現在之地球全然不同。由於受到許多小行星不斷的撞擊結果，
造成地表如同滾燙的岩漿海。然而經過長年累月的演化，火球般的地球從最初生命誕生後逐步演
化，現階段已擁有綠色大地與藍色海洋。

1-6 地球內部層圈的形成

地球為什麼能夠形成如其名「球體」狀,一方面因為小行星從四面八方全方位降臨外,而併入之小行星被熔化成「岩漿海」,也發揮效用。隨著地球體積不斷增長,內部不斷升溫,固體物質開始變成熔融狀態,再加上地球不斷地轉動,使重的物質沉降到地球的深處,而輕的物質則留在地球的表層,就這樣形成了地殼(crust)、地函(mantle)和地核(core),被稱為地球的內部層圈。地殼是由堅硬的岩石所組成的,地函則充滿了炙熱、黏滯的液態岩石,稱為岩漿。

地核包括:

1. 外核:由炙熱的液態金屬所組成。

2. 內核:固體金屬所組成。

地球基本上由前述 3 種同心圈層所組成,表面之上則有大氣圈。地殼是最外面的薄層,由各種岩石組成,地殼的厚度變化很大,各處不一,可分為大陸地殼及海洋地殼 2 類:

1. 大陸地殼較厚,平均約 35 公里,尤以山區最厚,分布在大陸及其邊緣地區。

2. 海洋地殼較薄,平均約只有 6 公里,分布在大洋的底部。

岩石圈包含地殼及地函最上部,軟流圈則處於岩石圈之下,屬於上部地函,為固液共存,為固態和液態一起存在。岩石圈與其下軟流圈最大的不同,為岩石的強韌度不同。軟流圈因位於深處,使得岩層較軟且易於變形,而岩石圈則為堅硬石層。因此,岩石圈可視為是浮在黏滯流體上的易碎表層。因軟流圈中有對流現象,而帶動其上的岩石圈移動,產生板塊運動,造成許多不同的地質現象。

至於外地核則是液態,而內地核則為固態,上述各種不同層圈之間都是以不連續面為界。如地殼與地函之間的界面稱為「莫氏不連續面(Mohorovicic discontinuity)」。地函與地核的邊界,約在地表下 2,900 公里處,則稱為「古氏不連續面(Wiechert-Gutenberg discontinuity)」。

地函占有地球的主要質量,地核反而位居其次,至於我們生存的空間則只是整個地球極小的一部分而已,各層圈的質量比較如下:

大氣層 = 0.0000051 (質量,單位為 1024 公斤)

海　洋 = 0.0014

地　殼 = 0.026

地　函 = 4.043

外地核 = 1.835

內地核 = 0.09675

根據地震波資料，研判地球結構可分為地殼、地函和地核。岩石圈包含地殼以及地函的最上部，軟流圈位於岩石圈之下，屬於上部地函的部分，為固態和液態一起存在，有對流現象，易帶動其上的岩石圈移動，而產生板塊運動。地函與地核的邊界，約在地表下 2,900 公里處，稱為「古氏不連續面」。

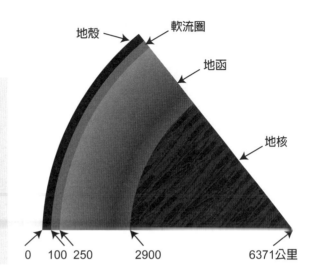

地殼　　軟流圈

地函

地核

0　　100　250　　　　2900　　　　　　6371公里

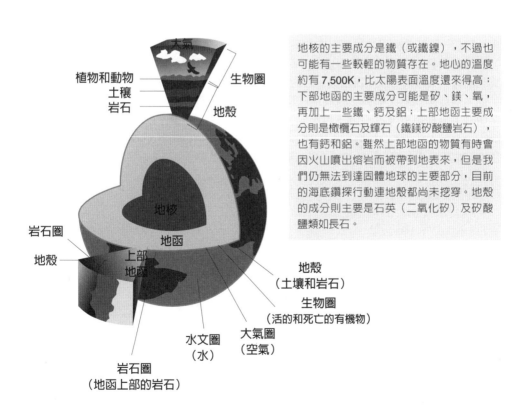

大氣

植物和動物
土壤
岩石

生物圈

地殼

岩石圈

地殼

上部
地函

地核

地函

岩石圈
（地函上部的岩石）

水文圈
（水）

大氣圈
（空氣）

地殼
（土壤和岩石）

生物圈
（活的和死亡的有機物）

地核的主要成分是鐵（或鐵鎳），不過也可能有一些較輕的物質存在。地心的溫度約有 7,500K，比太陽表面溫度還來得高；下部地函的主要成分可能是矽、鎂、氧，再加上一些鐵、鈣及鋁；上部地函主要成分則是橄欖石及輝石（鐵鎂矽酸鹽岩石），也有鈣和鋁。雖然上部地函的物質有時會因火山噴出熔岩而被帶到地表來，但是我們仍無法到達固體地球的主要部分，目前的海底鑽探行動連地殼都尚未挖穿。地殼的成分則主要是石英（二氧化矽）及矽酸鹽類如長石。

1-7 地球形成旋轉橢圓體

　　地球是太陽系的第 3 顆行星，也是太陽系中直徑、質量和密度最大的類地行星。地表分成幾個堅硬部分，稱爲板塊，以地質年代爲週期在地表上移動。地球與包括太陽和月球等其他天體相互作用，目前地球繞太陽公轉 1 周所需的時間是自轉的 366.26 倍，稱爲 1 恆星年，等於 365.26 太陽日。地球的地軸傾斜 23.4°，從而在星球表面產生了週期爲 1 恆星年的季節變化。

　　地球唯一的天然衛星「月球」，於 45.3 億年前誕生，造成地球上的潮汐現象，穩定地軸的傾角，並減緩地球自轉。約 38 ～ 41 億年前，受後重轟炸期的小行星撞擊，結果大大地改變地表環境。地球的太陽軌道、火山活動、地心引力、溫室效應、地磁場以及富含氧氣的大氣這些因素相結合，使得地球成爲一顆水之行星。目前水覆蓋地表面達 71% 的面積，而且水在五大洋和七大陸地都存在，截至目前地球內部仍然非常活躍。

　　居住在地球上的人類祖先，因眼前所見只是一望無際平面大地，因此認爲地球是平的，一點也沒有懷疑的感覺。從英國自然哲學家提出「地球是圓的」，並成爲歐洲人的常識時已來到 17 世紀了。1609 年，有現代天文學之父尊稱的義大利人伽利略（Galileo Galilei）利用光線穿過玻璃時會折射彎曲的透鏡聚光原理，設計在狹長的管內使用兩片透鏡所製造的望遠鏡，首先將其應用於天空而帶來令人振奮的星空新發現，掀起一陣陣的觀星和科學研究的熱潮，帶領著人類走出科學文明黑暗的世代。

　　由於觀測星空望遠鏡的不斷進步，可以精確測出地球形狀並非正圓，其形狀實際爲橢圓體，與柑橘形狀頗爲相似。它的兩極微扁，而赤道稍凸，赤道半徑略大於兩極半徑。地球橢圓體又稱橢球體或地球扁球體。代表地球大小和形狀的數學曲面，通常用長半徑和扁率表示。1975 年國際大地測量學與地球物理學聯合會（international union of geodesy and geophysics, IUGG）推薦的數據爲：半長徑 6,378,140 公尺，牛短徑 6,356,755 公尺，扁率 1：298.257。地球常用資料：
- 赤道半徑：6378.160 公里
- 極半徑：6356.775 公里
- 平均半徑：6371.110 公里
- 扁率：6378.160 公里
- 赤道圓周長：40075.240 公里
- 地球表面積：5.1×10^8 平方公里
- 地球體積：1.083×10^{12} 立方公里
- 地球的質量：5.976×10^{27} 立方公克
- 地球平均密度：5.517 公克 / 立方公分

左圖：著名的「藍色彈珠」照片，由阿波羅 17 號太空船於 1972 年拍攝。
右圖：地球形成旋轉藍色橢圓體，水覆蓋地表達 71% 的面積，而且水在五大洋和七大陸地都存在。

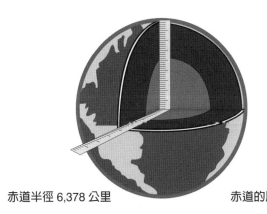 

赤道半徑 6,378 公里　　　　　　赤道的周長約 40,077 公里

表面積　　約五億一千萬平方公里
陸地面積　約一億四千九百萬平方公里
海洋面積　三億六千一百萬平方公里

大地測量中所稱之地球形狀，為指平均海平面的形狀。地球的形狀並非正圓，赤道略微突出，經過實際測量發現赤道的半徑為 6,378 公里，只較南北半徑長 21 公里，扁平度為 298.257 分之一。

1-8 地球的運轉

地球的自轉（rotation）與公轉（revolution）

原始太陽星雲中的質點最初處在混沌狀態，逐漸變成有序狀態，一方面向中心積聚成為太陽；另方面，這團氣體則逐漸向扁平狀發展，過程中由勢能變成動能，最終並使整個轉起來。當開始運轉時，各種旋轉方向都有，惟當某一方向占上風後，即變為特定方向，我們的太陽系是屬於右手定則，也許有其他太陽系是左手定則。地球自轉的能量來源就是由物質勢能轉變成動能所致，最終結果是地球一面公轉，一面自轉。

地球最初也是由一團混雜著塵埃的氫氣雲逐漸收縮和凝聚所形成，由於這個原始的氫氣雲本身就處於緩慢旋轉運行的狀態，因此，當原始地球逐漸形成之後，這緩慢旋轉的力量，也就轉變為地球的自轉。地球的自轉軸與其公轉的軌道面成 66°34′ 的傾斜，人們有時比喻為地球「斜著身體」繞太陽公轉。

地球沿著貫穿北極至南極的軸線，由西往東旋轉一周（1 個恆星日）需時 23 時又 56 分 4.09 秒，因此地球上主要天體（大氣中的流星除外），一日內向西的視運動是 15°/ 小時。地球圍繞太陽公轉需要 365.2564 個平太陽日（即 1 個恆星年）。地球的公轉使得太陽相對其他恆星的視運動大約是 1°/ 日。

地球惟一的天然衛星是月球，其圍繞地球旋轉一周需時一個月（27 又 1/3 日），因此從地球上看月球的視運動，相對太陽大約是 12°/ 日。如果在地球北極進行觀測，則地球的公轉、月球運行以及地球自轉都將是逆時針的。

地球的軌道和軸位面並非是一致的，地軸傾斜與地日平面交角是 23.5°（這產生了四季變化）；地月平面與地日平面交角大約為 5°（否則每月都會發生日蝕）。在慣性參考座標系中，地軸運動還包括一個緩慢的歲差運動（axial precession），這個運動的大週期大約是 25,800 年一個循環，每一次小的章動（nutation）週期是 18.6 年。對處於參考座標系中的地球，太陽與月亮對地球的微小吸引，在這些運動的影響下造成地球赤道隆起，並形成類橢圓形的扁球。

地球的自轉也有輕微的擾動，稱為極運動。極運動是準週期性的，包括一個一年的晃動週期，以及地球自轉軸相對於地球表面的小幅度運動，被稱為錢德勒擺動（Chandler wobble）的 14 個月週期，自轉速度也會相應改變，這個現象被稱為日長改變。

地轉與地球公轉軌道面的交角

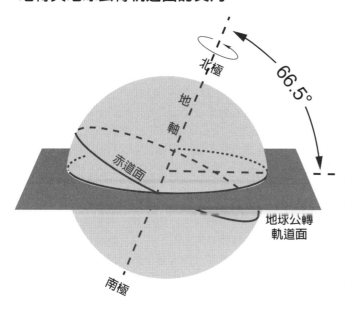

赤道平面與黃道平面的交角叫做黃赤交角，為23°26'。黃赤交角是地軸進動（earth's orbital precession）的成因之一，也是視太陽日長度週年變化的主要原因。黃赤交角亦是地球上四季變化和五帶區分的根本原因。

地球公轉和季節的形成

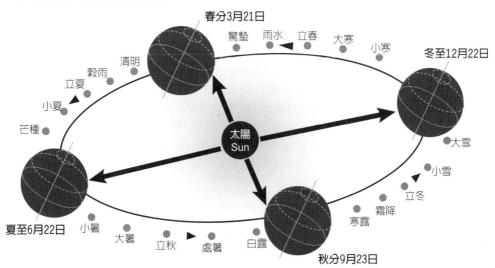

地球繞太陽公轉，因為地球地軸呈 23.5 度傾斜而有季節的變化。

1-9 地球進動與歲差運動

　　由於地球的外型呈橢圓狀，赤道的直徑比南北方向的直徑長 43 公里。因此當受到太陽傾斜 23.5° 的引力時，會產生不對稱的引力，這個引力對於地球的運動造成擾動的力矩。由於轉動體受到外力的力矩後，會產生角動量變化，稱之為「進動（earth's orbital precession）」，地球的進動週期約 25,600 年。受太陽和月亮雙重重力的牽引，地球像一顆巨大的陀螺，除了自轉外，它的轉軸也在繞圈晃動。同時，橢圓軌道旋轉也以 21,000 年引導著季節和軌道之間的變化。另外，地球的自轉軸和軌道平面間的傾角，以 41,000 年的週期，在 22.1° ～ 24.5° 間搖擺著，現在是 23.44°，且在減少中。

　　當自轉軸的方向在軌道的近日點朝向太陽時，該半球的季節有著較大的變化，而另一個半球的季節變化較為溫和。在近日點時是夏季的半球，接收到的太陽輻射會相對應的增加，而這個半球在冬季也會相對的較為寒冷。另一個半球則會有較溫暖的冬季和較為涼爽的夏季。當地球的近日點和遠日點是朝向分點時，北半球和南半球有著相似的季節分布狀態。目前南半球夏季時，地球位於近日點，在遠日點時是南半球的冬季。因此，當其他的因素都相同時，南半球的季節，會比北半球的較為極端。

　　「歲差」在天文學中是指一個天體的自轉軸指向，因為重力作用導致在空間中緩慢且連續的變化。例如，地球自轉軸的方向逐漸漂移，追蹤它搖擺的頂部，可以描繪出週期約為 26,000 年的一個圓錐。地球的歲差（axial precession）稱為「分點歲差（precession of the equinoxes）」，這是因為分點沿著黃道，相對於背景的恆星向西移動，與太陽在黃道上的運動相反。

　　從 19 世紀初開始，由於人類增進對行星之間引力計算能力，因而體認到黃道本身也有輕微的移動，1863 年時稱之為「行星歲差（planetary precession）」，而占主導地位的部分，則稱為「日月歲差（lunisolar precession）」，兩者合稱為「綜合歲差（general precession）」，並取代分點歲差。日月歲差是太陽和月球對地球赤道降起的引力作用，引發地軸相對於慣性空間的轉動。行星歲差是由於其他行星對地球和軌道面的引力，導致黃道面相對於慣性空間的移動。日月歲差比行星歲差大約 500 倍。除了月球和太陽，其他行星也會造成地軸的運動在慣性空間中產生微小的變化，在對比時會造成對日月歲差和行星歲差的誤解，所以國際天文聯合會在 2006 年將主要的部分重新命名為「赤道歲差（precession of the equator）」，而較微弱的部分命名為「黃道歲差（precession of the ecliptic）」，兩者的合量稱為「總歲差（general precession）」或只叫「歲差」。

地球的進動運動

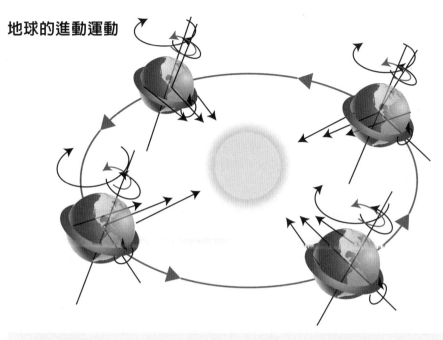

由於轉動體受到各種不同外力的力矩影響，會產生角動量變化，稱之為「進動」，地球的進動週期約 26,000 年。

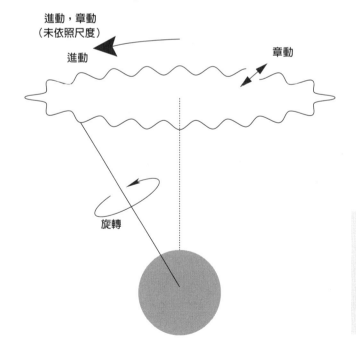

地球的進動運動：包括一個緩慢的歲差運動（axial precession），這個運動週期大約是 26,000 年，以及小的章動（nutation），週期是 18.6 年。

1-10 *海洋的形成*

在小行星陸續撞擊地球時，由撞擊能量轉而形成熱，小行星帶來的氣體或水分被蒸發後，不斷地在地球周遭累積。如此情況下，地球形成初始數億年期間，水蒸汽、二氧化碳、氮氣等逐漸組成「原始大氣（primitive atmosphere）」。當時的大氣濃度高達現今大氣壓的 100 倍。

當地球直徑擴增到目前的 80% 時，飄浮在其周邊的小行星已大量減少，因此很少再撞擊地球，撞擊產生的熱能必然減少，地表溫度也就逐漸下降，約降到 1,200℃時，地表附近的岩漿即開始冷卻凝固。

地表冷卻過程中，當水蒸汽達飽和時在空中形成雲，而下降途中則轉為降雨雲，不久就降達地表，而開始降下雨來。100 大氣壓時的原始大氣情況下，當溫度大約降至 300℃時，水蒸汽開始凝結而產生水。縱然降下的是滾燙的雨，但降達地表時仍可降低溫度，更且大氣溫度也隨之下降，在高空中累積的雲也逐漸降下來，像瀑布般傾瀉而下的豪雨，持續達數萬年到數十萬年之久。

氨、甲烷、氰化氫、硫化氫、二氧化碳、氫氣和水等成分，組成的原始大氣開始降雨，為地球帶來大量的雨水滋潤。有些地方因不堪連日大雨沖刷，連日豪雨造成地層土石鬆動，形成土石流；大水在某些地勢低窪處積水形成海洋及湖泊。加上閃電的催化作用，原始大氣中開始出現有機物。這些有機物隨著降雨流入海洋，之後有機物聚合形成胺基酸。胺基酸為生命的根源，於是原始生命誕生於海洋裡。

海洋經過太陽不斷照射，不斷把海洋中的水分蒸發成水蒸汽，水蒸汽在大氣中聚積形成雨雲，水蒸汽飽和後開始降雨。一下雨，水分又重回地面，順便溶解陸地和海底岩石中的鹽分，順著河流不斷地匯集於海水中。鹽分經過億萬年不斷地聚沙成塔，形成今日的鹹水海洋。

經歷上述過程後，乃誕生「原始海洋」，初始海水溫度大約在 150℃左右。當大氣中水蒸汽含量從 80% 逐漸減少後，二氧化碳則漸漸躍升為大氣中的主成分。

原始海洋的形成，為原始生命的誕生開啟了一扇窗。雖然地球大氣及磁層阻絕了大部分的紫外線及高能射線，仍有少部分的紫外線穿透大氣到達地表及海洋內。在深達一、兩百公尺的海洋裡不僅有效隔絕了強烈紫外線對生物細胞的破壞力及殺傷力，也為生命的誕生和演化提供了一個極有利的環境。

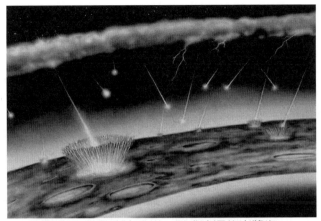

無數的小行星撞地球後，形成滾燙的岩漿海。

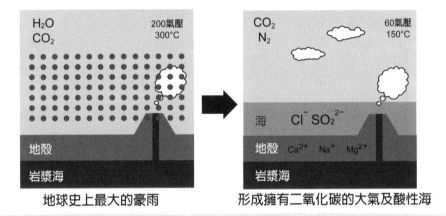

地球史上最大的豪雨　　　　　形成擁有二氧化碳的大氣及酸性海

46 億年前因小行星撞擊形成滾燙岩漿海的地球，當小行星撞擊減少因而冷卻後，地球所聚集的大氣水蒸汽形成雨並降至地表，經過長期間反覆降雨而轉化成為水的海洋。陸地上的胺基酸或核酸等各種物質流入海洋，進一步產生蛋白質，而後乃有了生命的誕生。

原始海洋概念圖

1-11 海洋分布與海底地形

　　地球的表面積為 5.1 億平方公里，海洋占其中的 70.8%，即 3.61 億平方公里，剩餘的 1.49 億平方公里為陸地，其面積僅為地球表面積的 29.2%，陸地所占面積還不足 1/3。如果海面下降 200 公尺，海洋面積則只剩 64%，而陸地周邊淺海部分，即所謂「大陸棚（continental shelf）」海底就會裸露出來。其實在 2 ～ 3 萬年前，寒冷氣候盛行期間，即冰河時期非常發達時代，大陸棚曾是乾的，因而露在水面，從中國大陸之陸地可以連接到日本列島。在此冰河時期，如同諾曼象（Naumann's elephant），可以從棲息地之中國跋涉到日本。

　　地球陸地地殼大約於 40 億年前即告形成，然而，尤其邊緣地區或各島嶼的水流或海面仍不斷上下變動，因此陸地地殼形狀已經歷很大變動。在最原始時期形成陸地中心時的岩石上，由於地殼變動使得各個山脈，有時高有時低，不斷地來回變化著。現在，地球最凸出的山脈是青藏高原上，喜馬拉雅山脈的珠穆朗瑪峰（Chomolungma）或聖母峰（Everest），海拔高達 8,848 公尺，俗稱「世界屋脊（Roof of the World）」。南美的安第斯山脈（Mountain Andes）也是由許多高峰連接而成，然而地球上整體陸地之平均高度還不到 840 公尺。

　　另一方面，海水平均深度則達 3,800 公尺，最深的「海溝」深度有很多超過 10,000 公尺。地球上最深的太平洋馬里亞納海溝（Mariana Trench），最深處更達 11,034 公尺，這種深度足夠將聖母峰完全沒入。任何海溝、陸地或列島在海底深處都有交界線，橫切面成 V 字型。大部分海溝位於環太平洋地區，不時會引發大地震。海洋地殼年齡最古老地區也才約 2 億年而已，跟陸地相比簡直年輕太多，因此海洋地殼活動較陸地區更為活躍。

　　臺灣周邊海域地形主要受歐亞板塊與菲律賓海板塊交互作用所造成，而臺灣南部的呂宋弧溝系統與臺灣東部的琉球弧溝系統是受影響最大的兩大構造。板塊構造所形成之臺灣周邊海域的海底地形，再經過海底的侵蝕與沉積作用修飾，而形成臺灣周邊海域「西淺東深，南縱北橫」的複雜形貌。

海洋約占地球表面積 **70.8%**，陸地面積僅為地球表面積的 **29.2%**。太平洋面積有 **1.8** 億平方公里，比大西洋和印度洋加起來都還大，占總海洋面積的 **1/2** 以上。太空人從太空中觀看時，地球像是一個藍色水球，人類所居住的陸地，實際上只不過是點綴在一片汪洋中的幾個「島嶼」而已。因此有人建議將地球改稱為「水球」，也不是沒有道理。

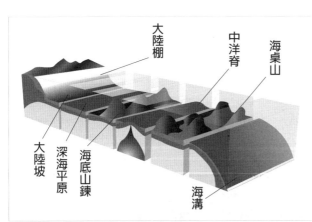

海底地形包括海洋盆地邊緣和盆地內的地形，其中在海洋盆地邊緣地區包括大陸棚、大陸坡和大陸隆堆等三種主要的地形。而在海洋盆地內則包括洋脊、深海平原、海溝、海底火山和邊緣海盆等主要的地形區，這些海底地形的形態特徵和海洋盆地的發育和演變，都有密切的關係。

大陸棚最靠近陸地，大概以 **200** 公尺深度為界，從陸上河流所帶來的粗顆粒沖積物會堆積在此。大陸棚外側，深度小於 **2,500** 公尺區域，稱為大陸坡。如果把海水抽乾，可以看到像陸上的山脈一樣綿延在海底中央，這就是中洋脊，它可以說是地球上最大的一座火山，現在還不斷地冒出岩漿。海溝是海洋地形最深處，因為太深通常都照不到陽光，所以生物比較少。

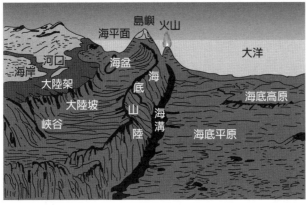

1-12 地球大氣的形成

原始大氣（primitive atmosphere）的形成

　　包圍地球的氣體稱為地球大氣，是由原始大氣經歷一系列複雜變化才形成的。原始大氣出現距今約 46 億年前，但人類出現距今僅數百萬年，無從獲得過去大氣樣本，須由地層中的各種跡證和太陽系各行星上大氣的資料，結合自然演化規律、理論和實驗等，用模擬方法或邏輯推理進行研究。

　　於原始地球直徑成長到約 2,000 公里時，不只成為小行星的集合體，靠近中心部分並承受周邊壓力而產生摩擦熱；小行星內所含鈾輻射性元素遭受擠壓，原子核間乃引起核反應產生熱能；同時許多小行星在原始地球表面激烈衝撞，爆出強烈火花，現場周邊溫度可能上升數千度；又因大氣的阻隔無法散發熱能到太空，熱量因而不斷累積，當地表溫度大於 1,500℃ 時，地表岩石乃被熔化。當地球直徑持續擴增達 3,000 公里時，地球內部溫度上升更加迅速，因而岩石等成分乃不斷熔化成岩漿狀態，形成像沸騰的「岩漿海（magma ocean）」。

　　小行星併入後也被熔化為一體，比重較大的鐵、鎳等金屬成分，形成小滴熔液狀後，一點一滴地沉入中心位置；而比重較小的岩石成分，則浮上表層。由此，乃形成由鐵、鎳等為主所組成的地球核心。鐵、鎳等金屬熔液滴在沉降過程中所釋出的重力能非常可觀，因此造成地球內部更加高溫。

　　另一方面，氣體成分或水蒸汽在高溫環境下，則以泡狀潺潺地上升而脫出表層，包覆在地球外側，構成「原始大氣」。距今 42 ～ 40 億年前，地表上的熱能開始散發至宇宙而冷卻，因此水蒸汽形成雲層，並且開始有降雨。經過很長時間的降雨，在原始地殼低窪處，不斷積水，終於出現平均約 4 公里深的「原始海洋」。就在這個時候地球表面上的「岩漿海」消失了。

　　由於地球形成初期溫度很高，火山活動旺盛，原先留在岩石內易揮發物質便以氣體型態逸出，形成地球的原始大氣。一般認為原始大氣成分應該和目前火山活動釋出的氣體成分類似。根據火山釋出氣體的分析資料，推測原始大氣主要成分為水蒸汽、氮及二氧化碳等。因二氧化碳能與地表之矽酸鈣化合而成石英與碳酸鈣，形成地表砂粒岩石之主要成分，是以二氧化碳乃得由原始大氣層中幾乎消耗殆盡。此點對於生命之形成，極為重要，因二氧化碳能讓可見光通過而升高地表溫度，且能阻擋地表所輻射出之紅外光，因而產生溫室效應，使大氣層之溫度太高，無法孕育出生命來。金星地表溫度大於 400℃，即因其大氣中含有大量之二氧化碳使然。

想像中「原始海洋」滾燙的「岩漿海」景象

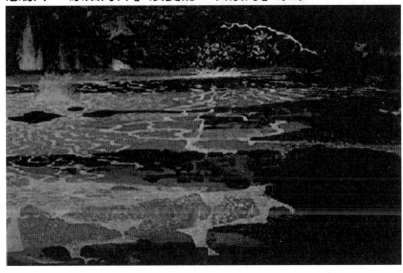

地球大氣組成成分之演變

大氣的百分比（%）

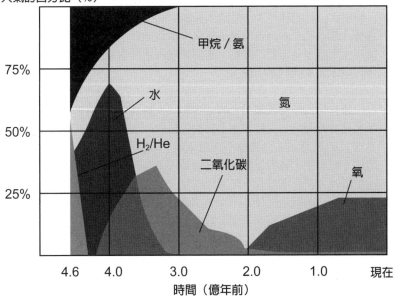

甲烷／氨

水

氮

H₂/He

二氧化碳

氧

75%

50%

25%

4.6　4.0　3.0　2.0　1.0　現在

時間（億年前）

地球原始大氣主要成分為氫和氦，因受地表岩漿加熱與太陽風的壓力逐漸散失。大約 44 億年前，地表開始冷卻，火山活動開始噴發出地球內部的氣體，形成以水氣、二氧化碳、氨氣及少量氮氣等所組成的大氣，濃度約為現今的 100 倍。

1-13 原始大氣及氧氣濃度的增加

原始地球是由原始太陽系中心體中運動的氣體和宇宙塵埃積聚而成。它一邊併吞軌道上的微塵和氣體而增大，一邊卻因引力作用而收縮。隨著「原始地球」轉變為「地球」，地表漸漸冷凝為固體。原始地球是一顆炙熱的大火球，溫度約 3,000 K，而此時地球的水是以蒸汽從地球的內部噴出來，由於溫度太高，所以從未變成雨滴降到地面，只是成為水蒸汽漂浮在大氣中。原始地球形成後約百萬年，始有液態水出現，但這時的大氣還沒有氧氣，當然更沒有靠氧氣才能生存的有機生物產生。

當氨、甲烷、氰化氫、硫化氫、二氧化碳、氫氣和水等組成的「原始大氣（primitive atmosphere）」開始降雨後，才為地球帶來雨水滋潤。加上閃電的催化作用，原始大氣中開始出現有機物。這些有機物隨著降雨流入海洋，之後有機物聚合成胺基酸。胺基酸為生命的根源，由此原始海洋為原始生命的誕生開啟了一扇窗。雖然地球大氣層阻絕了大部分的紫外線及高能輻射線，還是有少部分的紫外線會穿透大氣層到達地表及海洋內。在深達一、兩百公尺的海洋裡不僅有效隔絕了強烈紫外線對生物細胞的破壞力及殺傷力，也為生命的誕生和演化提供了一個極有利的環境。

原始海洋誕生時，初始海水溫度約 150℃。當大氣中水蒸汽含量比從 80% 逐漸降低時，二氧化碳則漸漸變成大氣的主成分。原始大氣中的主成分可能是氫氣與氦氣，後來因為地球表面高溫的地殼與太陽，把這個大氣給驅散掉。等到 35 億年前地殼完全冷卻之後，經由火山活動的幫助，地球大氣重新組成，以水蒸汽、二氧化碳及氨等為主。再經過幾百萬年後，水蒸汽凝結成雲雨，落到地球上形成海洋，溶解了一半的二氧化碳。續經由細菌等有機體的幫忙，把腐植質經由酵素分泌轉化製造出氧氣，最後終於形成今日地球大氣的初始面貌。

約 20 億年前海洋中含有許多疊層石（stromatolite），它可從某一點或有限的表面開始增生，並聚集石化，形成逐漸增大的沉澱物，一般認為疊層石是由一些微生物、尤其是藍菌所黏結堆砌而成，因此在水中釋放大量的氧氣。當時海洋中具有豐富的鐵質隕石，內含豐富的鐵離子。當鐵離子與氧氣發生反應後就產生出大量氧化鐵。這些氧化鐵在海底不斷累積，並形成鐵礦石，這時因降落到地球的隕石已較為穩定，一方面鐵離子與氧氣結合而逐漸減少、氧氣因此就沒有進一步增加。然而此時、藍藻出現大量繁殖，逐漸不斷地產生氧氣、不久海中鐵離子沒了，就只堆積著大量的氧氣。然後這些氧氣逐漸釋放到大氣中並累積，目前大氣成分中氧氣所占比率已站上第二高位。

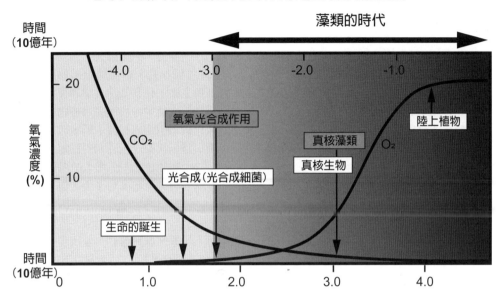

地球大氣與靠氧氣行光合作用之生物演化歷史

藻類的時代

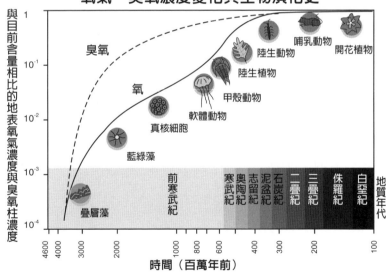

氧氣、臭氧濃度變化與生物演化史

隨著植物的大量繁衍，氧氣與臭氧的濃度逐漸升高，約在石炭紀達到接近目前的濃度。（註：臭氧「柱」意為臭氧在大氣垂直方向的總累積量）

1-14 臭氧層的形成與大氣的進化

　　原始大氣層中之水分子，因受太陽之強烈紫外光輻射而分解成氫及氧，前者隨即逸出大氣層，後者因能與多種成分化合而形成固態氧化物，亦從大氣中消失。

　　今日大氣層中所含大量自由態氧分子，乃大約就在 7 億年前，與陸地上植物同時出現後，逐漸累積之結果。植物僅需少量之氧即可維持生命，在其製造食物過程中，進行光合作用而使二氧化碳分解成氧及碳，前者乃釋放於大氣中，而後者為植物所吸收，轉化成有機體。動物呼吸時吸收氧氣，排出二氧化碳；植物成長時，則吸收二氧化碳而呼出氧氣，兩者如此相輔相成而達奇妙之平衡，是以大氣之組成乃得穩定。

　　約在 6 億年前誕生海生動物後不久，為古生代寒武紀期間出現大量驚人的各種物種。從寒武紀開始，到約 4.4 億年前的奧陶紀間，大氣中的氧氣在高層產生電離，因此形成臭氧層。由於臭氧層的產生，沒有被水保護的陸地上已開始變安全了，因此各種生物開始可以在陸地上進出。

　　約在 4 億年前的志留紀（Silurian period），陸地上大量繁殖蕨類植物，並出現多種小型昆蟲等動物。接著來到泥盆紀（Devonian period）魚類的時代，受地球造山運動活躍影響，地球大氣乃因此冷卻，形成低溫狀態。但是來到約 3.4 億年前開始的石炭紀時，地球大氣則又變為高溫多濕，開始出現大量的大型蕨類植物後，地球大氣中的氧氣濃度開始出現過剩現象。這一時代產生的植物化石大量堆積與炭化，形成品質優良的石炭，因此被稱為「石炭紀（Carboniferous）」。

　　自此以後，氧氣與二氧化碳之間濃度交互出現增加與減少，維持著穩定狀態。當植物大量繁殖期間大氣中的氧氣濃度就會升高；而動物數量隨後跟著增加時，因動物會消耗掉氧氣，氧氣濃度就會減少，如此形成增加與減少一再循環出現的現象。此後開始火山活動頻繁之時代，雖火山噴出物含有硫磺或氮氣或水蒸汽等，對地球大氣之組成造成影響，但由於為動物體內、海洋或地球本身所吸收，因此至今大氣組成成分仍維持著穩定狀態。

　　像這樣，地球上植物與動物的誕生與進化，影響地球大氣的組成變化，最先以二氧化碳為主，然後出現氧氣，到現在的大氣組成型態，大氣的這種演變過程乃稱為「大氣的進化（evolution of the earth's atmosphere）」。地球大氣的進化乃經歷了原始大氣、次生大氣和現在大氣三代。

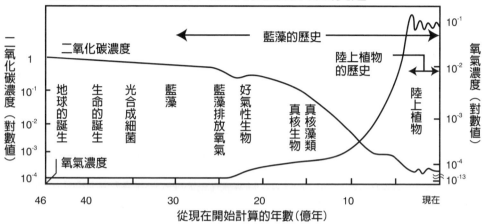

植物進化與地球大氣中的二氧化碳及氧氣變遷

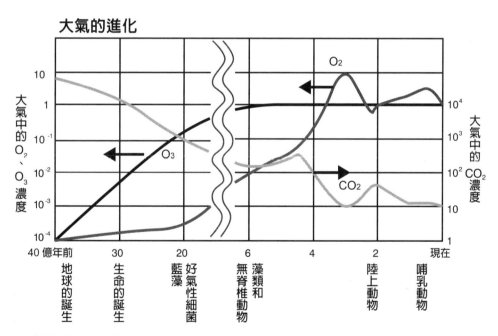

大氣的進化

地球生物界變遷與地球大氣中之二氧化碳、氧氣及臭氧濃度之進化史（現在值設為 1）

1-15 火山活動與次生大氣的形成

　　原始地球形成後，由於溫度的下降，地球表面發生冷凝現象，但地球內部的高溫卻促使著火山頻繁的活動，當時火山爆發時所形成的揮發性氣體，不斷藉由火山活動從地函噴出水蒸汽、二氧化碳、二氧化硫、氫和氮等，還有一些少量的其他氣體，但氧氣非常稀少。這些火山噴發出來的大量氣體，逐漸的代替了原始大氣，慢慢再演變成「次生大氣（secondary stmosphere）」。

　　原始大氣的消失主要受太陽風狂拂，及與地球吸納增大時溫度升高有關。溫度升高的主要原因是吸納的引力能轉化為熱能及隕石從四面八方打擊地球表面，其動能轉化為熱能。此外，地球內部放射性元素如鈾和釷等的衰變也釋放熱能。以上這些發熱機制都促使當時原始大氣中較輕的氣體逃逸。

　　發熱機制除使原始大氣中較輕氣體向太空逃逸外，並促成「次生大氣」的作用。由於高溫使地球內部呈熔融狀態，使原來不能作重力調整的不穩定固體結構熔融，可透過對流實現調整，發生了重元素沉向地心、輕元素浮向地表的運動。這個過程在整個地質時期均發生，但在地球形成初期尤為盛行。在這種作用下，地球內部物質的位能有轉變為宏觀動能和微觀動能的趨勢。微觀動能即分子運動動能，它的加大能使地殼內的溫度進一步升高，並使熔融現象加強。宏觀動能的加大，使原已堅實的地殼發生遍及全球的或局部的撕裂。這兩者的結合會導致造山運動和火山活動。在地球形成時期被吸聚並錮禁於地球內部的氣體，透過造山運動和火山活動排出地表，這種現象稱為「排氣」。

　　地球形成初期遍及全球的排氣過程（process of outgassing），形成了地球的次生大氣圈。這時的次生大氣成分和火山排出的氣體相近。而夏威夷火山排出的氣體成分主要為水汽（約占 79%）和二氧化碳（約占 12%）。在地球形成初期，火山噴發的氣體成分和現代不同，它們以甲烷和氫等為主，尚有一定量的氨和水汽。

　　次生大氣中沒有氧，這是因為地殼調整剛開始，地表金屬鐵尚多，氧很易和金屬鐵化合而不能存留在大氣中，因此次生大氣屬缺氧性（hypoxia）還原大氣（reducing atmosphere）。次生大氣形成時，水汽大量排入大氣，當時地表溫度較高，大氣不穩定對流的發展很盛，強烈的對流使水汽上升凝結，風雨閃電頻仍，地表出現江河及湖海等水體，這對此後出現生命，並發展成現在的大氣有很大意義。次生大氣籠罩地表期間，約距今 45 億到 20 億年前。

噴發早期

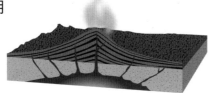

噴發主期

噴發後期 破火山口

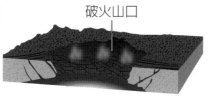

火山活動盛行噴出大量氣體，加入原始大氣，形成次生大氣。次生大氣中沒有氧，這是因為地殼調整剛開始，地表金屬鐵尚多，氧很易和金屬鐵化合而不能存留在大氣中，因此次生大氣屬缺氧性還原大氣。

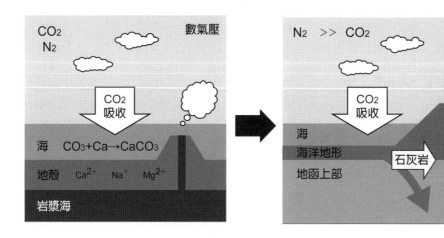

二氧化碳並不易溶於水，剛形成的海水只能經年累月慢慢將之吸納，當原始海洋形成階段，即下降達數個大氣壓，因此不論大氣或海洋以及地表等溫度得以急速下降。如果大氣中的二氧化碳濃度，一直維持不減，受到溫室效應影響，今天的地球就會跟金星一樣如同地獄般酷熱。

左圖：當大氣壓力降為數大氣壓時，CO_2 被吸入海中，形成碳酸鹽。
右圖：大氣壓力續降至 1 大氣壓時，CO_2 被吸入海後，在海底形成石灰岩，固定在地球地殼上。

1-16 藍色地球是宇宙中唯一的綠洲

　　如本章前面各節所述，大約距今 46 億年前，太陽系還是一團充滿氣體塵埃的星雲圈，其中心就是最初的太陽。後來，在太陽的周圍形成一個繞太陽旋轉的星雲盤。盤中的微粒不斷地運動、碰撞。固體微粒吸附氣體微粒，並形成大團塊。大團塊不斷壯大，最後形成幾個原始行星的胚胎，其中一個就是地球，這個過程很像滾雪球。

　　水星、金星、火星等地球兄弟行星，形成初始狀態同樣都以岩石爲主，但地球則因爲有豐富的流水，約於 39 億年前首先在海上誕生生命，並逐漸演化出有智慧的生物而孕育出人類文明。能夠有此幸運，完全是靠地球與太陽之間存在著恰好不離不棄的距離。行星中以水星公轉軌道最接近太陽，但幾乎全爲火山岩，與月球表面的火山口地形並無二致，最初或許也曾有大氣存在，但由於引力太小而終至雲消霧散，姑且不論太靠近太陽也會像在燃燒一樣地酷熱。

　　鄰近地球內側運轉的金星，大致與地球一樣大小，軌道介於地球與水星之間，其大氣層主要由深厚的二氧化碳所覆蓋，由於溫室效應造成白天地表溫度上升高達 480℃，猶如地獄般炎熱，水都汽化爲水蒸汽型態，同樣也不適合有生命體生存的環境。

　　靠近地球外側運轉的火星，直徑只比地球的一半多些，大氣成分幾乎都是二氧化碳，在遠古時期也曾有過溫暖的氣候期，一般認爲曾經有過海洋的存在。但是，現在的火星則大氣淺薄，冬天極地地區籠罩著深厚的冰層，即使到了夏天，冰層也無法溶化，爲一寒冷乾燥的天體，目前爲止並未發現有生命存在。

　　在火星外側軌道運轉的木星、土星、天王星、海王星等類木行星，岩石所占比例非常少，幾乎都由巨大氣團所組成。

　　依據 2011 年 4 月美國太空科學家，在一項持續進行超過 20 年的研究中，已經在冥王星的大氣中檢測出有毒的一氧化碳氣體，冥王星是目前已知唯一一顆確認擁有大氣層的矮星。在這項研究中，科學家們發現冥王星的大氣溫度極低，約爲 － 220℃。冥王星大氣層的形成可能是由於太陽光照射導致其地表升溫的結果。但由於冥王星脆弱的引力場，其大氣層可能是我們太陽系中最不堪一擊的類型，其高層大氣中的粒子則不斷地逃逸進入太空中，同樣也不適合有生命體生存的環境。

美麗的地球，我們的家，由氮及氧氣所組成的大氣所包圍，因含有豐沛之水而能滋養各種生命。地表平均氣溫約 14℃，直徑 12,756 公里。

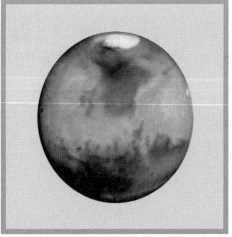

左圖：金星表面平均氣溫約 450℃，它的直徑為 12,104 公里。

右圖：火星表面平均溫度在許多報告中都不同，常見的值是－55℃，它的直徑為 6,792 公里。

第 2 章
地球大氣概述

2-1 地球大氣的組成

　　讀者已可從前章的描述，了解到地球大氣的進化，已經歷了原始大氣、次生大氣和現在大氣三代。現在大氣中大約 80% 是氮氣，20% 是氧氣，其他氣體的總和則只占約 1%，這些微量氣體包括：氬氣、二氧化碳、氖氣、臭氧、氫氣、水氣及不定數量的其他氣懸粒子，包括海鹽粒子、煤煙、塵埃及花粉等，可不能忽視這些「稀有物」，它們對天氣都有不同程度的影響。

　　二氧化碳在初始大氣中占有很大的分量，但由於光合作用的發展，碳大量的被用來構成生物體，部分則溶於海中，成為海洋生物發展的物質。當大氣中的二氧化碳較多時，溶解到海水體中的二氧化碳就相對增多。

　　現在大氣中的主要成分為氮，但原始大氣或火山噴發中，氮成分並不多。

　　氮的增多主要原因有二：

　　1. 氮的化學性質很不活躍，不太容易同其他物質化合，多呈游離狀態存在。

　　2. 氮在水中的溶解度很低，僅相當於二氧化碳的 1/7，所以它大多以游離狀態存在於大氣中。

　　由於二氧化碳的減少，初始水汽又大部分變成液態水，成為今天的水圈，相對來說，氮和氧的比例就增多了，所以今天氮有這麼多，是和氮本身的特性有關的。當然，氮也進行著迴圈，一些根瘤菌可以吸收氮，使得一部分氮參加到生物迴圈裏去，這些物質在腐爛分解後，又放出游離的氮；也有一小部分氮進入到地殼的硝酸鹽中。氮雖參加迴圈，但大部分呈游離狀態存在，相對來說，它的數量在增多，以致成為現在大氣中的主要成分。

　　水氣是天氣變化的主角，它飽和時會凝結成水滴或冰晶，造成雲、雨、雪等天氣現象。而大氣中的水氣、二氧化碳和甲烷等增加時，吸收地表紅外線輻射也會增加，長期累積後會使大氣溫度節節升高，造成全球暖化問題。

　　在地球大氣中，擁有由植物生成、而在金星與火星大氣中缺乏的氧氣，在大約 30 ～ 40 公里的高空，氧氣與太陽紫外線反應產生臭氧、並聚集形成臭氧層。在平流層內的臭氧層吸收陽光中 99% 的紫外線，並加熱高層大氣；因此和對流層不同，在 20 公里以上高層，溫度是隨著高度而增加的，直到中氣層才又開始隨高度增加而遞減。相對的，金星和火星 99% 都由二氧化碳所組成，沒有氧氣、更沒有臭氧層吸收紫外線加熱高層大氣，因此金星和火星的大氣溫度都隨著高度增加而遞減。

地球大氣中各種主要組成氣體所占之比率

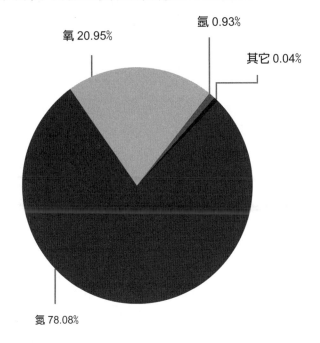

氧 20.95%

氬 0.93%

其它 0.04%

氮 78.08%

地球低層各種主要大氣成分的容積百分比

固定成分			變動成分		
成分	符號	容積百分比	成分	符號	容積百分比
氮	N_2	78.08	水氣	H_2O	0～5
氧	O_2	20.95	二氧化碳	CO_2	0.038
氬	Ar	0.93	甲烷	CH_4	0.000175
氖	Ne	0.0018	氮	N_2	0.00003
氦	He	0.0005	臭氧	O_3	0～0.00001
氫	H_2	0.00005			

2-2 大氣的垂直結構 ── 對流層與平流層

　　地球大氣是最爲我們所熟悉的，大氣圈覆蓋著地球，它不但提供我們所必需的空氣，並且影響太陽日照和氣溫、濕氣和空氣流動，從而決定天氣。因爲地心吸力，空氣大多密集積聚於地表附近。離地面愈遠，空氣會愈少、愈稀薄，因此氣壓愈低。簡單說，大氣圈的厚度約爲 1,000 公里，由於不同因素，空氣的溫度並非隨高度不斷下降，而是呈現交替下降和上升，形成 4 個不同的溫度層，亦即大氣結構。

　　依溫度變化，自下而上地球大氣可分成 4 層：1. 大氣邊界層與對流層，2. 平流層，3. 中氣層，4. 增溫層。

　　1. 大氣邊界層（atmospheric boundary layer）**與對流層**（troposphere）：在對流層下部靠近地面 1.2 ～ 1.5 公里範圍內的薄層大氣，稱爲大氣邊界層或行星邊界層（planetary boundary layer）。因貼近地面，空氣運動受地面摩擦作用影響，又稱摩擦層（friction layer）。從地面到 10 ～ 18 公里高度處，大氣對流旺盛，稱爲對流層。是人類活動和賴以生存的主要空間。它蘊含了整個大氣層約 75% 的質量，以及幾乎所有的水蒸汽及氣溶膠。大氣溫度隨高度變化明顯，平均而言，地面附近的氣溫大約爲 15℃，往上逐漸降低，至 10 ～ 18 公里高度溫度降到 − 60 ～ − 80℃。對流層空氣密度最大，水氣含量豐，氣溫隨高度遞減（− 6.5℃／km）。對流層的厚度各處不一，熱帶地區大約 17 公里，中緯度地區約 10 公里，而極地地區則約 7 公里。地面氣溫平均約 15℃，對流層頂氣溫平均約 − 55℃（在赤道則約 − 75℃，極地約 − 45℃）。對流層的溫度遞減率平均約爲每公里 6.5℃。這種下暖上冷的溫度結構容易發生對流運動，因此，離地十幾公里範圍內是風、雲、雪等天氣變化發生區，幾乎所有的雲雨及風暴現象都侷限於對流層內，僅有少數極強的雷暴可暫時突破對流層頂。

　　2. 平流層（stratosphere）：對流層頂向上延伸到 50 公里高處爲平流層，這一層由於臭氧吸收太陽輻射，大氣溫度隨高度增加而逐漸升高。平流層極少有雲，飛機通常在平流層飛行，以避開對流層裡大氣對流的干擾。

　　此層位於對流層頂之上，溫度特徵爲起初略呈穩定值，其後往上遞增，至氣溫達（相對）極大值的層際（稱爲平流層頂）爲止。平流層頂的高度距地面約爲 50 公里，溫度約爲 0℃。下冷上暖的溫度結構導致本層的空氣不易作垂直運動，所以對流不易發生，但水平運動所受影響較小，故稱爲平流層。由於缺乏垂直運動及水氣，除了強烈對流層風暴（如雷暴、颱風等）對此層底部略有影響之外，平流層基本上常爲晴空，偶爾有貝母雲雨出現，目前長途噴射客機之巡航高度基本上在平流層底附近。平流層的上部是臭氧濃度的集中區，平流層頂的相對高溫正是臭氧吸收了太陽輻射的結果。

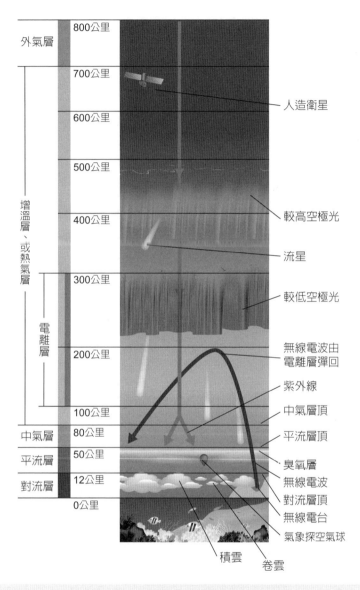

外氣層	800公里	
	700公里	人造衛星
	600公里	
增溫層、或熱氣層	500公里	
	400公里	較高空極光
		流星
	300公里	較低空極光
電離層	200公里	無線電波由電離層彈回
		紫外線
	100公里	中氣層頂
中氣層	80公里	平流層頂
平流層	50公里	臭氧層
對流層	12公里	無線電波
		對流層頂
	0公里	無線電台
		氣象探空氣球

積雲　卷雲

大氣層模型：對流層自地面算起只有 12 公里厚，但卻含有全部大氣氣體 75%（以質量計），還有大量的水氣和塵埃。當太陽加熱大地時，會使得層內稠厚的混合物產生上下翻攪運動，因而形成天氣。對流層在靠近地表面處溫度最高，氣溫隨高度遞減，到了上邊界即對流層頂溫度最低。對流層頂的高度並非固定，赤道上方約 18 公里，南、北緯 50° 處約 9 公里，兩極地方約只有 6 公里。

2-3 大氣的垂直結構——中氣層與增溫層

　　3. **中氣層**（mesosphere）：從平流層頂到 85 公里高處為中氣層。這一層空氣稀薄，大氣溫度隨高度而逐漸降低，至 85 公里高度為中氣層頂，溫度為大氣最低處，約為－90℃。

　　從平流層頂起至約 90 公里左右，是為中氣層，溫度特徵是向上遞減。中氣層頂的溫度極低，約－85 到－100℃，是整個地球環境中最冷之處。這種溫度結構使空氣不穩定，對流以及較強的亂流都可能發生。不過中氣層水氣極為稀薄，因而不見雲雨，但偶有所謂「夜光雲」出現。由於此層高於飛機可達之高度，卻又低於循地球軌道運轉的航空器（如太空梭、人造衛星），目前唯一可用來探測的只有探空火箭，因此，科學界目前對中氣層的特性所知不多，有時戲稱為「無知層」。

　　4. **增溫層 / 熱氣層**（thermosphere）：中氣層頂之上稱為增溫層，溫度逐漸往上遞增，直至攝氏數千度，故又稱為熱氣層。熱氣層受能量高的短波紫外線游離作用，溫度向上遞增，但因空氣極為稀薄，實際熱量相當低，無明顯層頂。增溫層溫度和太陽活動直接相關，在 400 公里高度上溫度是均勻的。卡門線（Kármán line）的位置在增溫層內，高度 100 公里處，通常被作為地球大氣層和太空的分界線。

　　增溫層可再分為 2 層：

　　(1) 電離層（ionosphere）：離地面 85 ～ 550 公里，介於中性大氣和受到電場及地球磁場線控制的可游離區域之間，由好幾層性質不同的層塊所組成。電離層是由太陽輻射現象所產生的自由電子和離子，以及光化游離和重組反應所產生的游離粒子、中性粒子所組成的。是一個充滿了自由電子（有助於電波傳播）的一層，有助於遠距離通訊系統，載人航太活動多在這一層進行。

　　(2) 外逸層或稱外氣層（exosphere）為 550 公里高空以上之大氣層。熱氣層的最高邊界並無明確數值，約在 500 ～ 1,000 公里高處，氣體粒子之平均自由路徑長度相當大，氣體逃逸至太空的機率非常高，稱之為外逸層（exosphere），有時可視為熱氣層的上界。外逸層的高度可以從地表 500 公里延伸至 1,000 公里高空，並在該處與行星的磁層互動。

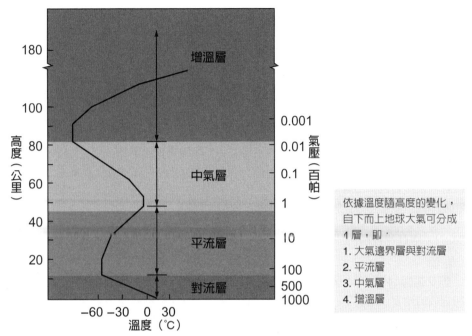

氣溫隨高度的變化，大氣的分層主要是根據氣溫隨高度變化的一些特徵所定出。

依據溫度隨高度的變化，
自下而上地球大氣可分成
4層，即：
1. 大氣邊界層與對流層
2. 平流層
3. 中氣層
4. 增溫層

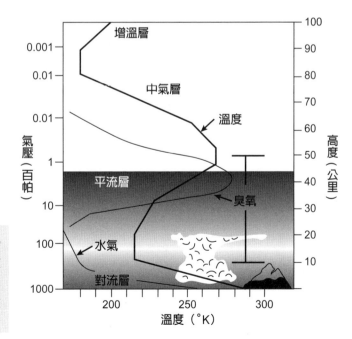

大氣溫度、水氣及臭氧
隨高度變化與大氣層之
對照，對流層之空氣有
顯著的上下對流運動，
天氣現象幾乎都發生在
此層。

2-4 高層大氣與磁層

　　當太陽的高能帶電粒子流（太陽風）吹向地球時，地球原有的磁偶極場在向陽面會被壓成扁一點，而背陽面之地球磁場的磁場線，則被拖拉成尾巴狀。整個地球磁場所占據的勢力範圍，就是磁層（magnetosphere）。磁層中的背陽處尾巴狀的結構，就叫做磁尾（magnetotail）。具有磁場的太陽系星體周圍，在太陽風的作用下受限制而形成的區域即為磁層。

　　磁層為淚珠狀區域，其大小和形狀不斷受到太陽風變化的影響。來自太陽風和地球大氣的帶電粒子存儲在地球磁層中，這一現象自從 1958 年探險者一號衛星發現范艾倫輻射帶後就再常被廣泛探測。所儲存的粒子週期性沿著地磁方向注入大氣的北極區和南極區，並被加速到極高速度。地球磁層或太陽風，使高層大氣分子或原子激發產生絢麗多彩的光，即所謂的「極光（Aurora / Polar light / Northern light）」，已知具有磁層的其他行星有水星、木星、土星和天王星。火星僅有局部的磁場，不能形成一個磁圈。

　　范艾倫輻射帶（Van Allen radiation belt）：由地球磁場及其與太陽風的交互作用，所造成的范愛倫輻射帶，為成對的環狀帶環繞著地球，外型就像甜甜圈，由氣體離子（電漿）組成，外圈介於海拔 13,000 ～ 60,000 公里；內圈則介於海拔 1,000 ～ 6,000 公里之間。NASA 在 2012 年 8 月 30 日發射兩艘裝有輻射帶風暴探測器（Radiation Belt Storm Probes, RBSP）自動控制太空船，用來研究環繞地球的范艾倫輻射帶。

　　磁層與電離層（ionosphere）的區別：磁層中，中性氣體濃度甚低，可以視為完全游離的電漿。電離層中，中性氣體濃度甚高，為部分游離的電漿。磁層與電離層之間並不存在一個明顯的邊界，所以沒有辦法定義一個「電離層頂」。然而，磁層中游離氣體的絕對濃度，遠小於電離層中游離氣體的絕對濃度。因此，磁層對電磁波的影響，不如電離層重要。

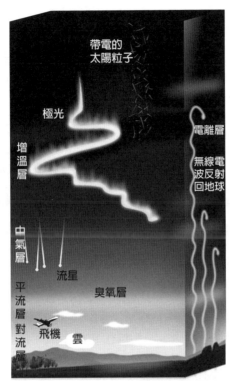

地球大氣結構與磁層示意圖

帶電的太陽粒子

極光

增溫層

中氣層

流星

平流層 對流層

飛機 雲

臭氧層

電離層

無線電波反射回地球

帶電粒子與大氣中原子碰撞發光產生極光

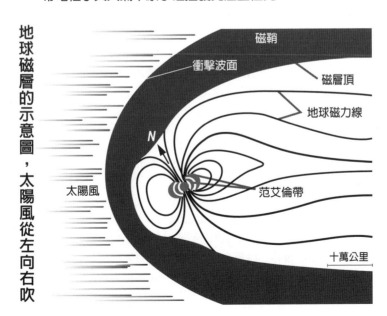

地球磁層的示意圖，太陽風從左向右吹

磁鞘

衝擊波面

磁層頂

地球磁力線

N

太陽風

范艾倫帶

十萬公里

2-5 臭氧層與紫外線的吸收

　　臭氧是一種具有刺激性氣味，略帶有淡藍色的氣體，臭氧分子含有 3 個氧原子，分子式為 O_3，其含量在大氣中非常少卻無比重要，因為它在 $0.28 \sim 0.34\mu m$ 的紫外線部分，能在高空中就強烈吸收對生物有害的極短波輻射，使地面上、海洋裡的生物得以生存、繁衍。而且它和 CO_2 聯合導演了溫室效應，使得大氣不至於白天奇熱，夜晚酷冷，提供適合生物生存的背景環境。

　　一部分超紫外線的能量被用來解離 O_2，在這個高度，由於密度很低，O 一旦形成，就會以永久形式存在。但到了較低層大氣的密度增加，O 形成後會和另一個 O 結合而還原為 O_2，或和 O_2 結合成 O_3。於是由 80 公里左右開始，臭氧的量快速的往下增加，同時太陽的紫外線輻射強度也逐漸衰減，一直到離地面 25 公里處臭氧的分子個數密度達最大。再往下，由於紫外線輻射強度已所剩無幾，O_3 的密度迅速減少。因此大約自 20 公里至 80 公里的空間又稱為臭氧層（ozone layer）。臭氧層是指大氣層的平流層中臭氧濃度相對較高的部分，主要作用是吸收短波紫外線。臭氧層密度不是很高，如果被壓縮到對流層的密度，只有幾毫米厚。

　　當地球大氣中的氧氣漸漸增加，臭氧層便會隨之形成。臭氧層的形成，主要因紫外線衝擊雙原子的氧氣，把它裂解成 2 個原子，然後每個原子和未分裂的 O_2 合併成 O_3。O_3 分子不穩定，受紫外線照射之後又分裂為 O_2 和 O，因而形成一個 O 和 O_2 迴圈，並因此形成臭氧層，其形成過程如下：

1. 氧分子受到紫外線照射，分解成 2 個氧原子。O_2 + 紫外線 → 2O。
2. 被分解的氧原子和未被分解的氧分子會聚合形成臭氧。$O_2 + O \rightarrow O_3$。
3. 當 O_3 受到紫外線照射，會再分解成 1 個 O 和 1 個 O_2。
   O_3 + 紫外線 → O + O_2。
4. 然後 O 和 O_2 又會聚合形成 O_3。
5. 過程中被吸收的紫外線，會以熱能的形式釋放出來，加熱周圍的空氣。
6. 臭氧會因為與其他物質（例如氮）反應而減少。

　　整個臭氧吸收反應過程中，臭氧並未消耗，只是把紫外線吸收後變成熱能，這也是為什麼在平流層裡，溫度會隨高度而上升的主要原因。臭氧吸收紫外線轉成熱能的過程，也就是保護地球表面免受紫外線過度傷害的機制，我們稱平流層中的臭氧為臭氧層。臭氧層就像是地球的防護罩，因臭氧能吸收紫外線而分解，保護地球免於紫外線傷害，因此臭氧可說是紫外線的剋星。

　　臭氧是紫外線的強烈吸收體，所以在有臭氧的空間就因臭氧的吸收紫外線輻射而加熱，加熱率和臭氧的密度及紫外線強度的乘積成正比，故在 50 公里處溫度最高，是為平流層頂的成因；南極上空臭氧層破洞長期以來備受各界關注，根據英國衛報（The Guardian）2020 年 4 月報導，科學家發現北極上空臭氧層也罕見出現破洞。由歐盟資助的哥白尼大氣監控機構（Copernicus atmosphere monitoring service），過去幾天，從太空和地面都追蹤到這個在北極上空目前最大的破洞，但除非它往南移動，否則不會危及人類。

臭氧層中臭氧與氧氣的循環

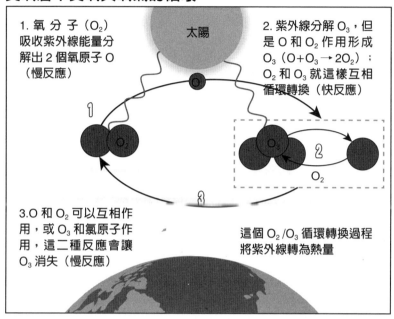

1. 氧分子（O_2）吸收紫外線能量分解出 2 個氧原子 O（慢反應）

太陽

2. 紫外線分解 O_3，但是 O 和 O_2 作用形成 O_3（$O + O_3 \rightarrow 2O_2$）；O_2 和 O_3 就這樣互相循環轉換（快反應）

3. O 和 O_2 可以互相作用，或 O_3 和氯原子作用，這二種反應會讓 O_3 消失（慢反應）

這個 O_2/O_3 循環轉換過程將紫外線轉為熱量

臭氧層的形成主要因紫外線衝擊雙原子的 O_2，把它裂解成 2 個氧原子，然後每個氧原子和未分裂的 O_2 合併成 O_3，並在大氣平流層中造成 O_3 濃度相對較高之臭氧層。

看不見的紫外線在通過大氣層時，由於臭氧氣體的吸收使到達地面的強度不致影響人類健康。但由於高空臭氧層受到人為排放汙染物的破壞而減少，導致地面紫外線強度增加，因而在晴朗無雲的天氣時，過度曝曬對人體會有不良影響。1985 年英國科學家法曼發現南極上空臭氧層呈大幅減少的現象，因此有關臭氧層破洞的研究便逐漸受到科學界重視；因此全球臭氧減少與近地面紫外線增加，也是人類頭痛的問題之一。（2014/ 科學 PISA 研究社）

2-6 地球大氣能量來源

太陽輻射（solar radiation）

太陽輻射指太陽從核融合所產生的能量，經由電磁波傳遞到各地的輻射能量（radiant energy）。太陽輻射的光譜為接近溫度 5,800 K 的黑體輻射（blackbody emission），由不同波長的光波組成，大致可以分成 3 個光區：

1. 紫外光譜：為不可見光，波長小於 0.4 微米（μm），有殺菌作用，但大量波長小於 0.3μm 的紫外線對植物生長有害，紫外光譜約占太陽光輻射能量的 8.3%。

2. 可見光譜：可分為紅、橙、黃、綠、青、藍、紫 7 種單色光譜，波長為 0.4 ～ 0.76μm，植物生長（光合作用）取決於可見光譜部分，可見光譜區的能量約占 40.3%。

3. 紅外光譜：波長大於 0.76μm 不能引起光化學反應（光合作用），僅能提高植物的溫度並加速水分的蒸發，紅外光譜區的能量約占 51.4%。

太陽不停燃燒，向四周放出輻射，到達地球時，全年間的變動很小，但因地球對太陽的運動，造成太陽輻射變化很大。如太陽與地球之間的距離以及太陽輻射入射角等不斷的改變，地球所吸收到的太陽輻射也隨之而變。主要的影響因素有 3 種：

1. 地球公轉軌道的偏心率變化（eccentricity）
2. 黃赤交角變化（obliquity）
3. 歲差或攝動（precession）

由於地球自轉的赤道面和公轉的黃道面並不一致，在夏至時太陽在北半球北回歸線（23.45 °N）正上空，這時北半球受到較強的太陽輻射，比較溫暖是為夏季。在冬至時太陽在南回歸線上空，所以南半球比較溫暖，北半球則因為接受到比較少的太陽輻射而比較冷，是為冬季。以上所說的夏、冬季都是相對於北半球而言，南半球則正好相反。春分及秋分時太陽在赤道正上空。所以大氣的四季變化，是由於地球公轉的結果，而主要的因素則是地面垂直線和日光的夾角的變化。赤道地區每年有 2 次直射機會，太陽高度角大，所以太陽輻射強度也大；極地的太陽高度角小，並有極夜（永夜）現象，因此太陽輻射強度很小。

太陽輻射強度除與太陽高度角有關外，尚與下述各因素有關：

1. 海拔高度，海拔愈高空氣愈稀薄，大氣對太陽輻射的削弱作用愈小，則到達地面的太陽輻射愈強。

2. 天氣狀況，晴天雲少，對太陽輻射的削弱作用小，到達地面的太陽輻射強。

3. 大氣透明度，大氣透明度高則對太陽輻射的削弱作用小，使到達地面的太陽輻射強。

4. 白晝時間的長短。

5. 大氣汙染的程度愈重，則消弱太陽輻射愈多，到達地面太陽輻射愈少。

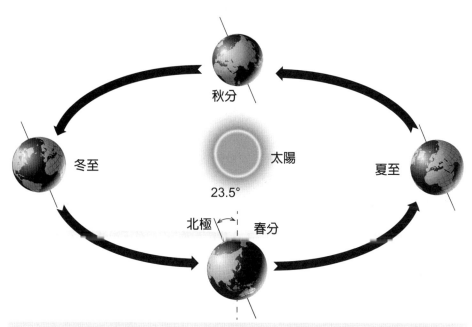

地球繞太陽公轉時,自轉軸與公轉軸呈 23.5 度的夾角,使得太陽直射地面的位置隨季節而變化: 春分 (3 月 21 日左右) 與秋分 (9 月 23 日左右) 時直射赤道,夏至 (6 月 22 日) 直射北迴歸線, 冬至 (12 月 22 日) 則直射南迴歸線。

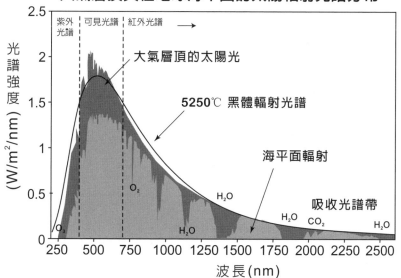

2-7 大氣及地表能量收支

受大氣層之影響整個地表能量吸收自太陽者，與同一時期因反射及輻射到太空的量達到平衡。換言之，在此情況下，大氣層與海洋溫度應受影響而有所改變。由太陽輻射出來者稱為短波輻射，其波長為在 0.38μm 與 2.5μm 之間。又由於物體吸收輻射能達到某一溫度後，就會發生黑體熱輻射的現象。故地球表面吸收太陽能後會再產生輻射，其輻射的波長為在 5μm 與 20μm 之間，又稱為長波輻射。當太陽輻射到地球時，有部分被反射到太空，而大部分被地表所吸收，由地表反射出去及由地表輻射出去者，到達大氣層後會受大氣中之雲霧、小水滴，及固粒物質所吸收，並能再產生輻射部分又反射及輻射到地表，如此而形成地表能量的收支循環。在低緯度區吸收輻射能的量較反射與再輻射出去的量為大，反之，高緯度區則能量得到的較失去的少。

全球平均而言，大氣及地表的能量收支呈平衡狀態，若將在大氣層頂的太陽輻射的全球平均值（342Wm^{-2}）當作 100 單位，其中 20 單位為大氣吸收，30 單位被氣體分子、雲及地表反射或散射回外太空（即地球反照率為 0.3），50 單位則被地表吸收。地表向上輻射的長波輻射量相當於 110 單位，其中 98 單位被對流層吸收，平流層吸收了另外 2 單位，最後只剩下 10 單位外逸至外太空。

地表只吸收了 50 單位的太陽輻射，卻放射 110 單位的長波輻射。它的能量補給來自大氣的溫室效應：對流層吸收了大量的長波輻射，卻也分別向地表及平流層輻射 89 及 60 單位。向下的 89 單位全數為地表吸收。相對而言，平流層吸收長波輻射的能力不佳，只吸收了 60 單位中的 6 單位，外逸量高達 54 單位。平流層也分別向對流層及外太空輻射 5 及 6 單位的長波輻射。

若只計算輻射能量，則大氣共吸收 120 單位能量，卻輻射 149 單位能量。亦即，大氣不斷以 29 單位的速率損失能量。反觀地表（包括海洋及陸地）則吸收 139 單位，輻射 110 單位，因此以 29 單位的速率吸收能量。這些多餘的能量則以蒸發（LE，24 單位）或可感熱傳送（SH，5 單位）的形式進入地表附近大氣，再由大氣的水平及垂直運動傳送至其它部分的大氣，彌補大氣輻射冷卻損失的能量。蒸發的過程中，液態水吸收地表的熱量汽化進入大氣，無形中將地表的熱量傳送至大氣。如果水汽再度凝結成液態水，釋放出潛熱，加熱空氣，氣溫因此升高。可感熱傳送則可用下面例子比喻：涼風拂面而來，頓覺涼爽無比；蓋因吹拂在人體的涼風帶走了一些熱量，降低人體溫度。同樣的，因吸收輻射而過熱的地表，透過熱傳導及空氣運動將熱量傳入大氣。

大氣能量收支（單位表示 Wm⁻²）

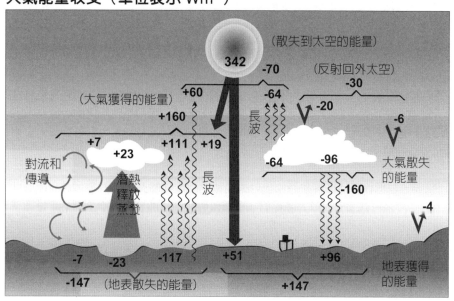

大氣及地表的能量收支呈平衡狀態（百分比表示）

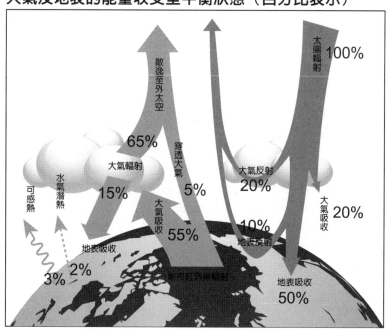

2-8 入射太陽輻射緯度分布

　　太陽輻射為驅動地球大氣運動的主要能量，從行星尺度的大氣環流到小尺度的地面蒸發散作用等等，因此監測穿越地球大氣層抵達地球表面的太陽輻射通量，或稱為向下太陽輻射通量（downward solar irradiance, DSI）。DSI 的時空分布並非恆常不變，首先到達大氣層頂的太陽輻射可由三組因子所決定，分別是緯度、太陽時角及日地距離；經過大氣到達地面的太陽輻射則是受到大氣分子、懸浮微粒、雲的吸收與散射。太陽輻射經過大氣衰減之後，最後受到地形效應的遮蔽或是漫射反射等影響，更造成地面 DSI 在時空上的分布極不均勻。

　　入射太陽輻射（solar radiation）若以緯度分布來說，則南北半球都以緯度 35° ～ 40° 為界，在低緯度地區接收到的入射太陽輻射比放出的長波輻射多，在高緯度地區放出的長波輻射則大於入射太陽輻射。這種輻射收支緯度分布的不平衡，正是地球上能量由低緯度往高緯度輸送的主要機制，其中大約 4/5 是由大氣輸送，1/5 是由海洋輸送。至於能量平衡的時間和空間分布，則與大氣和海洋中的各種現象有關。最重要的輻射收支是太陽常數、行星反照率（albedo）以及向外長波輻射，都可由衛星觀測得到。

　　由此可知，大部分的大氣並不處於輻射平衡狀態。平均而言，低緯度地區吸收的短波輻射（shortwave radiation）大於損失的長波輻射（longwave radiation），高緯度則相反。如果，這兩區域在無大氣運動的情況下，達到輻射平衡狀態，則低緯度地區氣溫勢必不斷升高，直到地球外逸長波輻射量等於吸收的短波輻射量。相反的，高緯度地區則必然降溫至所謂的輻射平衡溫度。在此種情況下，低緯度地區變的太熱，高緯度地區則太冷。大氣與地球間年平均能量的平衡以 38° 為界，高緯為負值，低緯為正值。輻射量以副熱帶高壓帶最高。

　　太陽輻射被地球吸收後，轉變成地球輻射，向地球外發射，使地球能量維持平衡。但地球上因工業或汽車或火山爆發等原因，而釋放出 CH_4、CO_2、O_3、N_2O、CFCs，吸收了地球向外發射的輻射，再反射回地球，而使地球溫度升高，稱之為「溫室效應」（greenhouse effect）。

　　實際上，地球表面覆蓋著流體如空氣、海水等，無法維持這樣大的南北溫度梯度，卻仍舊保持空氣、海水靜止不動；因此劇烈運動在大氣及海洋發生，以降低溫度梯度。大氣及海洋環流就在此種驅動力之下，不斷的運動，也不斷的重新分配輻射能量，擴大適合生物生存的空間。在輻射能量重新分配的過程中，則難免產生劇烈天氣，如極地渦旋、寒潮、熱帶風暴（颱風、颶風及熱帶氣旋）及龍捲風等，威脅生物的生存。

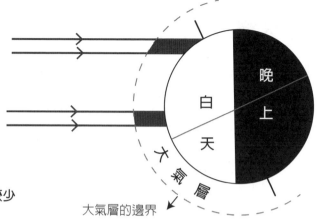

高緯地區陽光入射：
(1) 較斜
(2) 穿越較厚大氣層
→造成抵達地面的陽光較少
（單位時間，單位面積）

大氣層的邊界

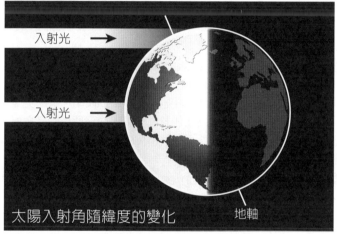

太陽入射角隨緯度的變化

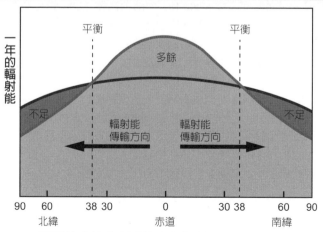

不同緯度地表所受的太陽輻射強度也跟著不同

2-9 大氣及地球輻射

黑體輻射（black-body radiation）

自然界中所有物體，只要溫度在絕對溫度零度以上，都以電磁波的形式不停地向外傳送熱量，這種傳送能量的模式稱為輻射。物體通過輻射所放出的能量，稱為輻射能。輻射有一個重要的特點，就是它是「對等的」。不論物體（氣體）溫度高低都向外輻射，甲物體可以向乙物體輻射，同時乙也可向甲輻射。

黑體是一個理想化的物體，它能夠吸收外來的全部電磁輻射，並且不會有任何的反射與透射，它放出的輻射通量密度隨波長的分布與普朗克（Planck）函數成正比。隨溫度上升，黑體所輻射的電磁波與光線稱做黑體輻射。依黑體輻射的原理，任何高於絕對溫度 0K 的物體都會輻射出能量，溫度愈低，輻射的波長愈長。黑體不僅僅能全部吸收外來的電磁輻射，且散射電磁輻射的能力比同溫度下的任何其他物體強。太陽可視為溫度 5,700K 的黑體，另一方面地表為平均溫度 288 K 的黑體，地球和大氣輻射主要為紅外輻射，波長較長。

普朗克黑體輻射定律（Planek's blackbody radiation law）

德國物理學家普朗克（Max Karl Ernst Ludwig Planck），於 1900 年導出能量量子和頻率之間著名關係式 E=hν，h 稱為普朗克常數，ν 為頻率。普朗克黑體輻射定律（普朗克定律或黑體輻射定律）為描述在任意溫度下，從一個黑體所發射的電磁輻射率，與電磁輻射頻率間的關係式，此式可以解釋黑體溫度輻射的光譜，假設電磁能只能以 hν 的整數倍發放或吸收。

地球輻射（terrestrial radiation/earth radiation） 與大氣輻射（atmospheric radiation）

太陽光輻射熱量的來源是透過核融合反應。太陽約由 71.3% 的氫、27% 的氧及 2% 的其他元素所組成，表面溫度高達 6,000 K，內部則高達 2,000 萬 K 高溫，透過熱核反應（核融合）將氫原子融合成氦，釋放出的能量使太陽依舊保持穩定的狀態。地球與大氣圈不斷地自太陽獲得 0.17×10^{18}W 之輻射量。

地球輻射又稱長波輻射或熱紅外輻射，大氣（含雲）同時也向太空放出長波輻射，兩者構成地氣系統進入宇宙的熱輻射，統稱為地球輻射，因釋放熱輻射而造成地表冷卻。由地表往上射出之長波輻射稱為地面輻射。地球輻射的輻射源是地球，其輻射能量的 99% 集中在 4 ～ 100μm 以上的波長範圍，最強波長約為 9.7μm。

由大氣所發射的長波輻射稱為大氣輻射，即大氣中的長波、短波輻射和氣體、雲、氣溶膠及地表之間的相互作用。地球大氣把接收自太陽輻射中的一部分，反射回到外太空，並放出輻射能到太空，以便保持能量平衡。

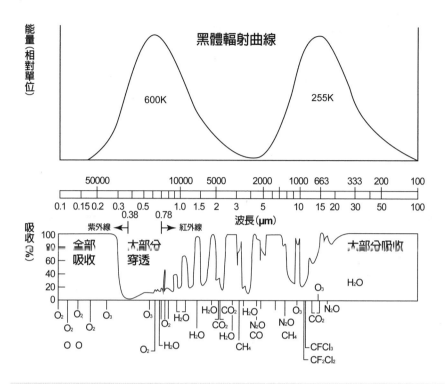

太陽的輻射光譜及被大氣成分吸收的情形。太陽輻射從高空射下來時,其紫外線(ultra-violet,
UV)、超紫外線(extreme-ultra-violet, EUV)及更短波長的輻射在高層即被氧原子及氧分子所強
烈吸收,而形成極高的溫度,這是增溫層溫度很高的主要原因。

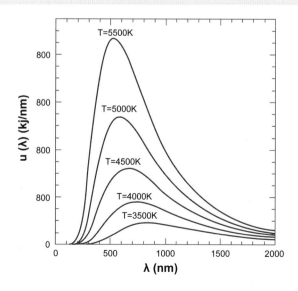

普朗克定律描述的黑體輻
射在不同溫度下的頻譜,
圖示幾種溫度下的黑體波
譜輻射曲線。

2-10 溫室氣體與溫室效應

　　地球在接受太陽輻射後，其平均地表溫度大約是 288 K，故地球會向四面八方輻射出長波，稱為長波輻射。但同時大氣中之水及二氧化碳等在長波輻射的波段有很強的吸收能力，由地球輻射出去的長波輻射乃被地球大氣之水氣、二氧化碳及其他有類似能力的氣體吸收掉。吸收的能量提高氣體的溫度，所以地球輻射出去的長波輻射，因為有這些氣體的存在，並沒有真正散失到太空，仍保留在大氣中，就像花房「溫室」一樣，這種現象稱為「溫室效應（greenhouse effect）」，具有吸收長波輻射的氣體稱為「溫室氣體（greenhouse gas, GHG）」。

　　自然溫室氣體包括水蒸氣，水氣所產生的溫室效應大約占整體溫室效應的 60 ～ 70%，其次是二氧化碳大約占 26%，其他還有臭氧、甲烷、氧化亞氮（又稱笑氣，N_2O）以及人造溫室氣體氯氟碳化物（CFCs）、全氟碳化物（PFCs）、氫氟碳化物（HFCs），含氯氟烴（HCFCs）及六氟化硫（SF_6）等。

溫室效應的影響

　　溫室氣體如二氧化碳所組成的大氣層會吸收紅外線，地球溫度逐漸升高，原本含有大量二氧化碳的海洋，也會把二氧化碳還給大氣層，一旦這個惡性循環開始，地球就會步上金星的後塵。北半球冬季將縮短，並更冷更濕；夏季則變長且更乾更熱，亞熱帶地區則將更乾，而熱帶地區則更濕，由於氣溫增高水汽蒸發加速，全球雨量每年將減少，各地區降水型態改變，使植物、農作物之分布改變，並加快生長速度，造成土壤貧瘠，作物生長終將受限制，且間接破壞生態環境，改變生態平衡。

　　溫室效應間接影響海平面上升，全世界三分之一居住於海岸邊緣的人口將遭受威脅，並且改變地區資源分布，導致糧食、水源、漁獲量等的供應不平衡，引發國際間之經濟、社會問題。

　　氣溫上升也會傷害人體的抗病能力、若再加上全球氣候變遷引發動物大遷徙，屆時極有可能促使腦炎、狂犬病、登革熱及黃熱病的大規模蔓延，後果相當可怕。CO_2 濃度的增加可能有利於某些植生而抑制他類植物，而改變植物社群結構；海平面上漲也將影響海岸植物社群的生態。可見溫室效應的影響絕不只限於氣溫而已。近年來我國各月的最高氣溫紛紛打破歷年來同月最高氣溫紀錄，即為溫室效應影響氣候變遷的明顯證據。

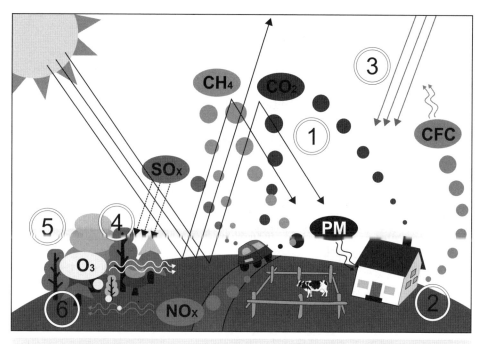

空氣汙染影響包括：(1) 溫室效應、(2) 顆粒物汙染、(3) 增加紫外線輻射、(4) 酸雨、(5) 增加地面臭氧濃度、(6) 增加氮氧化物濃度等六種。其中溫室氣體因能吸收地表長波輻射，使大氣變暖，與溫室作用相似。

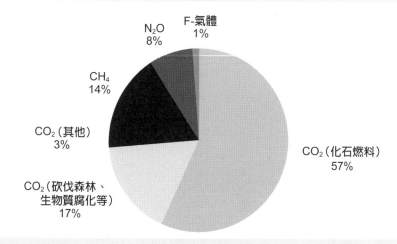

京都議定書定義溫室氣體（greenhouse gases, GHG）：主要是指 H_2O、O_3、CH_4、CO_2、N_2O、以及人造溫室氣體CFCs（氯氟碳化物）、PFCs（全氟碳化物）、HFCs（氫氟碳化物），HCFCs（含氯氟烴）及 SF_6（六氟化硫）等，其中 H_2O 所產生的溫室效應，大約占整體溫室效應的 60～70%，其次是 CO_2，約占 26%。上圖為 H_2O 外之溫室氣體所占比率。

2-11 輻射平衡溫度

在長期平均下，地球向外輻射能與所接收的太陽輻射能是處於平衡狀態，此種狀況下地表的溫度應為 − 18℃，稱為輻射平衡（radiative equilibrium）溫度。地表實際平均表面溫度約 15℃，比輻射平衡溫度高出 33℃，主要是因為溫室效應所致。

太陽輻射和長波輻射都會受到大氣的吸收。對太陽輻射來說，波長小於 0.3μm 以下的紫外線已被平流層中的臭氧幾乎完全吸收了。在近紅外區（0.7 ~ 3μm）相當多的太陽輻射被大氣中的水汽、二氧化碳和雲所吸收，但大氣幾乎不吸收可見光（0.4 ~ 0.7μm）。至於長波輻射，在 3.7 和 11μm 附近氣體的吸收很小，稱為大氣窗區（atmospheric window）。最重要的吸收帶是 6.3μm 處的水汽吸收帶、4.3 和 15μm 的二氧化碳吸收帶以及 9.6μm 處的臭氧吸收帶。只要不討論氣候變動，地表的年平均溫度可視為常數，因此地球從太陽接收到的能量又會回到外太空，這種能量平衡已由氣象衛星的觀測結果證實。

因為地球表面積是截面積的 4 倍，故大氣層頂處所接收到的太陽輻射通量密度等於太陽常數的 1/4，即 342W/m²。太陽常數是指日地平均距離處的太陽通量密度。附圖中的數字表示這個量為 100 單位時的各個輻射能量值。入射於大氣層頂的太陽輻射一部分 30 單位因大氣中的分子的雷氏散射、雲、氣溶膠的米氏散射以及地表的反射而在回到太空。這個比率 30% 稱為行星反照率。

在大氣層頂處的輻射是平衡的，到達的和離開的輻射能量都是 70 單位。對大氣來說，輻射能並不平衡。吸收的太陽輻射為 19 單位，損失的輻射能為 49 單位，因此太陽輻射造成氣的加熱，而長波輻射則引起大氣的冷卻，不足的 30 單位則藉由對流的方式由地表往大氣輸送。在地表處，輻射也是不平衡的，接收到的太陽輻射為 51 單位，而離開的輻射為 21 單位，多出的 30 單位就是藉由對流進入大氣。（讀者亦請參考本書 9-5 節，地球能量的收支不衡）

類地行星的溫度與影響溫度的因子

	輻射平衡溫度（℃）	表面溫度（℃）	日距（天文單位）	反照率	雲量（%）	地表氣壓（大氣壓）
金星	− 39	427	0.72	0.77	100	92
地球	− 18	15	1	0.31	50	1
火星	− 56	− 53	1.52	0.15	少	0.007

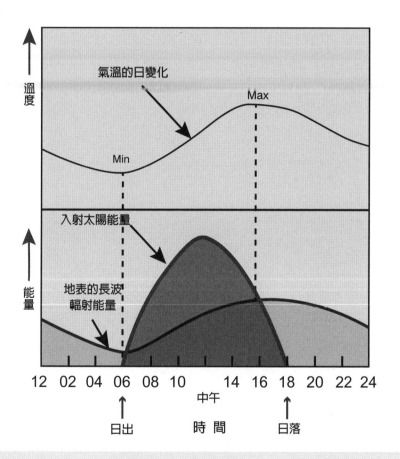

早晨日光斜射，在大氣中經過較長的路徑，受到的散射較嚴重，所以地面接收到的單位面積能量較少，地面及近地層大氣溫度較低。越近中午時，同樣的光柱照到地面上的面積變小，單位面積能量增加，日光路徑較短，因此地面及近地層大氣的溫度上升。但因為地表的溫度還要經過土地的傳導調整，大氣也要經過空氣的傳導及對流溫度才會上升，所以約在下午 2、3 點才達最高溫。

第3章
大氣運動

3-1 氣壓與等壓線

　　我們知道大氣壓力是水平表面單位面積，所承受來自其上面空氣的重量。在一般相同情況下，冷空氣柱因其密度較高，會比暖空氣柱重，因而產生氣壓較大。要比較不同地方的氣壓讀數，一個方便方法是把它們換算至同一高度，例如海平面。氣象界使用「標準大氣」，把各地的氣壓讀數轉換成海平面氣壓。標準大氣是國際公認假設的一個溫度、氣壓和密度的垂直分布。氣壓是指每單位面積上所承受的空氣柱重量，標準氣壓是每平方公分的面積上所承受 1,000 達因的力量，單位為百帕斯卡（hectopascal），簡稱「百帕（hPa）」或「毫巴」。

　　通常觀測氣壓都是在整點時間，觀測氣壓時要做儀器訂正，因為每一個氣壓表的儀器差並不一樣。溫度差訂正是因為溫度高低不同，使玻璃管、水銀和有刻度的銅管產生冷縮熱脹，而引起的誤差訂正。重力訂正是因為地心引力所產生的重力加速度不同，於緯度 45° 海平面產生的誤差訂正。標準海平面氣壓是 760 公釐或是 1013 百帕。高度訂正則是空氣壓力會隨著高度的增加，而降低所做的誤差訂正。

　　國際民航組織為因應不同的運作需要，使用特定名詞如 QFE、QNH 和 QFF 等來形容氣壓。QFE 是指測站（或機場）水平高度的氣壓。QNH 為修正海平面氣壓，顧名思義即把當地氣壓計壓力修正到海平面時的氣壓，指海平面氣壓，為根據國際民航組織所訂立的標準大氣，將 QFE 轉換而成。QFF 是根據實際大氣溫度情況，把 QFE 轉換而成海平面氣壓。

　　氣象人員把各地氣象站同一時間所測量到的氣壓值（根據溫度等作出適當的修正後）填上天氣圖上，然後將氣壓數值相同的地點用線連接起來，便成為等壓線（isobar）。等壓線一般以 2 或 4hPa 為間隔。等壓線能有效地顯示出地面氣壓的分布狀況。等壓線也可用來推測風的情況，在北半球，若你的左面氣壓較高（較低），則風大致會是迎面（背後）吹來。在一般相同情況下，相鄰等壓線愈緊密（愈疏），風力也愈強（愈弱）。

6

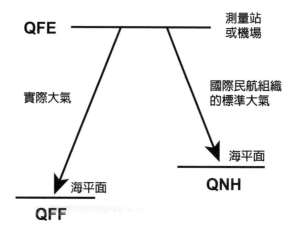

QFE 是指測站（或機場）水平高度的氣壓。QNH 則是指海平面氣壓，為根據國際民航組織所訂立的標準大氣，將 QFE 轉換而成。QFF 是根據實際大氣溫度情況，把 QFE 轉換而成海平面氣壓。

海平面等壓線圖

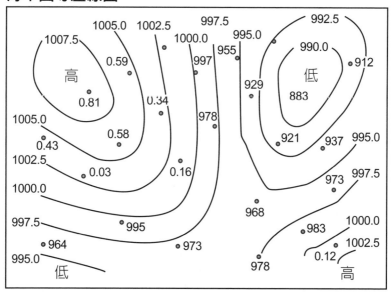

海平面等壓線為海平面上氣壓相等各點的連線

3-2 等壓面

等壓面（constant pressure surface /isobaric surface）指在垂直方向某一氣壓相等之面，此面上各地點之高度稱爲重力位高度。將重力位高度相等各點相連之線，稱爲等高線。在大氣中，等高面上之等壓線與等壓面上之等高線具有相同之意義。等壓面上重力位高度較高的地區，故亦稱高氣壓或高壓脊；反之，稱低氣壓或低壓槽。等壓面上之氣流方向亦平行等高線，繞高氣壓成順時針旋轉，或繞低氣壓成反時針旋轉。等壓面上之風速大小，亦與等高線疏密或重力位高度梯度成正比。

等壓線與等壓面的關係

某一水平面上氣壓相等各點的連線，稱爲等壓線（isobar）。若能製出某一水平面上一系列數值不同的等壓線，根據它們的排列形狀和疏密程度，就可以看出這個水平面上的氣壓的分布狀況。所謂海平面氣壓圖，就是各氣象臺 / 站把某一時刻測得的氣壓值，與海平面氣壓值一起比較訂正，然後填在圖上，再把氣壓值相符的點用平滑的曲線連接起來，以表示海平面的氣壓分布。

等壓面指大氣中同期間各地氣壓相等之一面，國際氣象組織規定全世界各地無線電探空測報，應盡量包括：1,000、850、700、500、300、250、200、150、100、70、50、40、30、20、15、10、7、5、4、3、2、1 等百帕之資料，故上述定壓面又稱標準定壓面（standard-pressure level）。空間氣壓場用等壓面表示，它是空間氣壓相等的各點所組成的面。從等壓面圖中可以看到，由於同一高度上各地的氣壓不可能是一致的，而是有高有低，因此等壓面不是一個等高面，而是像地形一樣起伏不平的曲面。又因氣壓高度的增加而降低，故對某一水平面來說，氣壓高的地方等壓面向上凸出，氣壓低的地方等壓面向下凹。

在空間的每一點都有一個氣壓值，如果把所有氣壓相同的點連起來，就形成一個等壓面。由於同一高度上各地的氣壓不等，氣壓在空間的分布，就像山丘一樣起伏不平。地面天氣圖上的高氣壓與低氣壓是繪製「等壓線」後而得，等壓線在天氣圖上是一條條曲線，是依據各地氣象觀測站在同時間測得的氣壓值，將相同氣壓的點用線連接起來，這條線就是等壓線，繪出一條條等壓線後，就可以得到高氣壓與低氣壓，也就是天氣圖上標示 H 和 L 的地方。

高空天氣圖也稱高空等壓面圖或高空圖，用於分析高空天氣系統和大氣狀況的圖。某一等壓面的高空圖，填有各探空站或測風站在該等壓面上的位勢高度、溫度、溫度露點差及風向風速等觀測記錄。根據有關要素的數值分析等高線、等溫線，並標注各類天氣系統。等壓面圖上的等高線表示某一時刻該等壓面在空間的分布，反映高空低壓槽、高壓脊、切斷低壓 / 割離低壓（cut-off low）和阻塞高壓等天氣系統的位置和影響的範圍。

等壓面的起伏與等高面上氣壓分布的關係

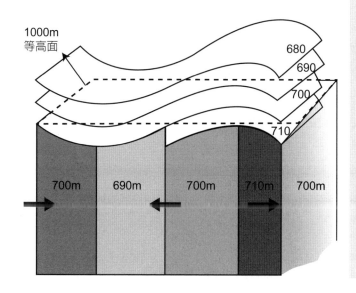

等壓面圖：等壓面與等高面不同，它像地形一樣起伏不平的曲面。空間氣壓場用等壓面（constant pressure surface）表示，它是空間氣壓相等的各點所組成的面。從圖中可以看到，由於同一高度上各地的氣壓不可能是一致的，而是有高有低，因此等壓面不是一個等高面，它像地形一樣起伏不平的曲面，又因氣壓升高而降低，故對某一水平面來說，氣壓高的地方等壓面向上凸，氣壓低的地方等壓面向下凹。

等壓面與等高線的關係

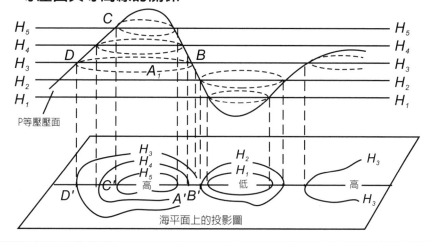

等壓面與等高線的關係：由於等壓面上各點的高度不同，因此等壓面是曲面。在等壓面上取氣壓相同之 A、B、C 3點，其高度並不等；A 點最高，B 點次之，C 點最低。將此3點投射到鄰近等高面上，得出相應的 A′、B′、C′3點。這3點高度相同，而氣壓不等；A′點氣壓最高，B′ 次之，C′點最低。由兩者之關係可見：在等壓面上高度最高的地方，正是它鄰近等高面上氣壓最高的地方；高度最低的地方，正是它鄰近等高面上氣壓最低的地方。由於高空觀測氣壓比高度方便，所以高空的氣壓分布可用等壓面上的高度分布表示，即用繪有等高線的等壓面圖表示。

3-3 氣壓場

　　由於地球引力作用，空氣乃聚集於地表附近，因此地表氣壓最高；離地表愈遠，空氣就愈稀薄，氣壓也就愈低。氣壓記錄因此換算至平均海平面（mean sea level），以方便作比較。平均海平面的平均大氣壓力爲 1013.2hPa，即每平方釐米的空氣柱重量約爲 1 公斤。

　　受地理環境、季節變化等因素影響，地面氣壓分布一般並不均勻。地表面氣壓的分布情況稱爲氣壓場（pressure field），氣壓在某一水平面上的分布稱爲水平氣壓場；氣壓在三度空間上的分布稱爲空間氣壓場。

氣壓場的基本型式

　　了解氣壓場的基本型式和空間結構，有助於對大氣狀態的了解。

　　1. 低氣壓（low pressure / depression）**/ 氣旋**：氣壓較四周低的地區，稱爲「低壓區（low pressure area）」或「低氣壓」。「低氣壓」簡稱低壓，其等壓線閉合，中心氣壓低，向外逐漸增高。空間等壓面往下凹，形如盆地。

　　2. 高氣壓（high pressure）**/ 反氣旋**：「高氣壓」簡稱「高壓」，其等壓線閉合，中心氣壓高，向外逐漸減低。空間等壓面向上凸出形狀，形似山丘。

　　3. 低壓槽（trough of low pressure）：「低壓槽」簡稱爲槽，是低壓向外伸出的狹長部分，或一組未閉合的等壓線向氣壓較高方向突出部分。低壓槽中各等壓線彎曲最大處的連線稱爲槽線。氣壓沿槽線最低，向兩邊遞增。槽的尖端，可以指向各個方向，但在北半球中緯度地區大多指向南方。因此，尖端指向北的稱爲倒槽，指向東西的稱爲橫槽，槽附近的空間等壓面類似山谷。

　　4. 高壓脊（ridge of high pressure）：「高壓脊」簡稱爲脊，是高壓向外伸出的狹長部分，或一組未閉合的等壓線向氣壓較低方向突出部分。在脊中，各等壓線彎曲最大處的連線叫脊線。氣壓沿脊線最高，向兩邊遞減。高壓脊附近的空間等壓面，類似山脊。

　　5. 鞍型氣壓場（pressure field of the saddle type）：「鞍型氣壓場」簡稱「鞍部」，是地面天氣圖上兩個高壓和兩個低壓兩兩相對分布的中間區域，其附近空間等壓面形如馬鞍。鞍型氣壓場內風速較小，風向變化無常，氣壓比較穩定。

　　上述氣壓場的基本型式，統稱爲地面氣壓系統。在低氣壓區，由於氣流輻合上升，易造成雲和降水；在高壓區，由於空氣下降輻散，一般屬於良好天氣。預報這些氣壓系統的移動與演變，是預報天氣的重要參考依據。

氣旋和反氣旋示意圖

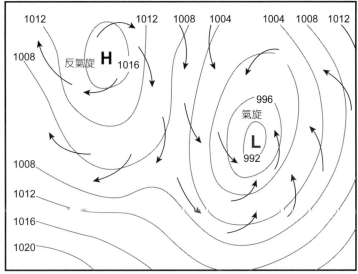

箭頭表示風的去向，等壓線每 4 百帕畫一條

氣旋為地面低壓中心，空氣逆時針向內流入因而產生輻合作用，迫使低壓中心附近的空氣上升後，空氣因而膨脹變冷，容易達到飽和凝結，通常造成陰雨天氣；反氣旋為地面高壓中心，空氣順時針向外流出產生輻散作用，迫使中心附近高層空氣下降添補，空氣下降時壓縮變暖，水氣不易飽和，通常造成晴朗天氣。

高、低層之間，輻散和輻合的配合情形

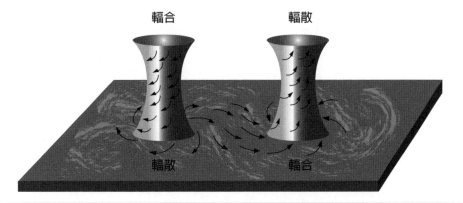

輻合和輻散的現象也可在高空出現，不過在高空出現的輻合有機會強逼空氣下沉。高層反氣旋的輻散是抽取低層的空氣上升，這個機制對於熱帶氣旋的加強也是十分重要的，因為當高層輻散大於低空輻合時，高層的輻散即使低空輻合加強，即熱帶氣旋的風力機制也相應加強。

3-4 低壓槽

　　低壓區沒有特別的分類，不過若論結構，仍可分為槽、季風低壓、熱帶氣旋及溫帶氣旋等。我們常聽到的熱帶氣旋、颱風及颶風等，其實就是一些較龐大和強勁的低氣壓而已。

　　低壓槽（trough of low pressure）內常伴有輻合上升運動，容易產生雲和雨。雖低壓槽常延伸數百公里，但惡劣天氣主要來自其內面積數十平方公里的「對流胞（convective cells）」，對流胞的生命史只有約數小時，但如果低壓槽移動緩慢，其盤踞的地區便會經常受新發展的對流胞影響，惡劣天氣便能持續不斷。

　　低壓槽經常與鋒面伴隨出現，但與鋒面不同，槽在天氣圖上沒有通用的符號。在美國，槽是用虛線表示，如果槽線沒有標明，也可以透過從低壓中心延伸出來的等壓線或等高線來判斷。有些國家和地區，槽在天氣圖上使用虛線表示。在中緯度地區槽的兩側具有溫度差，常發展形成鋒面的形式。

高壓脊（ridge of high pressure）

　　當高氣壓呈延長狀，稱為高壓脊。在天氣圖上，它有時會伴隨著一條脊軸線，脊軸線上的氣壓較兩旁氣壓高。北半球西風帶內，大氣常呈波浪起伏狀運動，波浪的低谷區就是低壓槽，氣流作反時針方向旋轉，氣壓分布是中間低而四周高，空氣由外向槽內流動，造成槽內空氣輻合上升，形成陰雨天氣。波浪的高峰區就是高壓脊，氣流作順時針方向旋轉，氣壓分布是中間高而四周低，空氣自中心向外輻散，因此脊內盛行下沉氣流，一般天氣較為晴朗。一對槽脊即可構成一個波動。西風帶內的高空槽脊系統則稱為西風波。

　　在一些熱帶或亞熱帶等地區，如菲律賓或華南地區，槽線附近的對流體有機會演化成熱帶氣旋，此等地區因此常受低壓槽及其伴隨對流的強烈影響。在中緯度西風帶地區，槽和脊常會交替出現。中緯度西風帶之槽後常有氣流輻散區，產生空氣下降運動，從而發展為高壓；槽前有輻合，空氣上升運動，從而產生低壓。

北半球西風帶之槽線與脊線示意圖

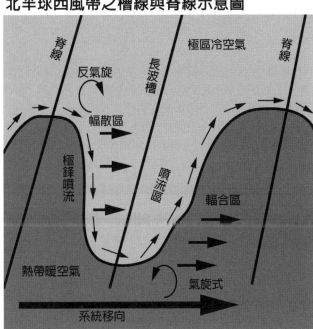

圖中標有系統移動方向，輻合區（氣旋發展）與輻散區（反氣旋發展）

高空圖上之槽脊線分布與相對應之地面圖上之高低壓及鋒面系統分布

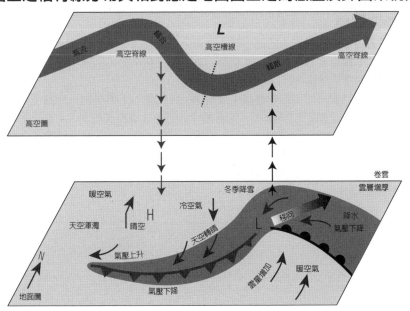

3-5 大氣運動

大氣流動

由於氣壓場的氣壓有差異，空氣從氣壓高的地方流向氣壓低的地方產生大氣流動或氣流。空氣的水平運動稱為風，空氣的垂直運動稱為上升氣流或下降氣流。水平運動的風，具有方向性即風向，又有運動速度即風速。風向是指風的來向，以方位角法表示 16 個方位：北（N）、北北東（NNE）、東北（NE）、東北東（ENE）、東（E）、東南東（ESE）、東南（SE）、南南東（SSE）、南（S）、南南西（SSW）、西南（SW）、西南西（WSW）、西（W）、西北西（WNW）、西北（NW）、北北西（NNW）。風的來向能顯示出風的性質，對天氣有直接影響，如中國東南沿海有「西風晴，東風雨，北風冷，南風暖」的說法。

風速常以 m/s 表示，也可用 km/h 或 kts/h 表示，它們的關係式：

$$1m/s = 3.60km/h$$
$$1kts/h = 1.85\ km/h = 0.50m/s$$

風向和風速主要受氣壓梯度力、地球自轉偏向力、離心力及摩擦力等影響。

大氣的水平運動

平常我們所說的風，就是指空氣的水平運動。由於空氣溫度與密度不同，造成各地氣壓不均勻，空氣會由高壓往低壓流動，單位距離內的氣壓差異愈大、等壓線愈密集、氣壓梯度力也愈大，風速會愈強；空氣流動時還會受到地球自轉偏向力（科氏力）和地表摩擦力的影響，所以並非直接由高壓往低壓流動。就北半球言是由高壓中心順時針方向往外流出，以逆時針方向流向低壓中心。

大氣垂直運動

大氣壓力由下往上遞減，因此下層空氣對上層空氣有一種推力，叫做氣壓梯度力。在大氣中此一推力大致與重力（或空氣的重量）互相平衡，因此一般而言，大氣不太容易作劇烈的垂直運動。

一旦空氣受熱或冷卻（即密度減小或增加），兩種力不再平衡，空氣受力開始產生垂直運動。空氣受熱時體積膨脹，密度變小，則 P（氣壓梯度力）> G（重力），空氣上升；空氣冷卻時，密度變大 P < G，空氣下降。空氣上升可以用熱氣球解釋。熱氣球上升以後，熱氣球內部的壓力比周遭大，因此膨脹，然而內部溫度也下降。相反的，當一空氣塊（air parcel）下降時，空氣塊氣壓比周遭環境氣壓小，體積因而變小，內部溫度則上升。

地面天氣圖風場示意圖

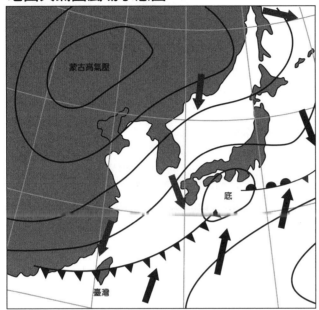

蒙古高氣壓

底

臺灣

箭頭代表風的去向，當某區的氣壓較四周高時，該區即為高壓區，或稱高氣壓／反氣旋。在北半球，空氣呈順時針方向自高壓中心流出，而南半球則相反。

高空天氣圖風場示意圖

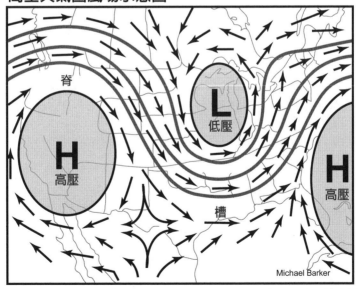

脊

L
低壓

H
高壓

H
高壓

槽

Michael Barker

箭頭代表風的去向。北半球高空槽附近吹氣旋式或反時鐘方向的風（南半球槽線附近吹順時鐘方向的風）。

3-6 氣壓梯度

　　氣壓是指單位面積所承受的空氣重量，氣象學上常以百帕爲單位。由於太陽輻射在地表上分布不均，使氣壓在空間分布上有差異，氣壓在空間分布不均的程度，可以用氣壓梯度（pressure gradient）來表示。氣壓梯度是一個向量，它的方向是沿著垂直於等壓面的方向，從高壓指向低壓。氣壓梯度可以分解爲水平氣壓梯度和垂直氣壓梯度兩個分量。

氣壓梯度力（pressure gradient force）

　　在氣壓梯度存在時作用於單位質量空氣上的力，稱爲氣壓梯度力。氣壓梯度力可分爲垂直氣壓梯度力和水平氣壓梯度力兩個分量。垂直氣壓梯度相當於水平氣壓梯度的100 萬倍。在大氣中，氣壓梯度力的垂直分量比水平分量要大得多，垂直氣壓梯度力雖大，但因有重力與它相平衡，所以在垂直方向上一般不會造成強烈的上升氣流。水平氣壓梯度力雖小，因沒有其他實質力量和它平衡，在一定條件下能造成較大的空氣水平運動。單位質量空氣在水平氣壓梯度存在時所受到的水平氣壓梯度力，有時簡稱爲氣壓梯度力，它的表達式是：

$$G = -\,1/\rho\ \Delta P/\Delta n$$

　　在上面公式中，G 爲氣壓梯度力，ρ 爲空氣密度，$\Delta P/\Delta n$ 爲氣壓梯度，ΔP 爲兩條等壓線間的氣壓差，Δn 爲兩條等壓線間垂直距離。負號表示方向由高壓指向低壓，因氣壓總是降低的，所以氣壓差爲負值，而氣壓梯度取的是正值，故在 $\Delta P/\Delta n$ 前加一負號。

　　1. 若 ρ 一定時，G 的大小與 $\Delta P/\Delta n$ 成正比，等壓線愈密集 G 愈大，風速也愈大。

　　2. 若 $\Delta P/\Delta n$ 一定時，G 的大小與 ρ 成反比。ρ 愈小，G 愈大；相反愈小。

　　只要水平方向上存在著氣壓差異，就有氣壓梯度力作用於空氣上，使空氣由高壓向低壓方向流動，所以說，氣壓梯度力是使空氣作水平運動的原始動力。

　　風速與等壓線的疏密程度有關：

　　1. 氣壓梯度力恆由高壓垂直指向低壓。

　　2. 單位距離內的氣壓差値愈大，等壓線愈密集、氣壓梯度也愈大，因此氣壓梯度力愈大風速愈強。

等壓線疏密與氣壓梯度的關係

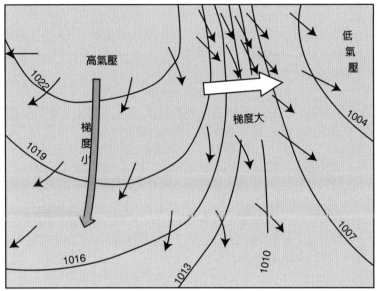

單位：百帕

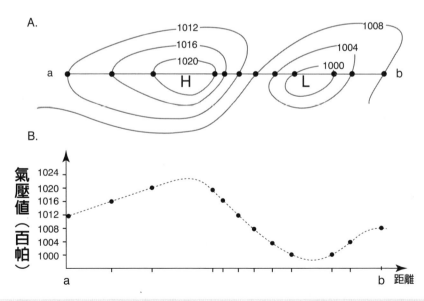

A為等壓線示意圖，B對應圖A中a至b的氣壓值變化，單位距離內氣壓差值愈大，等壓線愈密集，
氣壓梯度愈大，因此氣壓梯度力愈強。

3-7 科氏力及摩擦力

受到地球自轉的影響，氣流方向並非垂直等壓線而有所偏轉，此種使運動體偏向的假想力稱為地轉偏向力或科里奧利力，簡稱科氏力（coriolis force）。任何緯度上作用於單位質量運動空氣上的地轉偏向力的大小為：

$$C = 2V\omega \sin\psi$$

上式 C 為地轉偏向力，V 為空氣水平運動速度，ω 為地球自轉角速度（ω = 7.29×1/100000 弧度 /s），ψ 為地理緯度。科氏力會隨緯度增加而變大，地轉偏向力總是與空氣運動方向垂直，在北半球，它指向運動方向的右方；在南半球則指向運動方向左方。作用於相同速度但在不同地點運動的空氣的地轉偏向力，其大小是不同的。赤道上地球轉動軸與地平面垂直軸是相垂直的，因此赤道平面上固定點 A 不繞垂直軸旋轉，故其角速度 ω 為零。

隨著地球的旋轉，赤道平面位置由 A 轉到位置 B 後，它的經線、緯線的方向都沒有改變方向，說明赤道上沒有地轉偏向力，在北極，地轉偏向力與空氣運動方向垂直，指向它的右方，它的地轉偏向力為 $C = 2V\omega$。

科氏力垂直作用於運動方向，因此僅能改變風向而不會影響風速大小，而不能改變空氣運動的速度，只要物體在地球上運動，就會受到地轉偏向力的作用（赤道例外）。處於赤道和兩極間的其他緯度，地球轉動軸與地平面的垂直軸之交角小於 90°，因此地平面都有環繞它的垂直軸的旋轉，其地轉偏向力為 $C = 2V\omega \sin\psi$。在北半球的運動體會因科氏力作用而右偏，南半球則是左偏。科氏力大小與風速成正比，赤道上方並無科氏力，緯度愈高時科氏力愈大，在兩極地區科氏力達最大。

科氏力是對旋轉體系中，直線運動的質點，由於慣性相對於旋轉體系產生的直線運動造成偏移。依牛頓力學理論，旋轉體系中，質點的直線運動偏離原有方向的傾向為外力作用，這就是科氏力。從物理學的角度，科氏力與離心力一樣，都不是真實存在的力，而是慣性作用在非慣性系內產生的結果。

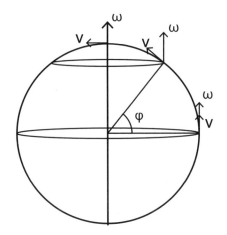

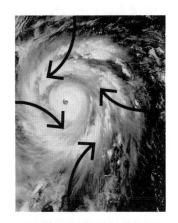

地轉偏向力只改變空氣運動的方向,而不能改變空氣運動的速度,只要物體在地球上運動,就會受到地轉偏向力的作用(赤道例外)。處於赤道和兩極間的其他緯度,地球轉動軸與地平面的垂直軸之交角小於 90° 因此地平面都有環繞它的垂直軸的旋轉,其地轉偏向力為:$C = 2V\omega\sin\psi$。以北半球而言,科氏力在 20°N 就會是 10°N 的一倍左右。亦即氣流旋轉的幅度在愈北的區域就會愈強,這是中緯度地區為什麼較容易有氣旋(溫帶氣旋)之活動及發展。在南北緯 5° 以內之近赤道區域,由於科氏力微弱,因此甚少熱帶氣旋能在該區內生成。科氏力的存在,使氣流偏轉度加大,即有利水平風切及氣旋式低空輻合,從而產生渦流,為熱帶氣旋/擾動低層的基本環流結構。

氣壓梯度力及科氏力

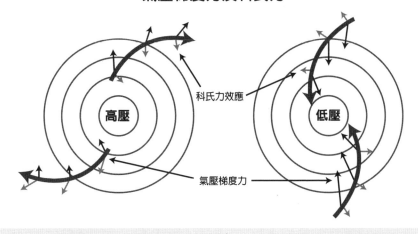

而當風開始吹拂過地表,就會產生摩擦力,摩擦力與風向相反方向,因此,風共受到 3 種力量的影響:(1) 水平氣壓梯度力、(2) 柯氏力及 (3) 摩擦力。實際風向為 3 種力量平衡之後的結果,通常與等壓線有 15° ~ 30° 的夾角。

3-8 地轉風及近地面風

　　高空的風經常順沿等壓線流動，這種風就稱為「地轉風（geostrophic wind）」。地轉風的形成原因為氣壓梯度力與科氏力之間獲得某種平衡，風因此就順沿等壓線不停運動。約一公里以上的高空因可以忽略摩擦力作用，當氣壓梯度力和科氏力平衡時，空氣沿著等壓線方向運動即成為地轉風。地轉風的形成，是因為科氏力和氣壓梯度力平衡，加上流體本身進行旋轉運動時所產生的離心力，三者共同作用的結果。但地轉風的理論並不適用於地面風，因為近地面風流動時另外會再受到摩擦力影響，發生進一步的偏轉，從而形成氣旋式的輻合或反氣旋式的輻散。

摩擦力

　　地面與空氣之間以及處於運動狀況不同的空氣層之間，因互相作用（主要是亂流作用）而產生的阻力，稱為摩擦力（frictional force）。若為氣層之間的阻力，稱為內摩擦力；地面對空氣運動的阻力，則稱為外摩擦力，在摩擦力的作用下，空氣運動的速度減小，並引起地轉偏向力相應減小。陸地表面對於空氣運動的摩擦力總是大於海洋表面的摩擦力，所以江、湖及海等區域的風力總是大於同一地區的陸地區域。摩擦力且隨高度的增高而減小，因而離地面愈遠，風速會愈大。

近地面風（terrestrial wind / surface wind）

　　地面附近的空氣運動會受到地表摩擦力影響，當氣壓梯度力、科氏力和摩擦力三者平衡時，氣流會穿過等壓線、偏向低壓，這種風稱為近地面風。因摩擦力會使風速減小，科氏力也因而減小。當摩擦力愈大，地面氣流與等壓線間的夾角就愈大，偏向低壓就會愈明顯。

　　在近地面層的大氣裡，風不僅受到氣壓梯度力和地轉偏向力的制約，而且也會受到地面摩擦力的干擾。地面摩擦力的影響可以達到 1.5 公里的高度，因此 1.5 公里以下的氣層就被稱為摩擦層。

　　在摩擦層中，空氣流經粗糙不平的地表面，受到摩擦力的作用，風速不得不減慢下來。由於地表粗糙程度不一，摩擦力的大小不同，風速減慢的程度也就不同。一般而言，陸地表面的摩擦力大於海面；而陸面上的摩擦力，山地又比平原大，森林又比草原大。摩擦力不僅會削弱風速，同時也影響風向，並破壞氣壓梯度力與地轉偏向力之間的平衡。

地轉風形成示意圖

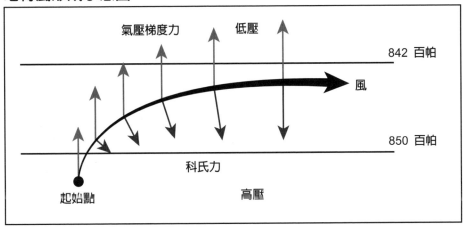

北半球高層的風受科氏力作用向右偏,直到柯氏力和氣壓梯度力互相平衡,這時候風向和等壓線平行。黑色箭頭寬度代表風速大小。

高層的風與近地面風比較

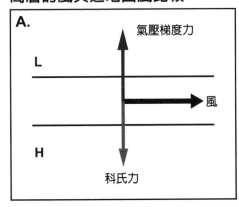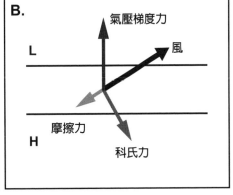

圖A:高層的地轉風,氣壓梯度力和柯氏力平衡,風平行等壓線。
圖B:近地面的風,受摩擦力作用而減小,科氏力減弱,風穿過等壓線偏向低壓。氣壓梯度力、科氏力和摩擦力互相平衡。

3-9 離心力與向心力

在旋轉座標系中（rotating reference frame），不論任何物體相對於觀察者是靜止的或是運動中，對此觀察者來說，物體都會感受到一沿轉動半徑向外推出的力，此力即稱爲「離心力（centrifugal force）」，它是由於旋轉觀察者不斷在改變其座標軸的方向下所呈現出來的效果。大氣運動之離心力是指空氣在作曲線運動時，所產生的由運動軌跡的曲率中心，沿曲率半徑向外作用的力。這是空氣爲了保持慣性方向運動而產生的，因而也叫慣性離心力，對於單位質量空氣來說，它的大小是：

$$C = V^2 / r$$

上式中 C 爲離心力，V 爲空氣運動速度，r 爲曲率半徑。離心力與地轉偏向力一樣，只改變空氣運動方向，而不能改變空氣運動的速度。簡言之，離心力是在旋轉座標系中的觀察者觀察到作用在物體上的一個假想力，如果該物體相對於此觀察者是靜止的，亦即物體相對於實驗室的人，其實是在做等速圓周運動，則離心力 $=mv^2/r$，其中 r 爲物體距離轉軸距離，v 爲物體相對於實驗室的人之速度，m 爲物體質量，離心力方向與向心力（centripetal force）相反，唯量值相等。

在多數情況下，空氣運動路徑的曲率半徑很大，故離心力很小，比地轉偏向力小得多，但在低緯度地區或空氣運動速度很大，但曲率半徑很小時（如龍捲風、颱風），離心力也可達到很大的數值，甚至超過地轉偏向力。

向心力與離心力的差別

向心力簡單說就是使物體做圓周運動，只改變方向而不改變速率的力。根據牛頓第二運動定律，可知發生向心加速度時，必須有一力作用於旋轉物體上，並且此力必須與向心加速度同一方向，即指向中心，故稱爲向心力。當物體旋轉時係由繩子提供向心力，如繩子斷掉時，因其向心力消失，物體不再受力，依慣性定律，無外力來改變運動方向，物體乃沿切線方向飛出。

離心力是一種假想力，從做圓周運動的物體上來看，所有物體似乎存在向外的引力，這種力就叫離心力，是一種非慣性力，從慣性系（不做圓周運動的人）來看，是一種保持慣性的力。洗衣機脫水槽原理，即利用離心力使水向外脫出。離心力的引入有好處，比如地球就是轉動著的，你要算地球上的物理，就直接加上離心力，不必先轉換座標到不轉的外太空算，然後再轉換回地球座標。離心力是轉動座標與非轉動座標間變換，自然而然產生的一個效應。

慣性離心力

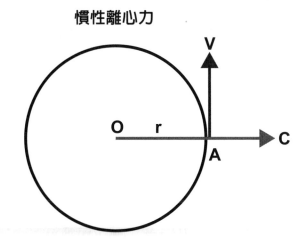

單位質量空氣之離心力或慣性離心力的大小為：$C = V^2/r$

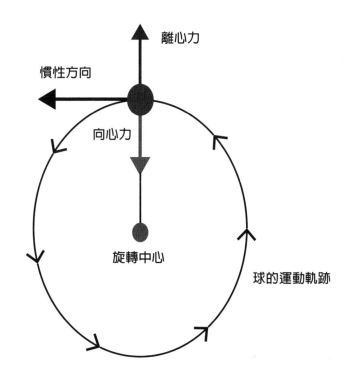

物體在瞬間脫離旋轉之後，運動方向是在脫離點沿旋轉的切線方向飛出。離心力方向與向心力相反，唯量值相等。

3-10 大氣環流系統 —— 單胞環流

　　大氣環流是指地球上大規模氣流的綜合情況，它反映了大氣運動的基本狀態和變化特徵。大氣環流的原動力是太陽輻射能。大氣環流把熱量和水分從一個地區輸送到另一個地區，從而使高低緯度間、海陸之間的熱量和水分得到交換，調整全球性的水熱分布，是各地天氣變化和氣候形成的重要因素。整體而言，地球吸收的太陽輻射能量與地表喪失的輻射能量相等。不同緯度的能量收支並不相同，由赤道向兩極遞減，低緯區多餘的能量藉由海流與大氣環流傳輸到高緯區。

　　全球大規模的氣流稱為大氣的主環流或簡稱大氣環流（general circulation 或 atmospheric circulation）；但是同緯度各地區的風向還會受到海陸分布或地形效應，也就是季風、海陸風和山谷風等區域環流的影響。

單胞環流（single-cell circulation）/ 單一熱力環流

　　太陽輻射在地表的分布明顯地表現為隨緯度的增高而減少，赤道附近太陽輻射很強，終年炎熱，大氣中熱量收入大於支出，大氣受熱膨脹上升，極地地區太陽輻射很弱，終年寒冷，大氣熱量收入小於支出，大氣冷卻收縮下沉，假設地球表面性質均勻，並且地球不自轉，那麼，赤道附近的大氣就會因增溫而澎脹上升，即赤道上空的氣壓就會高於極地上空的氣壓，在氣壓梯度力的作用下，赤道上空的大氣便流向極地上空，赤道上空由於空氣流出，氣柱質量減少，使地面氣壓降低而形成低氣壓，稱赤道低壓帶；極地上空因有空氣流入，氣柱質量增加，地面氣壓升高形成高氣壓，稱極地高壓帶。於是在低空的空氣就由極地高壓帶流向赤道低壓帶，從而形成單一理想的熱力環流圈，使高、低緯度間不同溫度的空氣得以交換，維持了緯度間的熱量平衡，因此太陽輻射在地球表面加熱不均勻是產生大氣環流的根本原因，而大氣在高低緯間的熱量收支不平衡是產生和維持大氣環流的直接動力。

　　假設地球不轉動且地表性質一致，則赤道附近受熱較多，熱空氣上升；空氣到了高空分別向兩極移動，極區空氣冷卻下沉，在低層再由極區流向赤道，構成一個單胞的環流系統。

　　在地球自轉的情況下，高層低緯度地區是高壓，中、高緯度地區是低壓的結果應該是全球吹西風（地轉風）。在地面上由於有摩擦的緣故，而且赤道上的氣壓比高緯度為低，所以空氣自高緯度流向低緯度，並且在北半球一路上向右偏折，造成高緯度地區的西風，以及低緯度地區的東北信風。然後空氣在赤道上上升，流回高緯度以補充在地面流向低緯度的空氣。這樣形成的全球環流從赤道到北極只有一個對流胞，稱為單胞環流。因為是喬治哈德里（George Hadley）在十八世紀時提出來的，故稱為哈德里環流（Hadley circulation）。

單胞環流示意圖

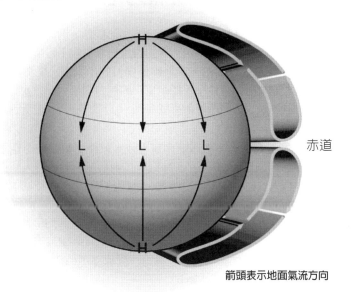

赤道

箭頭表示地面氣流方向

單一熱力環流

觀察簡化的大氣環流，赤道地區接受的太陽能較多因此氣溫較高，導致空氣上升，上升後到中緯度地區會和來自於極區的冷空氣混合，這是極簡化的大氣環流概念。大氣環流的大尺度結構雖然逐年在改變，但基本構造仍然十分穩定且一致。

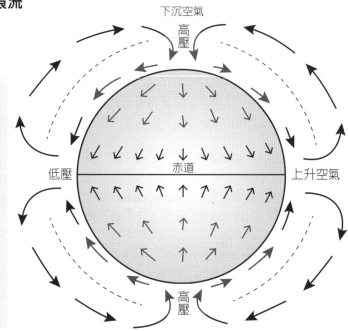

下沉空氣
高壓
低壓
赤道
上升空氣
高壓

3-11 三胞環流 / 三圈熱力環流

　　實際上地球有公轉運動，各地太陽輻射能會隨季節變動，地球自轉也會使氣流發生偏轉效應，加上全球海陸分布不均勻，大氣主環流應該不像單胞環流模型這麼簡單，單一熱力環流圈實際上是不存在的。在地轉偏向力的作用下，縱然地表性質是均勻的，在赤道與極地間的大氣環流也不可能是單一的熱力環流，而會變為三圈環流，現以北半球的情況為例，說明三圈環流的形成。

低緯環流圈

　　在北半球赤道地區上升的暖空氣離開赤道上空，就受地轉偏向力作用，由南風逐漸偏向變成西南風。西南風到 20° ～ 30°N 附近，地轉偏向力已增大到與氣壓梯度力相等的程度，偏轉為大致與緯圈平行的西風。這樣，來自赤道上空的氣流就不能再繼續向北流向極地，而是變成自西向東運行了。由於赤道上空的空氣源源不斷地流到這裡，空氣質量就在這裡堆積下降，致使低空氣壓升高，形成副熱帶高氣壓帶。自副熱帶高壓流出的氣流分南北兩支，其中向南的一支氣流在地轉偏向力的作用下成為東北風，稱為東北信風，到赤道地區補充上升氣流，構成赤道與 20° ～ 30°N 之間的低緯環流圈，也稱哈德里環流圈（hadley cell）。

中緯環流圈

　　在低空，從副熱帶高壓流出的氣流，除一支向南流回赤道外，另一支向北流。這支向北的氣流在地轉偏向力的作用下，不斷右偏逐漸變成了偏西風，叫盛行西風。而從極地高壓向南流的冷空氣在地轉偏向力作用下變成了偏東風，叫極地東風。盛行西風與極地東風這兩支冷暖性質不同的氣流在 60°N 附近相遇輻合上升，形成副極地低壓帶，輻合上升的氣流在高空又分為兩支，向南一支在副熱帶地區下降，構成了中緯閉合環流圈，也稱佛雷爾環流圈（ferrel cell）。

高緯環流圈

　　在副極地高空向北流的氣流，由於地轉偏向力的作用逐漸變成偏西風，到極地時下降並補償了極地地面高壓南流的空氣，因而構成了高緯環流圈，也稱極環流圈（polar cell）。

　　從極區流出的冷空氣在中緯度被迫抬升後，到了對流層頂，有一部分氣流再流回極區，形成高緯度地區的極胞。極胞與哈德里胞皆能由本身所釋放出的能量（如潛熱）維持運作，稱為熱力直接環流（thermally direct circulation）；而佛雷爾胞必須靠大氣提供能量，才能維持由較冷的地方上升，在較暖的地方下降的現象，稱為熱力間接環流（thermally indirect circulation）。由哈德里胞、佛雷爾胞及極胞等形成的「三胞環流」，是目前公認最接近觀測所得的全球環流。

北半球三圈環流

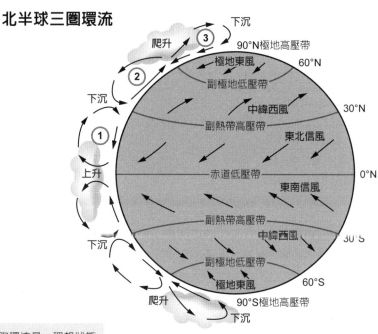

單胞環流是一理想狀態下的產物，並不存在於實際大氣中。實際大氣環流結構比較接近三胞結構，分別為哈德里胞、佛雷爾胞及極胞。由赤道到兩極各有3個環流胞，在赤道和緯度60°附近氣流上升，造成低壓區；在極區和緯度20°～30°附近氣流下沉，是高壓區。受科氏力和摩擦力的影響，各高低壓區之間的盛行風向分別造成極地東風、盛行西風和信風帶。大約在南北緯30°地區，空氣下沉形成一個較冷的高氣壓區域，部分空氣由地表向赤道運動，構成哈德里環流胞的封閉迴圈，並形成所謂的貿易風。

三圈熱力環流示意圖

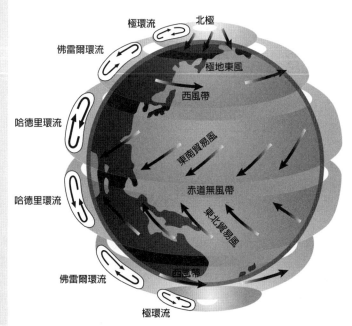

3-12 行星風系

　　假設全球沒有海陸分布的影響下，大氣低層會出現大規模的緯向盛行風帶，成為行星風帶或行星風系（planetary winds）。

赤道無風帶（doldrums）

　　北半球的東北信風和南半球的東南信風在赤道附近輻合上升，使下層風力微弱，且風向不定或基本上無風。這一帶對流旺盛，雲量多，午後常有雷雨，亦稱間熱帶輻合區（intertropical convergence zone, ITCZ）。

信風帶（trade-wind zone）

　　信風帶屬於低緯環流圈的下層風系，由於南北緯 30° 附近副熱帶高壓帶與赤道低壓帶之間存在著強大的氣壓梯度，所以在副熱帶高壓帶輻散氣流中有一支流向赤道，再受地轉偏向力作用形成東北風（北半球）和東南風（南半球），風向和風力都很少改變，所以稱為信風。古代的航海家和商人掌握了信風帶的規律，橫渡大洋進行海外貿易，因此信風又稱「貿易風」。信風帶範圍廣，約占全球 1/2，其上方之氣流方向常與近地面層相反，故稱「反信風」。

副熱帶無風帶（subtropical calms）/ 馬緯度無風帶（horse latitude）

　　30 °N 附近因上空空氣堆積下降，低層形成副熱帶高壓帶，由於盛行下降氣流，使近地面層平靜或吹微弱的無定向的風，故稱副熱帶無風帶（或馬緯度無風帶），因空氣下降，故絕熱增溫、乾燥、少雲雨，出現不少世界性大沙漠。

盛行西風帶（prevailing wind）

　　屬中緯度環流圈的下層風系，因為副熱帶高壓帶與副極地低壓帶之間存在著氣壓梯度，所以在副熱帶氣壓帶輻散氣流中有一支流向副極地低壓帶，途中受到地轉偏向力作用，形成偏西風，稱「盛行西風帶」。在 40° ～ 60°S 附近因洋面遼闊，風力很強、風向穩定，故又稱「咆哮西風帶」。

極地東風帶（polar easterlies）

　　屬高緯環流圈的下層風系，自極地高壓帶流向副極地低壓帶的氣流，因地轉偏向力作用成為偏東風，所以稱為「極地東風帶」。

極鋒帶（polar front zone）

　　在緯度 60 °附近，極地東風與盛行西風相互接觸交會地帶，由於兩種氣流性質差異大，氣旋活動頻繁，容易形成鋒面，故稱「極鋒帶」。

　　實際上大氣環流明顯受海陸分布影響（尤其北半球），冬季時北半球的海平面氣壓場，在中緯度海洋上主要為低壓系統，如北太平洋的阿留申低壓以及北大西洋的冰島低壓；在低緯度海洋上，則為微弱的副熱帶高壓系統。在陸地上，則多為冷高壓系統，尤其以西伯利亞高壓最明顯。夏季情形則相反，海洋上的主要系統為副熱帶高壓，陸地上則為低壓。

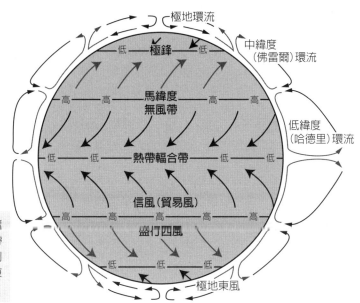

極地環流

中緯度
（佛雷爾）環流

低緯度
（哈德里）環流

極地東風帶

極鋒

低 極鋒 低

高 高 馬緯度 高 高
無風帶

低 低 熱帶輻合帶 低 低

信風（貿易風）

高 高 高 高 高
盛行西風

低 低 低

行星風系：赤道低壓
帶、信風帶、副熱帶
高壓帶、西風帶、副
極地低壓帶、極地東
風帶及極地高壓帶。

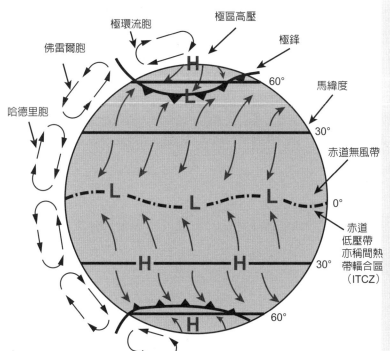

極環流胞 極區高壓

佛雷爾胞 極鋒

哈德里胞 H

H 60°
L

馬緯度

30°

赤道無風帶

L L L 0°

赤道
低壓帶
亦稱間熱
帶輻合區
（ITCZ）

H H 30°

H 60°

三胞大氣環流結構以
及伴隨的地面氣壓分
布，可視為年平均情
況。實際的大氣環流
大致雖具有三胞結構，
但因受季節變化影響，
三胞結構並非永遠南
北對稱。如北半球冬
季時（12月～2月），
太陽輻射直照南半球，
全球最強的上升氣流
位於10°S附近。氣流
在高層往北移動，跨
越赤道進入北半球，
然後在30°N附近下
降。低層氣流則往南
移動，跨越赤道進入
南半球的低層輻合帶。
此時北半球的哈德里
胞明顯地比南半球的
哈德里胞強。圖示赤
道低壓帶，亦稱間熱
帶輻合區（ITCZ）。

3-13 大氣環流的季節變化

　　探討大氣環流的生成顯然是氣壓差的結果，地球表面受熱不均又是產生氣壓差的主要原因，故赤道槽一年內位置受太陽的直射位置之南北移動而不同，而大氣環流也因此而跟著移動，其他如季風或高空風等也是大氣環流的另外一種顯示型態，如印度季風及噴射氣流等。加熱不均勻的現象產生大氣及海洋環流，試圖均勻地分配輻射能量。地球表面積約 70% 為海洋，此一比例在熱帶地區更高。低緯度地區過剩的輻射能量，大多儲存於海面下約 100 公尺深的海洋混合層中，藉著洋流將能量往高緯度傳送，調節高緯度地區大氣溫度的變化。

　　在能量重分配的過程中，輻射改以潛熱及可感熱方式出現。如北半球大氣的南北運動將暖空氣北傳，冷空氣南送，減少南北氣溫梯度，而達到可感熱傳送效果。地表吸收短波輻射將水氣蒸發入大氣，此一過程將輻射轉換成潛熱。水氣隨大氣南北運動，在中、高緯度地區低壓中心附近上升，冷卻凝結而釋放出能量，達到潛熱傳送效果。

　　海陸分布是影響地面氣壓分布季節變化的主要因素之一，陸地的比熱小，對日照強度變化會有立即反應。而海水比熱較大，且所吸收的太陽輻射能大多用來蒸發，並非直接加熱海水，因此海洋對日照強度季節變化的反應較遲緩。同樣的，富含水量的土壤受熱增溫的速率也較慢，而且幅度較小。

　　由於陸地與海洋特性的差異，乃造成地表加熱的不均勻分布，更進一步形成氣壓分布的海陸差異。一般而言，低壓位於較暖而且大氣被加熱的地區，高壓則位於較冷而且大氣被冷卻的地區。因此夏季時，海洋上為高壓，陸地上為低壓；冬季時海洋上為低壓，陸地上為高壓。南半球因為大多為海洋，海陸分布造成的差異性較不明顯，主要變化發生在南極洲北方海域，冬季低壓明顯加強，南北氣壓梯度增大，因此風速較強，天氣系統也較為活躍。

　　大氣環流的季節變化最明顯的區域為季風區。在這些地區，冬夏季的大氣環流走向幾乎完全相反。季風區以亞洲（尤其南亞）最具代表性。在冬季，東亞到南亞的盛行風皆為東北風，降水偏少；在夏季，盛行風轉為西南風，南亞、東南亞、甚至到中國北方皆為大降水區。

平均海平面氣壓

A.7 月

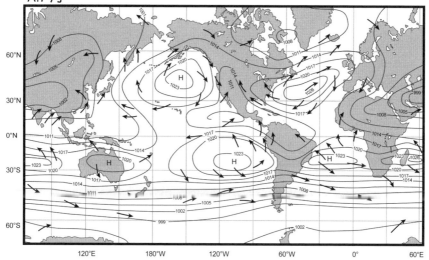

B.1 月

箭頭表示風的方向

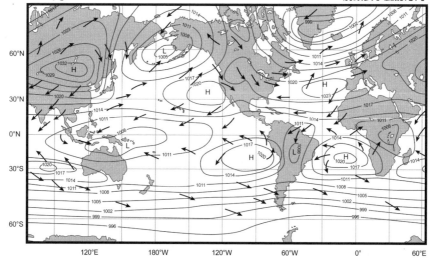

圖 A：7 月平均海平面氣壓，圖 B：1 月平均海平面氣壓。受到海陸分布的影響，在交界處所形成冬夏風向呈 180 度轉變的現象。

(1) 冬季大陸地表溫度較海面低，形成高壓中心，等壓線較密集，臺灣地區主要吹東北風，風速較大。(2) 夏季大陸地表溫度較海面高，形成低壓中心，等壓線較疏鬆，臺灣地區主要吹西南風，風速較小。臺灣東北部迎風面冬季雨日長、雨量多，就是東北季風帶來海面潮濕空氣並且受地形抬升而造成的。

3-14 局部環流

　　行星風系和季風環流都是在大範圍氣壓場控制下的大氣環流。在小範圍的局部地區，還有空氣受熱不均勻而產生的環流，稱為局部環流（local circulation）或地方性風系，包括海陸風、山谷風和焚風等。

海風和陸風（sea wind and land breeze）

　　在沿海地區，由於海陸熱力性質的不同，使風向發生有規律的變化，白天風由海洋吹向陸地，夜間風由陸地吹向海洋，這種風稱為海陸風。海陸風的形成原因，是白天陸地增溫比海洋快，陸地上的氣溫比海上高。陸地的空氣膨脹上升，到某一高度時，陸地上空的氣壓高於同高度海洋上的氣壓，在上層便產生自陸地指向海洋的氣壓梯度力，使空氣由陸地流向海洋，於是陸地上近地面層的空氣質量減少，地面氣壓因而下降，而海洋上空的空氣質量增多、下沉，使海面氣壓升高，在下層便產生了自海洋指向陸地的氣壓梯度力，下層空氣就使海洋流向陸地，稱為海風。

　　夜間陸地輻射冷卻比海洋快，氣溫比海上低。地面氣壓比海上高，產生了由陸地指向海洋的氣壓梯度力，於是產生了與白天相反的熱力環流，下層風自陸地吹向海洋，稱為陸風。

山風和谷風（mountain wind and valley wind）

　　山谷風形成的原理與海陸風相似，白天山坡上的空氣增溫快，而同一高度的山谷上空的空氣因距地面較遠，增溫較慢，於是隨空氣沿山坡上升，風由山谷吹向山坡，形成谷風。夜間山坡輻射冷卻，氣溫迅速降低，而同一高度的山谷上空的空氣冷卻較慢，於是山坡上的較冷空氣沿山坡下滑，形成與白天相反的熱力環流，下層風由山坡吹向山谷，稱為山風。在山區、山谷風是相當普遍的現象，如烏魯木齊市南倚天山、北臨準噶爾盆地，山谷風交替的情況便很明顯。

海風和陸風發展示意圖

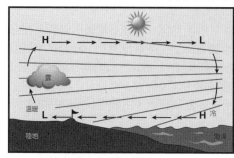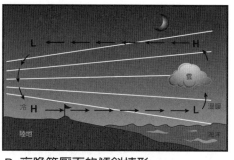

A. 白天等壓面的傾斜情形　　B. 夜晚等壓面的傾斜情形

直線為等壓面，箭頭表示風的方向

A：白天因陸地升溫較海洋快，陸地被太陽加溫後，暖空氣上升，並從寒冷的海洋吸入空氣而形成海風。

B：夜間陸地比海洋冷得快，使陸地上的冷空氣下沉到海上暖空氣下面，因而形成陸風。

山風和谷風發展示意圖

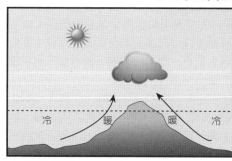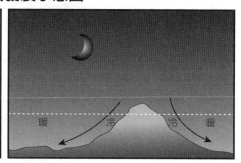

A. 白天谷風　　B. 晚上山風

箭頭表示空氣流向

A：白天地面受熱，山坡上的空氣增溫比同高度的非山坡地空氣快，使得暖空氣沿著山坡上升，形成谷風，上升空氣容易在山頂產生積雲。

B：夜晚山坡地面受長波輻射冷卻，山坡上的空氣較冷而沿著山坡下降，形成山風。

3-15 焚風

　　焚風（fohn / foehn）是一種由山頂沿坡向下吹的乾熱風。為空氣越過山脈時，在迎風坡被迫上升，氣壓降低，空氣膨脹，溫度也隨著降低，空氣每上升 100 公尺，氣溫約下降 0.65℃。空氣上升到一定高度時，水氣迅速凝結，形成雨、雪降落在迎風坡上，越過山頂後，空氣沿背風坡下降，依乾絕熱遞增率，即每降低 100 公尺，溫度迅速上升 1℃，濕度顯著減少，比山前同高度上的空氣要乾熱許多，由於這種風的特性乾熱如焚，故稱「焚風」。

　　焚風無論嚴冬還是酷暑，白晝還是夜裡，均可在山區出現。初春的焚風可促使積雪消融，有利灌溉，夏末的焚風可促使糧食與水果早熟，但強大的焚風容易引起森林火災。在中國，天山南北、秦嶺、太行山、金沙江河谷等都有焚風發生，例如當氣流越過太行山時，華北平原的石家莊就會出現焚風。焚風的出現可使石家莊的平均氣溫比無焚風時增高 10℃ 左右。

　　焚風在臺灣俗稱「火燒風」，其他地方則有不同的名稱，如美國洛磯山之「欽諾克（Chinook）」、阿根廷的「松達風（Zonda）」、智利安地斯山脈的「帕爾希風（Puelche）」及墨西哥的「倉裘風（Chanduy）」，指的都是焚風。

　　根據上述焚風形成原因，臺灣因有很高的中央山脈縱貫其間，如果在它的東邊或西邊有很深的低氣壓，尤其是颱風，氣流會越過山嶺降落，此種乾熱風常可使嫩苗吹枯，是農業上一大災害，更易引起森林火災。臺東地區因為地形關係常會發生焚風現象，以南端的大武地區最常見，但 2004 年 5 月 9 日的焚風現象卻發生在臺東市區，於下午 13 時 14 分飆到 40.2℃ 的創新紀錄。由於鋒面系統引起強盛西南氣流，翻越中央山脈後，產生沉降增溫作用，背風面的臺東市到大武鄉一帶形成焚風現象。當鋒面系統通過臺灣南端，風向從西南風轉為東北風後，焚風現象即快速消失。

　　2004 年 7 月 1 口因敏督利颱風環流翻越中央山脈、產生沉降作用，從新竹到彰化飆了將近 6 個小時的焚風，臺中更飆到 39.9℃ 高溫，刷新當地歷史新高溫紀錄，也成為臺灣地區有史以來第二高溫紀錄，再加上颱風環流翻過山以後，仍保有原來的風速，形成特殊的風飛砂現象。

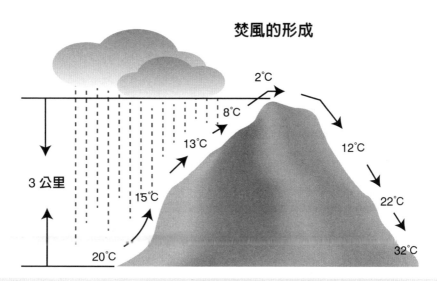

焚風的形成

地形效應造成上升氣流水氣減少，逐漸變為乾燥氣溫上升，等氣流翻越高山到達背風坡時，已經變得非常乾燥。

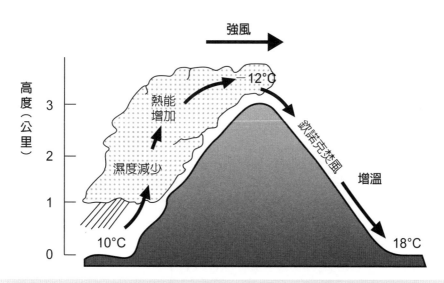

焚風通常出現在高山的背風坡，這種又熱又乾的風，可以在一天之內吹乾 60 公分深的積雪，在夏天常使草木枯萎，甚至引起森林大火，冬天又會使山雪融化而造成雪崩，或導致洪水氾濫。由於溫暖潮濕的風一遇到高山阻擋時，便逐漸上升，溫度開始降低，當到達某一高度時，水氣凝成水滴，降了下來，等風翻越高山，到達背風坡時，已經變得非常乾燥。加上空氣開始下沉，平均每降 100 公尺，溫度上升 1℃，因此山嶺愈高，焚風所造成的災害可能愈大。

3-16 綜觀尺度大氣運動

噴射氣流（jet stream）

噴射氣流或稱高速氣流、高空急流簡稱噴流，是行星尺度的大氣環流。依世界氣象組織定義，凡風速 ≥ 50kt 且有垂直風切（$\Delta V / \Delta Z > 0$ 或 < 0）者，稱為噴射氣流，大多發生於中緯地區高空西風帶內，但夏季時亦可能發生於喜馬拉雅山南端的印度及印度南部、北印度洋、中南半島及南海地區高空的東風中。為了區別起見，凡發生於中緯度地區強烈的噴射氣流稱為「西風帶噴射氣流（westerly jet stream）」。

噴射氣流主要集中在對流層頂，在中高緯西風帶內或在低緯度地區都可能出現。其水平長度可達上萬公里，寬數百公里，厚數公里。中心風速有時可達每小時 200 ～ 300 公里的偏西風，而且可以有一個或多個風速極大中心，具有強大的水平風切變和垂直風切變。

噴射氣流是第二次世界大戰時，美國 B-29 轟炸機在日本進行轟炸時無意中發現的。當時自美軍基地起飛，朝向日本群島向西飛的 B-29 轟炸機的機員曾發覺某種奇妙的現象，即在引擎正常運作而沒有機械故障的徵兆下，儀器的指針卻顯示飛機的移動速度很慢。經研究後才發現，日本上空有一道噴射氣流由西向東直到美洲。在高空中以數百公里時速由西向東吹的噴流會大大減低飛機前進的速度。因此從亞洲飛往北美和加拿大的航機多會取道這高速氣流帶，以縮短航程和節省燃油，而回程則可能會取道北極航線。

圍繞著地球的噴射氣流有數條，主要集中在對流層頂，並影響各地天氣。噴射氣流以波浪長蛇形狀由西往東吹；北半球最主要的一條，分隔北極寒氣和中緯度地區的較和暖空氣，能影響北半球溫帶和寒帶地區各地的天氣系統形成。例如，2010 年 7 月北半球噴射氣流，在中西歐上空出現低壓槽，俄羅斯一帶則出現高壓脊，巴基斯坦處則形成低壓槽，中西歐、巴基斯坦因低壓降雨而造成水患，俄羅斯則因噴射氣流緯度偏高，冷空氣無法南下氣溫飆高造成熱浪。

2014 年 2 月間，美國、英國及日本等國天氣都出現極端惡劣現象；期間，美國「雪旱兩重天」、英國暴風雨成災、日本暴風雪夾大雨，而第 22 屆冬季奧林匹克運動會（XXII Olympic Winter Games）2014 年 2 月 7 日～ 23 日在俄羅斯索契（Sochi）舉行時，則暖得選手要穿短袖上場。該期間許多地方都出現異常天氣，乃因為在此期間主宰北半球天氣的噴射氣流減弱彎曲，可能由於北極暖化所引起。

北半球噴流

較強的極區噴流高度約位於 7～12 公里高空處,強度稍弱的副熱帶噴流則位於較高之 10～16 公里處,南北半球都各自擁有極區噴流與副熱帶噴流。

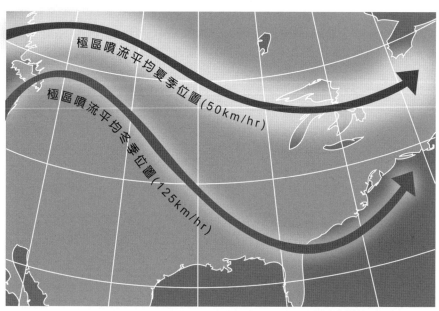

北半球之極區噴流每年約從中緯度到北美、歐洲亞洲及其間海洋之北部緯度間擺動著,但南半球極區噴流則終年大都徘徊在南極地區。

3-17 東風波 / 熱帶波

　　在熱帶對流層中層或低層的東風帶中，常可看到一些波狀的天氣系統自東向西移動，這些系統稱為熱帶東風波（easterly wave）或稱熱帶波（tropical wave），為一種移動而類似波動之熱帶東風帶（tropical easterlies）之擾動。波動最大振幅有時出現在對流層高層，有時出現在對流層低層。其起源可以是高層對流層的一個冷性低壓或中緯度低槽向赤道方向伸展的反映，也可以是低緯度的氣旋向極地方向延展引起的彎曲。人們發現北半球夏季在大部分熱帶地區常出現東風波，如西非、東大西洋、加勒週期約 3 ～ 6 天，移動速度約 18 ～ 43 km/h，通常較其所在之氣流為慢。

　　東風波位在副熱帶高壓南側對流層之中、下層東風帶中，常形成一個槽或氣旋性曲率最大區，呈波狀形式自東向西移動，為副熱帶高壓帶南側東風裡的低壓擾動，通常是偏南北走向的小槽線，在 850hpa 風場中最明顯，而衛星圖中常可見其伴隨對流雲。在東風波前方一般吹東北風，伴有輻散現象，所以天氣較好，東風波後方一般吹東南風且伴有輻合現象，會有積雨雲及雷陣雨發生，所以天氣較壞，因此造成東風波前天氣好，東風波後天氣壞。伴隨東風坡的槽線上吹東風，此東風槽線上的天氣亦是壞天氣。在西北太平洋，約有 20% 的颱風是由東風波的雲系中發展出來，這個比例在大西洋甚至可高達 60%。

　　夏季時，當西太平洋地區的帶狀副熱帶高壓脊線位於北緯 30° ～ 35° 時，在其南側的北緯 20° ～ 25° 的東風氣流中，有時可以看到東風波雲系。它通常移向西南方向進入中國南海東北部，有時影響中國閩南和廣東沿海，造成暴雨或大暴雨。較強的東風波具有較完整的螺旋狀雲系，而較弱的東風波則只表現為一團小範圍的對流雲簇。

東風波氣流場及對流分布示意圖

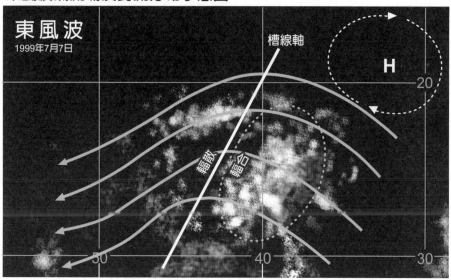

熱帶氣旋常由東風波所發展，這些熱帶波動，在信風帶通常由東往西移動。由衛星雲圖可以有效協助辨識是否有東風波的存在，因低層風進入東風波槽後，就會輻合而產生對流。若利用衛星雲圖與氣流線圖兩者疊置來看，可以看出對流與雲形成之間的關係。熱帶氣象學家通常會注意這種對流，藉以判斷熱帶氣旋可能發展的位置。

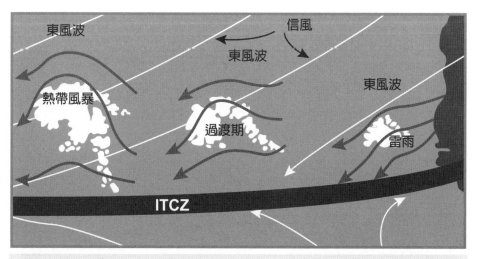

間熱帶輻合區（intertropical convergence zone, ITCZ）內，東風波槽後之氣流為輻合性質，常可激發形成熱帶風暴。在西北太平洋，約有 20% 的颱風是由東風波的雲系中發展出來，在大西洋甚至高達 60%。

第4章
大氣現象

4-1 霧的形成與分類（一）

　　當懸浮在近地面氣層的水汽凝結物，即小水滴或小冰晶使水平能見距離在 1,000 公尺以下的，就稱為霧。霧的本質是水氣凝結物，只要空氣溫度達到或相當接近露點，空氣中的水氣就會凝結而生成霧。當氣溫高於冰點時，水氣凝結成液滴；當氣溫低於冰點時，水氣直接凝結為固態的冰晶，比如冰霧。

　　因為露點只受氣溫和濕度影響，所以霧的形成主要有 2 個原因：

　　1. 空氣中的水氣大量增加，使得露點升高至氣溫，從而形成霧，比如蒸汽霧和鋒面霧。

　　2. 氣溫下降至低於露點而生成霧，比如平流霧和輻射霧。

　　霧的種類一般有平流霧、輻射霧、平流輻射霧、上坡霧、鋒面霧和蒸汽霧等。若在水平面氣層中飄浮的並不是水汽凝結物，而是灰塵、煙粒或鹽粒等雜質，它們同樣可以使能見度低於 1,000 公尺，這種情況則稱為「霾（haze）」。

　　霧和雲不同在於雲生成於大氣的高層，而霧生成接近地表。霧是層雲的一種形態，它和雲本質上並沒有甚麼區別，都是由許多小水滴或和小冰晶（如果夠冷的話）所組成。因此可以說：「雲是天上霧，霧是地上雲」。但一般仍將霧和雲區別開來，習慣上飄在天空不觸及地面的，就叫作雲；靠近地面形成的，則稱為霧，惟兩者成因並不相同，霧生成以前空氣必須先達到飽和，且近地面的空氣必須穩定，才能使凝結的細微水滴集結不散而形成霧。雲的產生雖也需要飽和但非絕對必要。

平流霧（advection fog）

　　當溫暖且潮濕的氣團（大範圍的空氣）經過地表面時，因熱能傳導作用會產生熱能交換，如較暖的空氣經過較冷的地表面，空氣中的熱會傳向地表面致使空氣的溫度降低，使空氣中所含的水汽達到飽和，相對濕度達 100%，於是空氣中的水氣即凝結成霧。只要有相當多水汽的空氣經過較冷的地表面，包括陸面和海面，即可形成霧；因這種霧是空氣經由水平方向移動形成，故稱之為平流霧，若這種霧係由於由南向北移動之氣流經過較冷海面時所形成時，亦稱為海霧。平流霧一般較輻射霧持續時間久，持續時間可達數日，視決定氣流方向的高壓動態而定。

輻射霧（radiation fog）

　　當冬季天空晴朗時，低層風力微弱、空氣相當穩定時，如果近地面空氣中含有足夠的水氣，入夜後由於夜長輻射冷卻較強，地面的熱會迅速向高空輻射散去，到了清晨氣溫最低時，水氣便會因冷卻的關係而凝結成小水滴，容易浮游在近地面的空氣中形成霧，這種霧稱為輻射霧，一般陸地上出現較多，尤其在山谷和低窪地最為常見。輻射霧一般在夜裡形成，持續時間不會太長，通常在太陽出來後，地面溫度回升到一定程度時，就會迅速消散。所以，我們也可以說輻射霧是晴天的預兆。

平流霧

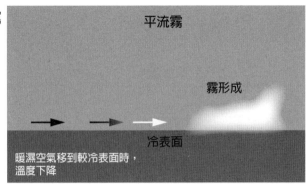

平流霧

霧形成

冷表面

暖濕空氣移到較冷表面時，
溫度下降

暖空氣中的水
汽冷卻形成霧

溫暖而潮濕的空氣

寒冷的海面

輻射霧

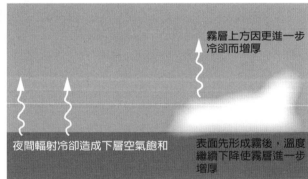

霧層上方因更進一步
冷卻而增厚

夜間輻射冷卻造成下層空氣飽和

表面先形成霧後，溫度
繼續下降使霧層進一步
增厚

4-2 霧的形成與分類（二）

蒸汽霧（steam fog）

秋天的早晨，常可在江、河及湖面上看到飄浮著的縷縷白煙，稱為蒸汽霧。這種霧的形成主要是冷空氣流經暖水面，由於暖水面的蒸發，使得冷空氣中的水分增加，再加上空氣比較冷，因而凝結成霧。

上坡霧（upslope fog）

氣流爬經山坡時，透過絕熱膨脹冷卻，降低溫度達到飽和，水氣凝結而成霧，從遠處看它是雲。吾人對高者、遠者稱雲，低者、近者為霧，例如：自平地仰望阿里山有雲，在阿里山雲中爬山的人稱此雲為霧。

鋒面霧（frontal fog）或降水霧（precipitation induced fog）

鋒面附近的空氣中的水滴或雪等降水粒子向下降至雲層以下，並使水滴蒸發為水蒸氣，當水氣達露點凝固後發生冷凝現象而生成霧，稱為鋒面霧；在暖面附近因暖區降雨處同時含有大量水蒸汽，隨降雨到達冷地面時，因溫度下降而導致空氣飽和時亦會凝結產生霧。鋒面霧經常發生在冷暖空氣交界的鋒面附近，隨鋒面降水相伴而生，故又稱降水霧或雨霧（drizzling fog）。

鋒面霧最常發生於錮囚氣旋與暖鋒接近中心處，寬度一般不超過 50 浬，最多出現於暖鋒面前，並隨暖鋒推移。同樣道理，在冷鋒後也可以產生鋒面霧，但濃度較高、範圍較廣的鋒面霧，主要出現在錮囚鋒兩側和暖鋒前。

平流輻射霧（advection radiation fog）

暖濕空氣平流到某處，再經地面長波輻射冷卻降低溫度後，達飽和並形成霧，這樣由平流和輻射二者相輔相成而產生的霧，稱為平流輻射霧。平流作用在於提供水汽，再加晴朗天氣入夜後，因地面輻射冷卻終致生成平流輻射霧，這種霧多發生於沿海陸地上，如我國嘉南平原在冬末初春之夜間常常發生。

霧會降低能見度，雖然部分交通工具因為使用雷達而降低影響，大部分車輛在大霧中行駛時均採慢速行駛，並使用較強照明，但仍危險，容易釀成意外。各種濃霧對飛機起降影響亦很大，因此在機場興建前選址時就會將是否易於起霧列為重要考量因素之一。機場啓用後，機場管理者通常要採取措施來驅散霧氣，或是提高機場的助導航設施及航管標準，以盡量降低影響。

蒸汽霧

上坡霧

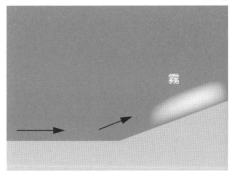 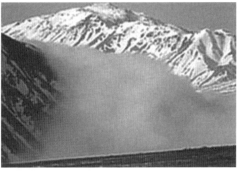

霧

鋒面霧或降水霧

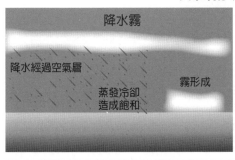 

降水霧

降水經過空氣層

蒸發冷卻
造成飽和

霧形成

左圖：鋒面附近產生鋒面霧之概念圖。
右圖：城市壟罩在低溫、陰雨和濃霧等惡劣天氣。

4-3 雲的形成與分類

　　大氣現象的產生，是由於地表所受太陽輻射不平均所致。因全球輻射不均，而自然有「厭惡」不平衡與不公平之天性，於是將地球從太陽得來的熱能重行分配。如大氣會透過風場，把赤道附近獲得較多的熱能往高緯度方向輸送，也會透過洋流、水的蒸發和凝結，甚至雷暴、熱帶氣旋及鋒面系統等大氣現象，試圖將所接收到的能量重新平衡分配。地球大氣就是靠促使能量平衡的過程中，產生千變萬化的大氣現象。

　　你若花點時間觀望天空，就不難察覺無論大小或形狀的雲，都在不停地變動著。有些新形成的雲，可能像雪球般愈滾愈大；有些雲則反而愈變愈小，最後甚至消散無垠。這些雲出現時間大多不長，較多屬於「積雲」或「直展雲」的雲屬。它們形成原因主要是因地面受陽光照射後，增溫較多地區，陽光照射產生的熱氣泡會從四周冷空氣中竄升。在上升的過程中，熱氣泡會逐漸冷卻，最後水汽凝結成雲。這些熱氣泡所凝結形成的雲，通常只能維持約幾十分鐘就消散了。如在同一地方連續有熱氣泡形成，它們形成的雲就能維持較長時間。

　　在快速成長的雲團內，大多數的雲會產生上下流動的氣流，令雲團內的雲滴翻滾攀升，形成高聳的對流雲。這些從近地層聳入高空中的垂直對流雲，極有可能轉變成巨大的積雨雲，然後釋放出所積聚的大量水分，造成一場區域性大暴雨。

雲的種類與雲柱

　　19 世紀初，法國生物學家拉馬克（Chevalier de Lamarck），為將雲狀分類的第一人。不久後英國業餘氣象學家路加霍華德（Luke Howard），於 1802 年藉由多年觀察，分析雲形和雲高的經驗，發明一套雲的分類法，他使用的是當代學術界流行的拉丁文，如隆起的低雲稱為積雲，意味「一堆」；四面八方展開的是層雲，是「層」的意思；稀疏的高層雲稱為卷雲，為「一綹頭髮」的意思。

　　霍華德的雲分類體系是基於 4 種主要型態的雲：獨立分布的積雲、層層相疊的層雲、羽毛狀的卷雲及會下雨的雲，然後再細分為 10 個基本類別，並根據它們具有的形狀而命名。這種分類基本模式至今仍維持不變，且廣為氣象從業員採用。事實上雲的形狀詭譎多變，但氣象學家僅用 10 個主要雲屬（cloud genera）來區分，主要雲屬的分類完全基於雲的外表。但根據雲的高度特徵還可分雲為高、中、低雲及擴展至所有高度的直展雲（vertically advanced clouds）等 4 個主要雲族（cloud family）。依據各雲存在的高度，所顯示出的 10 個雲屬圖，則稱之為「雲柱」。

積雲由小發展變大的歷程

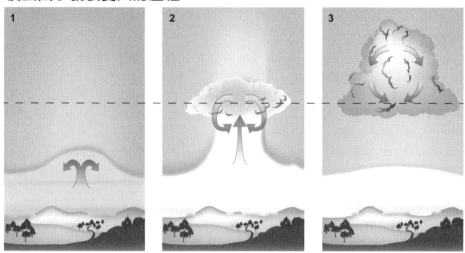

其實一塊雲不一定能獨自完整的變大，大多數雲塊在形成初期或半途中就被蒸發消散掉。當空氣中有足夠的水氣，而且能上升到高空冷卻、凝結後，就會形成雲。晴天時太陽加熱地面後，受熱最多的地區就有熱氣泡源源不絕地升向高空。於是天空中出現白色的積雲。但如果熱氣泡不再源源不絕地上升，那麼積雲就會逐漸消失（上圖中的虛線為「凝結高度」）。

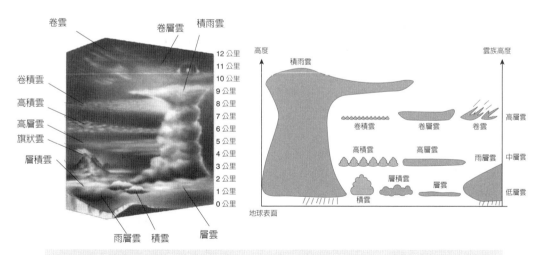

依據各雲存在高度所顯示出 10 個雲屬及 4 個主要雲族的圖稱為「雲柱」。圖中旗狀雲並不屬於 10 個主要雲屬之一，因為它是由於地理環境所造成的一種自然景象，而所形成的雲則歸屬於「積雲」。4 種主要型態的雲為：1. 獨立分布的積雲、2. 層層相疊的層雲、3. 羽毛狀的卷雲及 4. 會下雨的雲。

4-4 雲的種類（一）

卷雲（cirrus, Ci）

卷雲形成於 11,000 公尺以上高空，屬於高雲族，為最高層雲，形狀特徵是藍天中散布著許多細小的白色絲絹狀雲。卷雲要在氣溫很低的高空才會形成，因此它們完全由冰晶所組成。在陽光的照射下，白色的外表相當亮麗。在強盛的氣流牽引下，具有多變的絲狀結構。若受到日出或夕陽時的光所照射，會出現壯麗的色彩。多層次的顏色變化隨時間慢慢改變，令人目不暇給。

中緯度地區的卷雲，通常意味著 2 ～ 3 天後天氣會變壞的徵兆。因為是在高空形成的，所以早晨由卷雲形成的雲彩會較其他雲提早出現，而傍晚則較其他的雲遲些被染紅。當天空中出現卷雲時可能預示著天氣會變壞。因為其絲狀的結構大多是由於垂直風切所造成，此現象比較容易發生在壞天氣即將發生時。俗話說「天上鉤鉤雲（卷雲），地上雨淋淋」便是這個意思。

卷層雲（cirrostratus, Cs）

卷層雲屬高雲族，存在高度約 10,500 公尺，它像一張白紗布覆蓋在空中，實際上是雲在高空中被強風吹散形成的。在卷層雲中，太陽看起來十分明亮，偶爾也會出現「日暈」的光環，甚至出現燦爛耀眼的「幻日」現象。

卷層雲出現在日落時，天空的色彩會轉為淡淡的橙紅色，十分美麗。但這種現象通常是天氣將轉壞的徵兆，在入夜後向下增厚之速度相當快，容易產生降雨。剛出現這種雲時天氣通常都十分晴朗，往後若變成卷雲時，天氣將維持晴朗；若變成較厚之層雲時，天氣便會開始變壞，降雨時間也會較長。

由冰晶形成的雲，不會發亮，呈簾幕狀或薄紗狀。每一雲滴都具有稜鏡的功能，會在太陽和月亮周圍形成圓形光環，稱為日暈或月暈。

卷積雲（cirrocumulus, Cc）

卷積雲屬高雲，和卷雲為同一種類，由冰晶形成，存在於約 9,500 公尺高空，由一群白色魚鱗狀的冰晶小雲塊聚集而成。它們常在高空形成如魚鱗般美麗的波紋，所以出現卷積雲的日子俗稱「魚鱗天」。除非天氣惡劣，否則他們的排列是十分整齊的。它們出現的機會不定，常和卷雲相伴產生。俗話說「魚鱗天，不雨也瘋顛」，即指出現卷積雲後的天氣狀況。其實我們只要注意卷積雲後來變成何種雲便可以知道未來的天氣是好是壞。若後來變成卷雲，那天氣將維持晴朗；若變成高積雲，則天氣將有轉壞下雨的可能。

卷積雲乃由一些像豆粒或小石子的圓形雲所聚集而成，有時候呈波狀，比卷雲和卷層雲更明顯的白雲，有時邊緣會有發亮的彩雲，這是太陽光穿過冰晶的雲滴時所造成的現象。卷積雲逐漸變為卷層雲時，雲層會逐漸變厚。

卷雲在陽光的照射下白色的外表相當亮麗

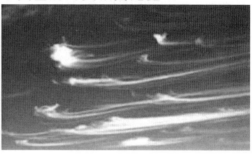

卷層雲

卷積雲

4-5 雲的種類（二）

高積雲（altocumulus, Ac）

　　高積雲屬中雲，高度約在 8,000 公尺，雲形和排列狀態與卷積雲類似，但高度較卷積雲為低，而每塊雲的大小也較卷積雲大，所以雲朵下面多呈灰色，為白色到灰白色的塊狀、葉狀或扁球狀雲團。一般當天空出現高積雲時，雲塊數量相當多，可能遍布天際，且排列的相當整齊甚至成棋盤狀；俗話說「天上鯉魚斑，曬穀不用翻」，又說「瓦塊雲，曬煞人」，這說明了高積雲出現時的天氣概況。因為高積雲出現時大多是晴朗無雲的穩定天氣，而且會維持 2 ～ 3 天。但是如果在傍晚才出現高積雲，那表示天氣將會轉壞。因為在夜晚高積雲容易增厚變成一大塊高層雲，進而產生持續性的降雨。厚的高積雲一般排列成波狀，若雲隙間看不到藍天，乃意味著天氣將逐漸變壞。

　　在高海拔山區常可見到因地形上升氣流與高空氣流互相來襲而成豆莢狀的莢狀高積雲；在旭日東昇時，雲塊受到陽光照射，會由灰色、黃色轉為火紅色、白色、火紅色，持續時間約達 5 分鐘，使整個天空的色調為之改觀，日落西沉時，色彩轉換則相反。

高層雲（altostratus, As）

　　高層雲屬中雲，高度約 8,500 公尺，比卷雲稍厚，所以不會伴隨日暈或月暈。當低氣壓或伴隨暖鋒接近時，最容易出現，所以天氣變壞的機會比卷層雲大。這種雲變化不大、雲層內水氣分布相當均勻，由水滴、過冷卻水與冰晶混合而成，呈淺灰色至淡藍色。它的厚度比卷層雲厚，高度比卷層雲低，範圍比卷層雲廣。形狀和層雲差不多，因此較難分辨，唯可以借助太陽或月亮來判斷，因為比層雲薄，所以光線可以透過來，但層雲則無法透光。

　　高層雲大都掩蔽全天，逐漸變厚變低時，使人有陰沉之感，當它轉變為雨層雲之前，常有疏落雨滴降下；相反來說，高層雲也可由雨層雲升高形成。一般而言，高層雲乃從卷層雲逐漸增厚或是高積雲逐漸聚合而成，有時在積雨雲消散過程中亦可見到。各種不同雲屬轉換過程中大都會出現高層雲，尤其是雲層逐漸增厚的降雨醞釀過程，或是積雨雲消散過程，偶爾可看到高層雲出現。

高積雲

高積雲

高層雲

4-6 雲的種類（三）

雨層雲（nimbostratus, Ns）

雨層雲為低雲的一種，高度約在 1,500 公尺。一種遮天蔽日而呈暗灰色的雲，能完全遮蔽陽光和月光，常發生在低氣壓中心和鋒面附近，通常存在於 2～7 公里的高度，雲底甚至可以低到 500 公尺，常帶來雨和雪。而降下大雨的雲除了雨層雲之外，還有積雨雲。積雨雲的雨勢變化較激烈，而伴隨雨層雲的雨和雪則平靜地落下。

雨層雲是範圍廣闊的降雨性或降雪性雲層，顏色極暗，水氣含量相當豐沛。它是惡劣天氣的代表，一般所造成的降雨會持續 4 天到 1 星期以上。它的擴展方式大致分成 2 類，一為由高積雲變成高層雲再增厚變成雨層雲；另一為由層積雲迅速增厚。這種雲一旦開始降水之後，那麼離天氣晴朗的日子就會遙遙無期。所以說看到這種雲就表示未來將有一陣子，天氣不會轉好了。

層積雲（stratocumulus, Sc）

層積雲屬低雲族雲層，水氣豐沛，高度約在 600～2,000 公尺，外觀介於積雲和層雲之間，顏色則介於灰色到微白色之間，範圍十方廣闊，常見雲塊成波浪狀的翻動。層積雲形成之過程有 2 種：一為層雲或積雲累積水氣後所形成的，雲體內氣流十分穩定，秋季較常發生；另一種是由積雨雲或雨層雲消散時形成之過渡雲屬，其內氣流十分不穩定，通常在夏季會出現這種層積雲。

層積雲係由小水滴組成，時或偕較大之水滴或霰，偶有雪片，如雲層不太厚，可產生華（corona）及雲彩（irisation）等繞射現象。在普通情況下因冰晶過於稀少，不足以使雲構成纖維狀；然極寒冷之天氣，可能有足量之冰晶致生大量雨旛，有時甚至發生暈象。乳房狀雲（mamma）亦可能為層積雲之一種副型雲，在雲下能形成旛狀，尤以溫度甚低時為然，惟層積雲不常有降水發生。

層積雲可能由層雲升高形成，或由層雲或雨層雲之對流性或波動性變化而成，稱為「層雲蛻變之層積雲（Sc stratomutatus）」或「雨層雲蛻變之層積雲（Sc nimbostratomutatus）」。層積雲與高積雲極相似，高積雲之個體如變大，即可直接變為層積雲，稱為「高積雲蛻變之層積雲（Sc altocumulomutatus）」。接近雨層雲或高層雲底部之濕潤氣層內因渦動及對流而濕度增加時即能產生層積雲，稱為「雨層雲性層積雲（Sc nimbostratogenitus）」或「高層雲性層積雲（Sc altostratogenitus）」。產生積雲或積雨雲之上升氣流如到達一較高之穩定氣層內，升速變慢，其母雲之全部或一部逐漸分離且呈水平方向擴散，常可產生層積雲，稱為「積雲性層積雲（Sc cumulogenitus）」或「積雨雲性層積雲（Sc cumulonimbogenitus）」。

雨層雲

層積雲

大海般流動的舊金山雲海，這種流動的層積雲，真的就像大海一樣波濤

4-7 雲的種類（四）

層雲（stratus, St）

　　層雲屬低雲族，位於約 2,000 公尺，顏色和霧類似，且可以像霧一般擴展，有時會極接近地面。由於和霧發生的條件相同，所以層雲是所有雲中位處最低的雲。平日從山上俯視層雲時，可以看見雲海，但日射增強時很快就會消失。

　　層雲內之水氣分布均勻，雲層呈灰白色，像霧但不會與地面接觸。清晨或黃昏時偶爾會下些毛毛細雨。夏季時，層雲比較容易轉成積雲甚至變成積雨雲；同樣的，當積雲或積雨雲消散時也容易形成層雲。秋季時層積雲與積雲轉為層雲的機會則是最高的。層雲具微透光性，透過它可依稀見到太陽的輪廓，而這也是一種分辨層雲的方法。

積雲（cumulus, Cu）

　　積雲屬直展雲，存在高度約 5,000 公尺以下，雲底至地面約 900 公尺（海上可低至 600 公尺）至 2,500 公尺左右，雲厚可達 2.5 公里是在晴朗的藍天中浮游，像棉花糖般的雲，雲的底部是平的。積雲都在同樣的高度，被太陽照射的部分，會白白地發亮。通常隨太陽升高，雲頭會隨之擴大，到了下午達最大，高度約為 2 公里左右。當日射較強對流旺盛時，高度甚至可達 10 公里，雲朵上方變成濃積雲。被如此發展的雲遮住時，天空呈一片黑暗，在山區便會降雨，平地則否。若再進一步發展下去，將會發展成積雨雲。

　　積雲可以再細分為濃積雲和淡積雲兩種，雲的發展主要是垂直向的，因此底部平坦，頂部則像饅頭或椰菜花。開始發展時的雲高度很低，隨時間發展，形成朵朵蘑菇般形狀。通常出現積雲處，擁有強盛的上升運動，且水氣充沛，因此很多飛行傘和滑翔機玩家，常由積雲的位置判斷上升氣流處。積雲很容易聚集成層積雲或轉變成積雨雲，所以積雲出現後很容易轉為壞天氣。

積雨雲（cumulonimbus, Cb）

　　積雨雲高度約 3,000 公尺左右，發展巨大時可從 2,000 多公尺處垂直伸展至 10,000 多公尺的高空，一般可厚達 15 公里，橫跨整個雲帶之降雨性直展雲，體積相當龐大。其發展初期通常是由積雲開始，隨著水氣源源不斷的供應漸漸發展而成。底部通常平坦且黑暗，但頂部有時呈平滑或羽毛狀，甚至呈砧狀。在巨大的積雨雲中，不同高度處所組成成分亦有所不同。如位於 7,000 公尺以上高空，主要由冰晶組成；位較低處則由小水滴組成。當濃積雲發展至巨塔狀，同時雲頂又受上層強風吹拂，即變成牽牛花形或鐵砧形的積雨雲。此時雲頂可達 10 公里以上高度，並以冰晶形成纖維狀的卷雲。積雨雲內部具有強烈上升氣流，所以常伴隨大雷雨，偶爾也會下冰雹。當積雨雲減弱時，雲頂是卷雲，雲下方分裂後變成高積雲和層積雲，所以積雨雲可說是製造雲的工廠。

層雲

積雲

積雨雲

4-8 雲的種類（五）

莢狀高積雲（altocumulus lenticularis, ACSL）

空氣沿山坡上升時，受地形氣流的擾亂，容易形成波動，導致在山頂生成傘狀雲（稱為雲砧）、禿積雲和凸面鏡的雲（稱為莢狀高積雲）。當雲砧出現時，天氣容易變壞。雲砧和凸積雲通常由高積雲、層積雲和積雲轉變而成。

莢狀高積雲是測站附近山地影響氣流形成的駐波作用所生成，多出現在晴朗有風的天氣。通常形成在下層有上升氣流，上層有下降氣流的地方。上升氣流絕熱冷卻形成的雲，遇到上層下降氣流的阻擋時，雲體不僅不能繼續向上發展，而且其邊緣部分因下降氣流增溫的結果，有蒸發變薄現象，故呈莢狀。莢狀高積雲如孤立出現，無其他雲系相配合，多預示晴天，如農諺：「天上豆莢雲，地上曬煞人」。

飛機雲（airplane contrail）

噴射機在飛行時會排放出熱的氣體和水汽，這些廢氣流一旦接觸到冷空氣，其水汽會冷卻並凝結，形成一條長長的凝結尾跡。凝結尾和卷雲一樣，主要都是由冰晶構成的。在臺灣秋冬時節，高度 5 ～ 10 公里的上空常發生這種雲；它是由於飛機飛行於冷濕的大氣中，所排出的噴射氣體很快冷卻而形成的；或是當飛彈經過後，空氣被擾動而生成許多漩渦，使得氣壓下降，空氣急速膨脹，周圍水汽冷卻所生成的，或者是上述兩種原因重疊而產生。

旗狀雲（banner cloud）

旗狀雲存在高度較高的山峰背風面上，因為它僅是由於地理環境而出現的一種天然景象，不屬於 10 個主要雲屬之一，而所形成的雲屬於「積雲」那一屬，為積雲形成的一種途徑，故不能歸類。氣流經過孤立的山峰，在山的背風面就會形成強大的旋渦。如果氣流中的水汽充足，水汽經過較高的山峰後就會凝結，形成旗狀積雲，如同一面大旗在迎風飄揚。它的出現顯示空氣中水汽豐富，並有可能下雨。

莢狀高積雲

飛機雲

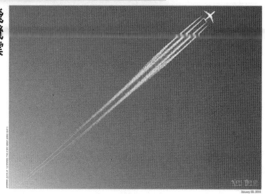

旗狀雲

山峰上空氣稀薄
氣溫亦較低

潮濕且溫暖的空氣

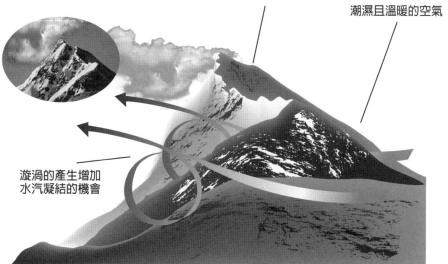

漩渦的產生增加
水汽凝結的機會

4-9 雨的形成與種類

　　雨是一種自然降水現象,大氣層中的水蒸氣凝結成小水珠,大量的小水珠形成了雲。當雲中的水珠達到一定質量以後就會降落至地表,這就是降雨。雨是地球水循環不可缺少的一部分,是大部分生態系統的水分來源,幾乎所有遠離河流的陸生植物都賴此方法補給淡水。雨滴也有可能在還未到達地面時就完全蒸發,有些情況就是在當雨通過森林的林木時,雨常會被森林截流,而直接蒸發入大氣中,這種情形可以減少雨對於地表的侵蝕。在有些地表炎熱的地區(如沙漠地區)水分直接蒸發尤為常見,像這種從雲中落下的降水,但還沒到達地面前就已經蒸發,稱為幡狀雲(virga)。

　　雨可以說是由雲「變」出來的,但雨滴的體積約為雲滴體積的 100 萬倍,在潮濕的空氣中,因冷卻而凝結產生的雲滴,開始時的增長速度是極快的;但到了一定大小之後,增長速度就迅速減緩。顯然單靠凝結作用,無法成長到比它自身大約 100 萬倍的雨滴,因此還需要其他的成長過程才能達成。

　　對於雲體溫度大於 0°C 的暖雲來說,雲中含有大大小小各種不同的雲滴。其中大雲滴下降速度快,上升速度慢;小雲滴則下降速度慢,上升速度快。由於大小雲滴存在著相對速度差異,使得大雲滴有機會與小雲滴相撞,結果小雲滴就被併合到大雲滴上。這樣,大雲滴不斷地增大,又因上升氣流分布不均,大雲滴增大的機會就增加,於是大雲滴越來越大,直到上升氣流承托不住,大雲滴便降落到地面成為雨滴。

　　在降雨過程中,雲層中原始雨滴由於凝結核的大小不同,雨滴的原始大小就不相等。大小水滴因水氣壓不同,水分容易由小水滴轉移到大水滴上,使大水滴不斷增大,小水滴則逐漸變小。當水滴不斷增大,在空氣中下降時就不再保持球形。剛開始下降時,雨滴底部平整,上部因表面張力而保持原來的球形。當水滴繼續增大,在空氣中下降時,除受表面張力外,還受到周圍空氣作用在水滴上的壓力以及因重力引起水滴內部的靜壓力差,二者均隨水滴的增長及下降而不斷增大。在此三種力的作用下,水滴變形愈來愈劇烈,底部向內凹陷,形成一個空腔,形似降落傘。空腔愈變愈大,愈變愈深,上部愈變愈薄,最後破碎成許多大小不同的水滴。破裂的水滴又會被其他的大雨滴吞併形成新的大水滴。此外,雨滴所帶有的正負電荷也是雨滴之間衝撞併合的原因之一。

暖雨（warm rain）型

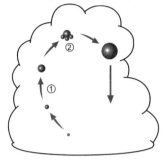

代表的半徑
- • 凝結核 （$10^{-9} \sim 10^{-6}$m）
- • 雲粒 （0.01mm）
- ● 雨滴 （2mm）

成長流程
- ① 凝結成長
- ② 併合成長

冷雨（cool rain）型

凝結核、雲滴和雨滴的比例，凝結核的直徑大約在 0.0002mm ～ 0.002mm 左右；而雲滴的直徑則大約為 0.2mm 左右；雨滴的直徑則大約在 2mm 以上。

代表的半徑
- • 冰晶核 （$10^{-9} \sim 10^{-6}$m）
- • 雲粒 （0.01mm）
- ✳ 冰晶 （0.01mm）
- ✳✳ 雪片 （1cm）
- ◭ 粒雪 （1cm）
- ● 雨滴 （2mm）

成長流程
- ① 昇華成長
- ② 凝結成長
- ② 著冰成長
- ③ 融解

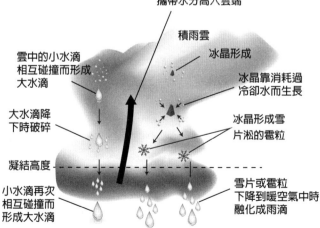

強大的空氣流攜帶水分高入雲端

積雨雲

冰晶形成

雲中的小水滴相互碰撞而形成大水滴

冰晶靠消耗過冷卻水而生長

大水滴降下時破碎

冰晶形成雪片淞的霰粒

凝結高度

小水滴再次相互碰撞而形成大水滴

雪片或霰粒下降到暖空氣中時融化成雨滴

（碰撞形成雨）　　　　（冰晶成長形成雨）

雨滴形成的方式有多種，其中包括小水滴的相互碰撞和冰晶的生長。

4-10 地形雨及對流雨

　　暖濕氣流遇到山地時因沿山坡上升，使水氣凝結產生雲甚至因而降雨；故迎風坡的降雨量乃隨著高度增加而遞增，但如山地太高時，超過某一高度後，則降水量反而逐漸減少。地形雨（orographical rain）常發生在迎風坡，如季風吹向陸地遇到山脈，沿著山上升到某一高度後氣溫下降，濕氣結成水滴或雨，常是局部的且有季節性，有時亦造成豪雨。

　　若暖濕氣流過山，大氣正處於不穩定狀態時，可以產生對流形成積狀雲，如果氣流過山時的上升運動，與坡前的熱力對流結合，積雲就會發展成積雨雲，形成對流性降水。在鋒面移動過程中，如其前方有山脈阻攔，鋒面移動速度減緩，降水強度增強，降水時間延長，形成陰雨綿綿天氣。世界上最多雨的地方，常發生在山地的迎風坡，稱為「雨坡」；而背風坡降水量很少，成為「乾坡或雨影區」。如挪威斯堪的那維亞山地西坡迎風，降水量達 1,000 ～ 2,000 公釐，背風坡只有 300 公釐。形成雨影區的地理現象稱為「雨影效應（rain shadow effect）」。

　　印度阿薩密省之乞拉朋吉（Cherrapunji）山，因位在孟加拉灣的夏季季風北上的通路山坡上，故成為世界雨量最豐富處，年雨量達 12,000 公釐，即為地形性降雨之例。盛行東北季風期間，臺灣東北部位在雪山山脈和中央山脈的迎風坡，多地形雨年降雨量超過 2,000 公釐；而西南部位在背風坡處，因此雨水甚少。

對流雨（convectional rain）

　　熱帶或溫帶的夏季午後，常因日照強，水氣蒸發旺盛，空氣受熱膨脹上升，至高空冷卻，凝結成雨即為對流雨。由地面至約 12,000 公尺高空，屬大氣圈中的對流層，當中有一切的熱能交換過程，因而有天氣現象在當中發生。沿地面上升至對流層頂，氣溫有下降趨勢。大氣對流是熱力傳遞中的一種模式，其過程是當低層空氣受熱後，因膨脹變輕而上升，後因絕熱冷卻而密度加大，於是空氣在高層向外散出後慢慢下降，最後空氣降回受熱點補充該區上升了的空氣。

　　大氣科學中，對流運動泛指中小尺度的天氣系統活動機制。當中的受熱點是由太陽輻射所加熱，空氣上升後向外輻散到外圍下降，受熱點因變成低氣壓，外圍的下降區成為高氣壓，空氣便沿氣壓梯度力流回受熱點，完成對流過程。即近地層空氣受熱或高層空氣強烈降溫，促使低層空氣上升，水汽冷卻凝結，若發展成強烈積雨雲，雲內冰晶和水滴共存，氣流升降強烈可達 20 ～ 30m/s，雲中帶有電荷，所以積雨雲常發展成強對流天氣，產生大暴雨與雷擊事件，有時甚至下冰雹。

　　對流雨以低緯度午後居多，尤其在赤道地區，降水時間非常準確。早晨天空晴朗，隨著太陽升起，天空積雲逐漸形成並很快發展，愈積愈厚，到了午後，積雨雲洶湧澎湃，天氣悶熱難熬，然後颳起大風、雷電交加、暴雨傾盆而下，到黃昏時停止，雨過天晴天氣涼爽，到第二天又重複雷陣雨出現。在中高緯度地區，對流雨主要出現在夏半年，冬半年極為少見。

地形雨示意圖

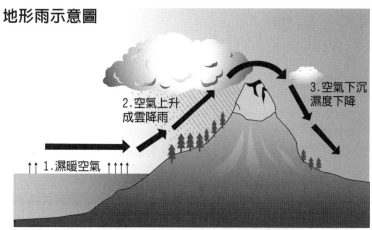

2. 空氣上升
成雲降雨

3. 空氣下沉
濕度下降

↑↑↑ 1. 濕暖空氣 ↑↑↑

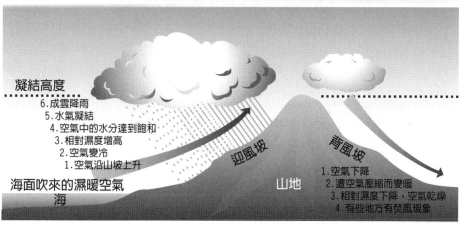

凝結高度

6. 成雲降雨
5. 水氣凝結
4. 空氣中的水分達到飽和
3. 相對濕度增高
2. 空氣變冷
1. 空氣沿山坡上升

迎風坡

背風坡

海面吹來的濕暖空氣
海

山地

1. 空氣下降
2. 遭空氣壓縮而變暖
3. 相對濕度下降，空氣乾燥
4. 有些地方有焚風現象

對流雨示意圖

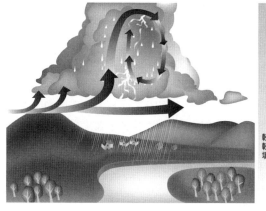

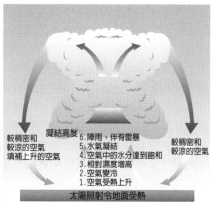

凝結高度

較稠密和
較涼的空氣
填補上升的空氣

6. 陣雨，伴有雷暴
5. 水氣凝結
4. 空氣中的水分達到飽和
3. 相對濕度增高
2. 空氣變冷
1. 空氣受熱上升

較稠密和
較涼的空氣

太陽照射令地面受熱

4-11 雷暴

　　雷暴（storms）是一種產生閃電及雷聲的自然大氣現象，通常伴隨滂沱大雨或冰雹，冬季時甚至伴隨暴風雪。雷暴可以在世界任何地方發生，甚至發生在兩極和沙漠地帶，但通常在低緯地方（特別是熱帶雨林地區）出現較頻繁，可以每日都發生。在亞熱帶和溫帶等中緯度地區，雷暴則通常出現在夏季，有時在冬季也會受冷鋒影響而有短暫性雷暴。除了烏干達及印尼為全世界發生雷暴最頻繁地方外，在美國中西部及南部各州也常發生激烈的雷暴，因為這些雷暴常與冰雹或龍捲風同時發生。現全球從未有過雷暴地區的只有智利北部的阿他加馬沙漠（Atacama Desert），該地因氣候過於乾燥，難以形成雨雲，才未出現過雷暴。

　　雷暴是在大氣不穩定時所發展形成，常帶來大量的雨水或冰雹。

　　通常其發生有 3 種特定情況：

1. 大氣層低空濕度很高。
2. 高空與低空的溫度差異極大。
3. 冷鋒受到外力的逼迫形成。

　　在古文明裡，雷暴擁有極大影響力，不論中國古代、古羅馬或美洲古文明皆有與雷暴相關的神話。雷暴分為單胞型雷暴、多胞型雷暴及超級型雷暴 3 種。也有依形成時大氣和地形條件，將雷暴分為熱雷暴、鋒雷暴和地形雷暴等 3 大類。也有將冬季發生的雷暴歸為一類，稱為冬季雷暴。在中國南方還常出現所謂的旱天雷，也叫乾雷暴。

雷暴的生命週期（life circle）

　　雷暴的生命週期有 3 個階段，1. 初生階段、2. 成熟階段及 3. 消散階段。在積雲階段，雲較四周的空氣暖和，因此雲內部的空氣加速上升，並很快升到溫度遠低於凝結點的高度。所以四周大量的小水滴、冰晶或雪片向雲內匯聚，這時只有不斷增強的上升氣流而沒有下降氣流。

　　在成熟階段，積雨雲變得愈來愈大，甚至進入平流層。不過水滴及冰晶會因為過重，使得上升氣流無法承載其重量，而開始降落，其表面所產生的摩擦會帶動四周的空氣下降，並逐步增強下墜力而產生下降氣流，這時便會出現龐沱大雨並伴有雷電或亂流，若下降氣流極強則可能會降雹。而由高空下降的冷氣流在到達地面時會往水平方向散開，這時易發生強烈陣風。最後在消亡階段，上升氣流逐漸減弱，雲內水氣釋盡，無力再降雨，雷暴逐漸消失。

單胞型雷暴（single cell storms）

　　單胞型雷暴是在大氣不穩定，但只有微弱甚至沒有風切變時，僅發生單體積雨雲型之雷暴雲。這些單胞型雷暴通常較為短暫，不會持續超過 1 小時。在平日亦有很多機會看到這種雷暴，因此亦被稱為陣雷。但數個單胞型雷暴之單體積雨雲若能夠持續維持新陳代謝過程，亦可使雷暴延續幾小時。

大氣對流概念圖

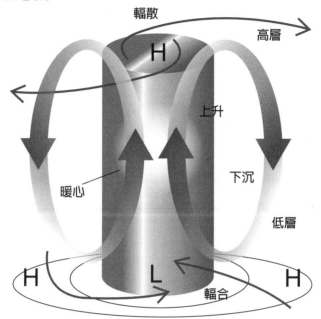

灰色圓柱體表示一空氣柱,低層空氣受熱後上升,產生地面空氣輻合,形成局部低壓區。高空則形成局部高壓並為輻散場,在中層,因水氣釋出潛熱而形成暖心。

典型單胞型雷暴的生命週期

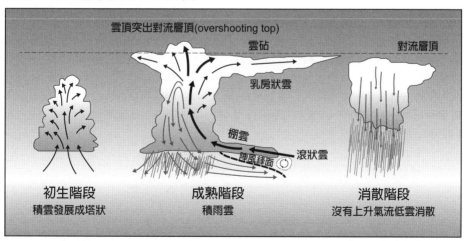

一般雷暴生命史的3階段模式,箭頭表垂直向氣流,虛線表對流層頂

4-12 多胞型雷暴

多胞型雷暴（multicell storms）由多個單體積雨雲雷暴所組成，是單胞型雷暴進一步發展而成的，此時常伴隨著強烈下降氣流，並在近地面形成陣風鋒面及強陣風，有的陣風帶常延綿數里，如果雷暴之環境風場風速強，且下降氣流溫度下降，造成局部溫差大時，近地面會形成明顯陣風鋒面，這時陣風帶會愈來愈強、陣風區會擴大。

超級型雷暴（supercell storms）

超級型雷暴多在環境風場，存在風切變極大時發生，乃同時由具各種發展程度不同的雷暴所組成。這種雷暴的威力極強，因此所造成的破壞力也是最大，並且約有30% 的可能性，會產生龍捲風。

超級型雷暴內部的中心，包含著一個旋轉塔狀結構，稱爲中氣旋（meso-cyclone），強烈中氣旋頗像「圓形太空飛船」，能夠旋轉上升幾公里，並帶來閃電、暴雨和大風（包括龍捲風），有時甚至帶來巨大的冰雹，能夠席捲途經的樹木、電線桿及車輛等，對道路和建築物構成危害，因此超級型雷暴來臨時應設法保持 1 公里以上安全距離。

龍捲風往往是由超級型雷暴演變而成，當地表風切變形成氣旋後，上升氣流將氣旋帶往垂直方向發展。接著上升氣流也開始旋轉，形成超級型雷暴內部的中氣旋。接著上升氣流開始往水平向擴張，形成砧狀雲（anvil cloud）。熱空氣隨上升氣流匯聚，冷空氣則下降，促成一道愈來愈厚的雲牆，中氣旋則從砧狀雲底部往地面延伸。此時地表低氣壓乃將中氣旋往下拉，形成漏斗雲（funnel cloud）。一旦漏斗雲碰觸地面，龍捲風就誕生了。

至今爲止全世界從未有過雷暴地區的只有南美洲智利北部的阿他加馬沙漠，該地因氣候過於乾燥難以形成雨雲，因此未出現過雷暴。雷暴季節因地而異，在美國則以5～9 月最常見。

劇烈雷暴警告（severe thunderstorm warning）

劇烈雷暴如超級型雷暴是自然界中最壯麗的景象之一，但也是一種不可輕忽的危險。如果忽視警告，或在超級型雷暴出現時不知所措，就會使自己陷入危險之中，可能受到閃電、強風、冰雹和暴雨洪水的危害。美國、香港及澳門等氣象單位觀測到轄區上空有雷暴現象，或預測即將會有雷暴區移入時，即發布雷暴警告，旨在提醒市民雷暴有可能在短時間內（1 至數小時內）影響境內。警告信息會透過電台、電視台、網際網路及電話系統等發布。

多胞型雷暴

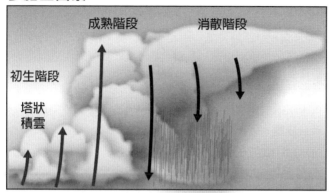

初生階段
塔狀
積雲
成熟階段
消散階段

多胞型雷暴之縱剖面結構

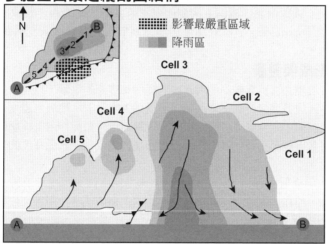

N

影響最嚴重區域
降雨區

Cell 3
Cell 2
Cell 4
Cell 5
Cell 1

A
B

超級胞雷暴概念圖

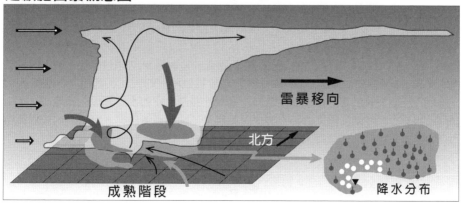

雷暴移向
北方
成熟階段
降水分布

4-13 氣旋雨

　　氣旋雨（cyclonic rain）包括熱帶氣旋雨和溫帶氣旋雨兩種，在臺灣地區一次熱帶氣旋（如颱風）雨常可降達數百公釐，甚至大於 1,000 公釐的雨量而造成水災。溫帶氣旋中的暖氣流沿冷氣流表面（鋒面）上升而冷凝成雨，包括冷鋒雨和暖鋒雨。冷、暖氣流的勢力若相近，則鋒面在同一地帶徘徊或滯留而產生梅雨，中國長江流域、我國北部和韓國及日本中南部都有梅雨現象，以其適逢梅子成熟期，故名。又因此期間氣候潮濕，物品最易發霉，故又稱「霉雨」。

熱帶風暴（tropical storm）

　　發生在熱帶和亞熱帶地區海面上的氣旋性低氣壓環流，於發展成強烈低氣壓，稱熱帶氣旋（tropical cyclone）後，若最大平均風速增強至每秒 17.2 公尺以上時，稱為熱帶風暴；發生在西北太平洋者，即稱為「颱風（typhoon）」。颱風一詞可能是廣東話的「大風」或閩南語「風篩」演變而來；若發生於北大西洋及東太平洋地區者，稱為「颶風（hurricane）」；在印度洋地區則慣用「旋風或氣旋風暴（cyclonic storm）」。

熱帶風暴的形成與發展

　　熱帶風暴生成環境必需具有較高的海水表面溫度和豐沛的水氣，以及由各種不同方向的風造成擾動，並發展成旋渦。當熱帶洋面受到太陽直射，使海水溫度升高、蒸發大量水氣，造成海面上方空氣溫度高、濕度大，進而產生對流作用；周圍較冷空氣流入補充之後，接著再加溫上升，最後整個對流區域都變成高溫、低密度的低氣壓區，即熱帶性低氣壓。

　　北半球夏季太陽直射區域由赤道北移，南半球之東南信風跨越赤道轉向，成西南季風侵入北半球，並和原來北半球的東北信風相遇，造成輻合作用，使熱帶性低氣壓的旋渦加深，四周空氣快速流向旋渦中心，風速隨之增強後，即可形成熱帶風暴，10 ～ 15 °N 是熱帶風暴最佳形成區，侵襲臺灣的颱風大多來自西北太平洋；有時南海海面也會形成颱風並侵襲臺灣，但次數較少。

　　北半球熱帶風暴的生成主要以夏秋環境較為適合，過了秋季，太陽直射區域南移，南半球之東南信風不易侵入北半球，因而北半球形成颱風的機會變少，7 ～ 10 月為北半球主要熱帶風暴季節。1960 ～ 2003 年間，西北太平洋和南海地區共有 1,189 個颱風生成，平均每年約有 27 個，8 月頻率最高，其次是 9、7 和 10 月，這 4 個月發生的颱風，約占總數的 70%。颱風是自然界最具破壞力的天氣系統之一，也是臺灣最重要的災變天氣，其所帶來的雨量亦是臺灣地區最重要的水資源。就臺灣而言，由於位於西北太平洋地區颱風路徑之要衝，每年常受數個颱風侵襲，但也因此成為觀測和研究颱風之絕佳地理位置。

颱風是怎樣「煉」成的

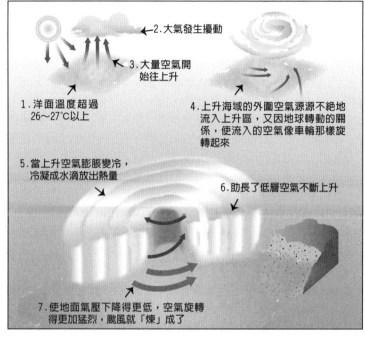

←2.大氣發生擾動

3.大量空氣開始往上升

1.洋面溫度超過26～27℃以上

4.上升海域的外圍空氣源源不絕地流入上升區,又因地球轉動的關係,使流入的空氣像車輪那樣旋轉起來

5.當上升空氣膨脹變冷,冷凝成水滴放出熱量

6.助長了低層空氣不斷上升

7.使地面氣壓下降得更低,空氣旋轉得更加猛烈,颱風就「煉」成了

颱風形成的條件主要有兩個:一是比較高的海洋溫度。二是充沛的水汽。

颱風形成示意圖

第0階段
無組織雲系

第1階段
「歐拉流」雲系
(雲系流向中心)

第2階段
切線流雲系
(科氏力引入)

第3階段
渦旋狀雲系

第4階段
颱風眼產生

第5階段
眼牆生成

第6階段
「梯度流」颱風雲

第X階段
颱風雲系消失

熱帶風暴是地球物理流體力學在大自然界所展現的絕妙現象,其系統包括旋轉旋渦、濕對流、大氣與海洋交互作用等,涉及多重時間與空間尺度的物理過程,是大氣科學界深感興趣的研究題材。除臺灣外,日本、美國、中國、澳洲、印度及菲律賓等亦常遭熱帶風暴之侵襲,因此有關熱帶風暴之研究、預報改進也受到這些國家的特別重視。

4-14 熱帶風暴結構與強度

熱帶風暴結構

颱風或颶風的結構都呈近似軸對稱的圓柱體，水平範圍可達上千公里，垂直發展從地面至約 15 公里高空，主要局限於對流層。由氣象衛星雲圖可見颱風或颶風上層大致呈圓形，具螺旋雲帶，北半球是以反時鐘方向旋轉，南半球則呈順時鐘方向旋轉，雲的旋轉情形可顯示風的流向。環形雲柱的中心部分無雲、無風，稱之為颱風或颶風眼，為低壓區；颱風中心氣壓一般介於 950 ～ 980 百帕之間，但強烈颱風或颶風甚至有低至 870 百帕的紀錄。

靠近颱風或颶風眼的邊緣是暴風風力最強的地方，雲層最厚、風雨最大，往外雲層漸高漸薄，風雨漸弱。暴風中心氣壓愈低，暴風範圍內的氣壓梯度就愈大，風力通常也愈加猛烈。從暴風中心向外到平均風速為每秒 14 公尺的距離稱為第 7 級暴風半徑，其大小從 100 ～ 500 公里不等；在暴風半徑以內的區域，稱為暴風範圍，一般而言，較強的暴風範圍亦相對較大，但並非必然。

熱帶風暴強度

國際上常用的颱風強度分級為熱帶風暴、強烈熱帶風暴和颱風（或颶風）。我國根據颱風中心附近的最大平均風速，將颱風強度分為 3 級：風速每秒 17.2 ～ 32.6 公尺為「輕度颱風」，32.7 ～ 50.9 公尺為「中度颱風」，51 公尺以上為「強烈颱風」。熱帶風暴和強烈熱帶風暴相當於我國的輕度颱風，颱風（或颶風）相當於我國的中度颱風和強烈颱風。美國則將颶風細分為 5 級，一級和二級颶風相當於我國的中度颱風，三級颶風以上則屬強烈颱風的範圍。

颱風暴風範圍內的風速並非均勻分布，在北半球行進中的颱風，其右前方的風速最大，因颱風環流風向與導引氣流風向相同，風速增強。如向西行進之颱風，其右前方吹東北風，與夏季西太平洋的東北信風合併而增強了風速；至於右後方及左前方則是偏南的風與偏西的風，因與東北信風有抵消作用，風速較小；在左後方的風速最小，西南風恰與西太平洋的東北信風相反，抵消最多。一般而言，颱風前半部風力大於後半部。在颱風近中心的瞬間最大風速可達平均最大風速的兩倍之多。

颱風或颶風結構

風眼 / 9 / 11 / 10 / 7 風眼 / 眼牆 8 / 下沉空氣

由內向外分為：

1. 風眼（eye）：是氣壓最低的地方，從衛星雲圖上看像一個眼睛。風眼直徑平均約 45 公里左右。颱風眼範圍內，風雨會暫時停止，但風眼周圍卻是風雨最大的地方，因此，當風眼通過後，狂風暴雨將又再度來臨。
2. 雲牆（eye wall）或渦旋風雨區：雲牆是由一堆高聳積雨雲密集環繞在颱風中心的雲帶，雲頂高度可高出海平面 15 公里以上。此區域內為強風豪雨，是風速吹襲最猛烈區域。
3. 螺旋雲雨帶（spiral rain band）：由一排排的層積雲或積雲由外旋進颱風中心，風速雖不如雲牆區猛烈，風力仍然很大。颱風範圍外 因颱風系統的下降迴流而呈現大晴天的景象。

熱帶氣旋是根據其中心附近之最高持續風速加以分類的，各國或地區採用分類法比較如下：

國家或地區	香港/中國	日本	臺灣	西太平洋美軍聯合颱風警報中心	美國國家颶風中心
中心附近最高持續風力（公里/小時）	熱帶低氣壓（41~62）	熱帶低氣壓（41~62）	熱帶低氣壓（41~62）	熱帶低氣壓（41~62）	熱帶低氣壓（41~62）
	熱帶風暴（63~87）	熱帶風暴（63~87）	輕度颱風（63~117）	熱帶風暴（63~117）	熱帶暴風（63~117）
	強烈熱帶風暴（88~117）	強烈熱帶風暴（88~117）			
	颱風（118~149）	颱風（118或以上）	中度颱風（118~184）	颱風（118~240）	一級颶風（118~153）
	強颱風（150~184）				二級颶風（154~177）
	超強颱風（185或以上）		強烈颱風（185或以上）		三級颶風（178~208）
					四級颶風（209~251）
				超級颱風（241或以上）	五級颶風（252或以上）

4-15 熱帶風暴的移動

　　熱帶風暴的進行方向主要受周圍大氣環流的導引，導引氣流明顯時，熱帶風暴的行徑較規則，否則熱帶風暴的路徑較富變化。在西北太平洋生成的颱風，主要受太平洋副熱帶高氣壓環流所控制，因此多以偏西路徑移動，但到達臺灣或菲律賓附近時，已達太平洋副熱帶高氣壓邊緣，因此路徑變化多端。這是因為當時氣壓分布情形特殊，高、低氣壓變化急劇，影響颱風的行進。

　　大多數熱帶風暴形成初期，行進速度較慢，約每小時 10 ～ 15 公里，之後逐漸加速到每小時 15 ～ 25 公里；在轉向之前或強度增強時，速度會減慢，甚至停滯不動，轉向以後速度再度加快。各地氣壓的分布，也會影響熱帶風暴的行進。

　　颱風路徑可以歸納 3 點如下：

　　1. 直線形軌跡移動型（straight track/straight runner），通常向西移動之颱風會影響到菲律賓、南中國、臺灣與越南等。

　　2. 拋物線形軌跡（parabolic/recurving track），此種移動軌跡之颱風會影響菲律賓東岸、中國東方、臺灣、韓國、日本以及俄國遠東區。

　　3. 朝北移動（northward track），從颱風發源地朝北移動時只會影響到小島。

侵臺颱風路徑分類

　　為研究侵臺颱風受地形的影響，一般將侵臺颱風路徑分成 10 大類：

　　第 1 類：通過臺灣北部海面向西或西北進行者。

　　第 2 類：通過臺灣北部向西或西北進行者。

　　第 3 類：通過臺灣中部向西或西北進行者。

　　第 4 類：通過臺灣南部向西或西北進行者。

　　第 5 類：通過臺灣南方海面向西或西北進行者。

　　第 6 類：沿東岸或東部海面北上者。

　　第 7 類：沿西岸或臺灣海峽北上者。

　　第 8 類：通過臺灣南方海面向東或東北進行者。

　　第 9 類：通過臺灣南部向東或東北進行者。

　　第 10 類：其他無法分類者。

　　其中第 1 ～ 5 類均屬西行颱風類，惟依通過緯度不同分類；第 6 及第 7 類為未登陸臺灣陸地之北行颱風類；第 8 及第 9 類為北行颱風類。

全球熱帶風暴的路徑與強度

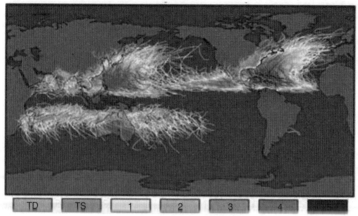

TD　TS　1　2　3　4

薩菲爾辛普森颶風強度等級

至 2006 年共 150 年間全球所有熱帶風暴的移動路徑圖（大西洋熱帶風暴資料為 1851 ～ 2012）。（available from the National Hurricane Center and the Joint Typhoon Warning Center through September 2006.）

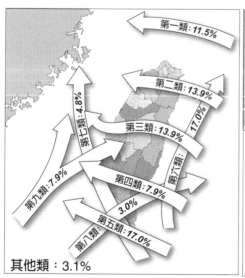

第一類：11.5%
第二類：13.9%
第三類：13.9%
第七類：4.8%
第九類：7.9%
第四類：7.9%
第六類：17.0%
3.0%
第五類：17.0%
第八類：
其他類：3.1%

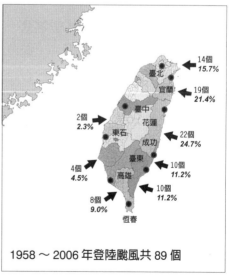

14個 15.7%　臺北
19個 21.4%　宜蘭
臺中　花蓮
2個 2.3%　東石
22個 24.7%　成功
臺東
4個 4.5%　高雄
10個 11.2%
8個 9.0%　恆春
10個 11.2%

1958 ～ 2006 年登陸颱風共 89 個

1958 ～ 2006 年侵臺颱風路徑（左）與颱風中心登陸地點統計（右）1958 ～ 2006 年共 165 個颱風侵臺，其路徑大致可分為 10 大類，其中颱風中心曾登陸臺灣者有 89 個，其餘颱風雖中心未登陸，但對臺灣陸地仍造成明顯災情，而颱風登陸頻率最高區域為宜蘭地區與花蓮地區。

4-16 熱帶風暴命名

颱風命名

　　國際對颱風名稱早期並無統一，為了颱風資訊的發布與傳遞，1947 年開始美國聯合颱風警報中心才為颱風命名，北半球以女性命名，南半球則使用男性名；至 1979 年則改為男女性名稱兼用，交互輪替命名。

　　接著世界氣象組織於 1998 年在菲律賓馬尼拉召開第 31 屆颱風委員會決議，自 2000 年 1 月 1 日起，在國際航空及航海上使用之西北太平洋及南海地區颱風統一識別方式，除編號維持原方式外（如 2000 年第 1 個颱風編號為 0001），颱風名稱重新編列 140 個，共分 5 組每組 28 個。這些名字是由西北太平洋及南海周邊地區的 14 個颱風委員會成員國所提供（每一個成員提供 10 個）。1971 年臺灣退出聯合國後，未能加入世界氣象組織，且非颱風委員會成員國，因此並沒有參與颱風命名。

　　由於新的颱風命名來自不同國家與地區，除了慣用的人名，還包括動物、植物、星象、地名、神話人物及珠寶等名詞，造成複雜且不規律。因此，自 2000 年起，我國中央氣象局報導颱風消息時，乃改以颱風編號為主，國際命名為輔。

颶風命名

　　在中太平洋東側產生的熱帶風暴是由美國國家颶風中心及中太平洋颶風中心命名。大西洋颶風名稱，由美國國家颶風中心沿用 1953 年編列的颶風名單，該名單目前由世界氣象組織颶風委員會成員國以嚴謹程序維持與更新。

北太平洋東部各年颶風命名表

2022	2023	2024	2025	2026	2027
Agatha	Adrian	Aletta	Alvin	Amanda	Andres
Blas	Beatriz	Bud	Barbara	Boris	Blanca
Celia	Calvin	Carlotta	Cosme	Cristina	Carlos
Darby	Dora	Daniel	Dalila	Douglas	Dolores
Estelle	Eugene	Emilia	Erick	Elida	Enrique
Frank	Fernanda	Fabio	Flossie	Fausto	Felicia
Georgette	Greg	Gilma	Gil	Genevieve	Guillermo
Howard	Hilary	Hector	Henriette	Hernan	Hilda
Ivette	Irwin	Ileana	Ivo	Iselle	Ignacio
Javier	Jova	John	Juliette	Julio	Jimena
Kay	Kenneth	Kristy	Kiko	Karina	Kevin
Lester	Lidia	Lane	Lorena	Lowell	Linda
Madeline	Max	Miriam	Mario	Marie	Marty
Newton	Norma	Norman	Narda	Norbert	Nora
Orlene	Otis	Olivia	Octave	Odalys	Olaf
Paine	Pilar	Paul	Priscilla	Polo	Pamela
Roslyn	Ramon	Rosa	Raymond	Rachel	Rick
Seymour	Selma	Sergio	Sonia	Simon	Sandra
Tina	Todd	Tara	Tico	Trudy	Terry
Virgil	Veronica	Vicente	Velma	Vance	Vivian
Winifred	Wiley	Willa	Wallis	Winnie	Waldo
Xavier	Xina	Xavier	Xina	Xavier	Xina
Yolanda	York	Yolanda	York	Yolanda	York
Zeke	Zelda	Zeke	Zelda	Zeke	Zelda

　　表列名單每六年將重新再使用（即 2022 年颶風名單，2028 年將再重複使用）

現行颱風國際命名、中文譯名及原文涵義對照表

來源	第一組	第二組	第三組	第四組	第五組
柬埔寨	Damrey 丹瑞 象	Kong-rey 康芮 女子名	Nakri 娜克莉 花名	Krovanh 科羅旺 樹名	Sarika 莎莉佳 鳥名
中國大陸	Haikui 海葵 海葵	Yutu 玉兔 兔子（玉兔）	Fengshen 風神 風神	Dujuan 杜鵑 花名（杜鵑）	Haima 海馬 海馬
北韓	Kirogi 鴻雁 候鳥	Toraji 桔梗 花名	Kalmaegi 海鷗 海鷗	Mujigae 彩虹 彩虹	Meari 米雷 回音
香港	Kai-tak 啓德 機場名	Man-yi 萬宜 水庫名	Fung-wong 鳳凰 鳥名	Choi-wan 彩雲 建築物名	Ma-on 馬鞍 山名
日本	Tembin 天秤 天秤座	Usagi 天兔 天兔座	Kammuri 北冕 北冕座	Koppu 巨爵 巨爵座	Tokage 蝎虎 蝎虎座
寮國	Bolaven 布拉萬 高原	Pabuk 帕布 淡水魚	Phanfone 巴逢 動物	Champi 薔琵 花名	Nock-ten 納坦 鳥
澳門	Sanba 三巴 地方名	Wutip 蝴蝶 蝴蝶	Vongfong 黃蜂 黃蜂	In-Fa 花 煙火	Muifa 梅花 花名
馬來西亞	Jelawat 鯉魚 鯉魚	Sepat 聖帕 淡水魚	Nuri 鸚鵡 鸚鵡	Melor 茉莉 茉莉	Merbok 莫柏 鳩類
米克羅尼西亞	Ewiniar 艾維尼 暴風雨神	Fitow 菲特 花名	Sinlaku 辛樂克 女神名	Nepartak 尼伯特 戰士名	Nanmadol 南瑪都 著名廢墟
菲律賓	Maliksi 馬力斯 快速	Danas 丹娜絲 經驗	Hagupit 哈格比 鞭撻	Lupit 盧碧 殘暴	Talas 塔拉斯 銳利
南韓	Gaemi 凱米 螞蟻	Nari 百合 百合	Changmi 薔蜜 薔薇	Mirinae 銀河 銀河	Noru 諾盧 鹿
泰國	Prapiroon 巴比侖 雨神	Wipha 薇帕 女子名	Mekkhala 米克拉 雷神	Nida 妮妲 女子名	Kulap 庫拉 玫瑰
美國	Maria 瑪莉亞 女子名	Francisco 范斯高 男子名	Higos 無花果 無花果	Omais 奧麥斯 漫遊	Roke 洛克 男子名
越南	Son Tinh 山神 山神	Lekima 利奇馬 樹名	Bavi 巴威 山脈名	Conson 康森 風景區名	Sonca 桑卡 鳥名
柬埔寨	Bopha 寶發 花名	Krosa 柯羅莎 鶴	Maysak 梅莎 樹名	Chanthu 燦樹 花名	Nesat 尼莎 漁民
中國大陸	Wukong 悟空 美猴王	Haiyan 海燕 海燕	Haishen 海神 海神	Dianmu 電母 女神名	Haitang 海棠 海棠
北韓	Sonamu 松樹 松樹	Podul 楊柳 柳樹	Noul 紅霞 紅霞	Mindulle 蒲公英 蒲公英	Nalgae 奈格 翅膀
香港	Shanshan 珊珊 女子名	Lingling 玲玲 女子名	Dolphin 白海豚 白海豚	Lionrock 獅子山 獅子山	Banyan 榕樹 榕樹
日本	Yagi 摩羯 摩羯座	Kajiki 劍魚 劍魚座	Kujira 鯨魚 鯨魚座	Kompasu 圓規 圓規座	Washi 天鴿 天鷹座
寮國	Leepi 麗琵 瀑布名	Faxai 法西 女子名	Chan-hom 昌鴻 樹名	Namtheun 南修 河流	Pakhar 帕卡 淡水魚名
澳門	Bebinca 貝碧佳 牛奶布丁	Peipah 琵琶 寵物魚	Linfa 蓮花 花名	Malou 瑪瑙 珠寶	Sanvu 珊瑚 珠寶
馬來西亞	Rumbia 棕櫚 棕櫚樹	Tapah 塔巴 鯰魚	Nangka 南卡 波羅蜜	Meranti 莫蘭蒂 樹名	Mawar 瑪娃 玫瑰
米克羅尼西亞	Soulik 蘇力 酋長頭銜	Mitag 米塔 女子名	Soudelor 蘇迪勒 著名酋長	Rai 雷伊 石頭貨幣	Guchol 谷超 香料名
菲律賓	Cimaron 西馬隆 野牛	Hagibis 哈吉貝 迅速	Molave 莫拉菲 硬木	Malakas 馬勒卡 強壯有力	Talim 泰利 刀刃
南韓	Chebi 燕子 燕子	Noguri 浣熊 浣熊	Koni 天鵝 天鵝	Megi 梅姬 鯰魚	Doksuri 杜蘇芮 猛禽
泰國	Mangkhut 山竹 山竹果	Rammasun 雷馬遜 雷神	Atsani 閃電 閃電	Chaba 芙蓉 芙蓉花	Khanun 卡努 波羅蜜
美國	Utor 尤特 颶線	Matmo 麥德姆 大雨	Etau 艾陶 風暴雲	Aere 艾利 風暴	Vicente 韋森特 男子名
越南	Trami 潭美 薔薇	Halong 哈隆 風景區名	Vamco 梵高 河流名	Songda 桑達 紅河支流	Saola 蘇拉 動物名

4-17 溫帶低壓與鋒面降水

低壓的誕生

氣壓較周邊為低的地區,稱為「低壓區(low pressure area)」或「低氣壓(depression)」。而從低壓區延伸出來的狹長區域,就是「低壓槽(trough of low pressure)」。快速增強的低氣壓大都誕生於海上,當熱帶氣團的暖濕空氣和極地氣團的乾冷空氣,在海洋上空碰撞時,暖空氣向北推進,而冷空氣則向南移動,造成冷、暖兩股空氣開始旋轉、流動後,形成低氣壓。

當溫暖的熱帶空氣朝北推進向寒冷的極地空氣時,會爬升到冷空氣上方形成暖鋒;而冷空氣朝南移向暖空氣時,則會抬升暖空氣形成冷鋒。接著冷、暖鋒隨著低氣壓的旋轉氣流向東移動,冷鋒也逐漸接近暖鋒,而且氣壓愈低,冷鋒就愈接近暖鋒。一旦冷鋒追上暖鋒,即形成所謂的「囚錮鋒」。

鋒面(front)

當兩個性質不同的氣團相遇時,兩氣團中間分界處會有一不連續帶出現,這不連續帶兩側的氣溫、風向、濕度等氣象因子差異很大。這交界帶可以說是氣團的前鋒,所以命名為鋒。從地面觀測鋒面,呈一帶狀分布,但是從三度空間來看,鋒事實上是一個面,所以稱之為鋒面。我們在地面天氣圖上看到的線狀或帶狀鋒面,實際上是鋒面和地面的交界處,形成一個狹長的具有特殊天氣情況的地帶。

鋒面分為 4 種:

1. 冷鋒。
2. 暖鋒。
3. 靜止鋒(或滯留鋒)。
4. 囚錮鋒。

臺灣地區除夏天外鋒面的活動很頻繁,其中以冷鋒頻率最多,而滯留鋒次之。

鋒面是否顯著,要看氣團移動的速率而定,如氣團移速很快,則氣團變性少,鋒面兩側的氣象因子差異比較大。如兩側的氣團移動速度遲緩,鋒面的存在就不太明顯。一般鋒面的高度至少達 1 公里,長度至少 300 公里,才具有天氣學上的意義,否則只能算是局部的天氣現象。像沿海地區,因為海、陸性質不同,所以上方的空氣性質也有明顯不同,但因為這個交界帶的高度只有幾百公尺,所以不能稱為鋒面。至於鋒面的寬度可自 6 ~ 80 公里,這是因為擾動作用,會使鋒面兩側空氣逐漸混合,所以不管鋒面如何顯著,寬度也不可能太少。但如果大於 80 公里,表示氣象因子的遞變非常緩慢,不能稱為鋒面,這種情形通常出現在鋒面即將消失時。

鋒面形成各階段與消散

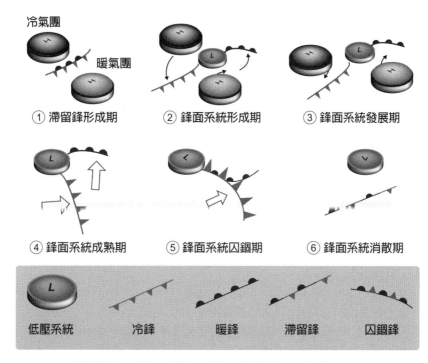

① 滯留鋒形成期　　② 鋒面系統形成期　　③ 鋒面系統發展期

④ 鋒面系統成熟期　　⑤ 鋒面系統囚錮期　　⑥ 鋒面系統消散期

低壓系統　　冷鋒　　暖鋒　　滯留鋒　　囚錮鋒

鋒面分為 4 種：冷鋒、暖鋒、滯留鋒及囚錮鋒

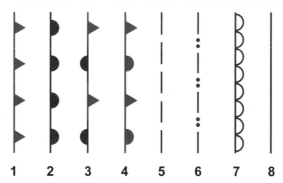

1　2　3　4　5　6　7　8

天氣圖上常見的鋒面記號：1. 冷鋒、2. 暖鋒、3. 滯留鋒、4. 囚錮鋒、5. 表面接觸帶、6. 颮線 / 鋒切線、7. 乾線、8. 熱帶波

4-18 冷鋒及暖鋒

冷鋒（cold front）

由冷氣團主動向著暖氣團方向推進，並取代暖氣團原有位置所形成的鋒面即稱爲「冷鋒」。由於冷氣團的空氣密度大，暖氣團的空氣密度小，所以冷、暖氣團相遇時，冷氣團就會伸入暖氣團的下方，而暖氣團則被迫夸升。暖氣團在上升過程中，大氣逐漸冷卻，如果暖氣團中含有大量的水分，就會形成降水天氣；如果水氣含量較少，便形成多雲天氣。

冷鋒特徵：

1. 冷鋒過境前，由於暖空氣的積聚，常出現氣溫較高的情況。
2. 冷鋒過境時，將會出現下述情況：
   (1) 氣壓在鋒前急劇下降，鋒後上升。
   (2) 氣溫下降。
   (3) 風向順時針轉變。
   (4) 出現降水甚至雷暴。

暖鋒（warm front）

由暖氣團主動朝向冷氣團推進，並取代冷氣團原有位置所形成的鋒面，稱之爲「暖鋒」。由於暖氣團的密度較小，所以暖氣團就會爬升到冷氣團的上方，導致大氣凝結成雲或降水。因爲暖鋒移動速度較冷鋒慢，因此暖鋒可能帶來連續幾天的降水或持續有霧。當暖鋒來臨時，首先見到的是一縷縷羽毛狀的卷雲，接著是高層雲，最後是雨層雲並帶來降水。

暖鋒特徵：

1. 溫度上升。
2. 濕度上升。
3. 出現持續性降水。
4. 氣壓在鋒前急劇下降，鋒後緩慢下降；或者鋒前緩慢下降，鋒後氣壓上升。

溫帶低氣壓來臨前的第一個先兆，通常是出現暖鋒。暖鋒前緣的高空常出現卷雲，因此也可以視爲低氣壓接近的先兆。卷雲出現後不久，天空會出現一大片乳白色的卷層雲。幾個小時內，氣壓開始下降，風速也開始增強。當暖鋒尾部接近時，首先會出現濃密的高層雲，接著灰黑色的雨層雲也會出現。這時天色變暗，天空開始下雨或下雪，持續幾個小時後，天空會暫時放晴，不久冷鋒到達。

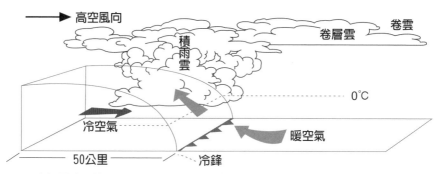

冷氣團向暖氣團前進，逼使暖氣團爬升到冷氣團上方，形成冷鋒。

冷鋒模型

高空強風把冰晶組成的雲層頂端吹成尖銳的楔形（楔形即是上闊下銳的圖形）

強烈上升流把濕氣帶到很高的地方，使濕氣結成了冰

快速上升的暖氣流

空氣變冷使得鋒面後方的氣壓上升

巨大的積雨雲

前進中的冷鋒

鋒面過後，較大的積雲還是會引發陣雨

鋒面的風大都十分強烈

寒冷的極地空氣猛然向下切入溫暖的熱帶空氣中

冷鋒帶上的地區都下著大雨

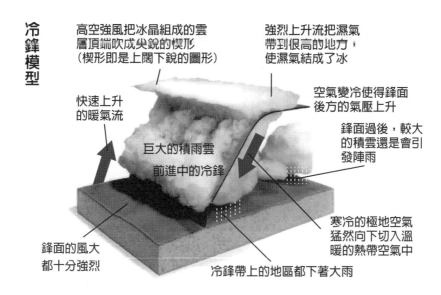

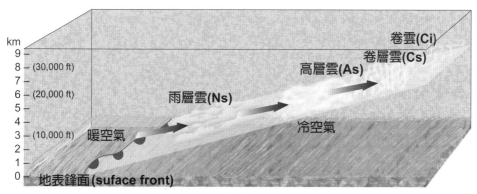

暖氣團向冷氣團前進，跨越冷氣團並滑行向上，形成暖鋒。

4-19 囚錮鋒

由於冷氣團移動較快，暖氣團移動較慢，於是在一個溫帶氣旋中，冷鋒將追趕上暖鋒，最後冷鋒與暖鋒相疊，地面全部被冷空氣占據，暖空氣舉升至高空中，便形成囚錮鋒（occluded front）。因此囚錮鋒的出現，意味著溫帶氣旋達到其最大強度，但同時也意味著溫帶氣旋將逐漸減弱。囚錮鋒能帶來多種不同的天氣，但一般而言與降水有關，主要的天氣特點是冷鋒與暖鋒兩鋒面系統天氣特點的總和。

囚錮鋒因發生於鋒面系統生命的末期，此時冷鋒追及暖鋒，造成暖空氣被抬離地面，臺灣地區因緯度較低，幾乎沒有暖鋒或囚錮鋒的過境機會。

靜止鋒／滯留鋒（stationary front）

有時候冷暖氣團實力相當，沒有任何一方有足夠力量推動另一方移動，勢力相當的兩種不同氣團便會互相僵持在一起，這時形成的鋒便稱為「靜止鋒」，亦稱「滯留鋒」。在靜止鋒附近，暖空氣中的水氣凝結成雨、雪、霧或雲。靜止鋒常帶來較長時間的不穩定天氣，有時也會造成大區域的大雨。

東亞季風區春末夏初的梅雨，便是由靜止鋒所帶來，中國大陸的滯留鋒活動頻繁，常引起持久性的降水和暴雨洪災，是中國天氣的主要特色之一，影響最大的是華南（南嶺）滯留鋒和江淮滯留鋒。臺灣地區也常因滯留鋒帶來豐沛雨水，春季的梅雨，便是滯留鋒所造成。靜止鋒有時會轉變為暖鋒或冷鋒，抑或自行減弱後消失。

梅雨（plum rain）

梅雨又稱「黃梅天」，原指中國長江中下游地區、臺灣、日本中南部和韓國南部等地，每年 6 月中旬至 7 月上旬之間持續天陰有雨的氣候現象。由於梅雨發生時是中國江南梅子成熟期，故中國人慣稱這種氣候現象為「梅雨」，此期間也被稱為「梅雨季節」。此時空氣濕度較大且氣溫高，衣物等容易發霉，所以也有人把梅雨稱為同音的「霉雨」。梅雨季後，華中、華南及臺灣等地的天氣轉由太平洋副熱帶高壓主導，正式進入炎熱的夏季。

梅雨主要出現於副熱帶季風氣候區的中國長江中下游地區和臺灣、朝鮮半島的南端及日本的中南部，但世界上同緯度的其他地區並沒有梅雨。梅雨開始日稱為「入梅或立梅」，結束那天稱為「出梅或斷梅」。入梅時間，大致上緯度愈高則時間愈晚。臺灣大約在 5 月中旬入梅，6 月中旬出梅。日本大約在 5 月下旬入梅，7 月下旬出梅。中國長江中下游地區，平均每年 6 月中旬入梅，7 月上旬出梅。每年梅雨的範圍、持續時間以及雨量都有很大的不同，在某些應該出現梅雨的地方，某些年份如果沒有梅雨現象稱為「空梅」。梅雨季過後，通常天氣放晴進入炎炎盛夏，如此時再度轉成陰雨綿綿，且持續較久，彷彿又回到梅雨季，則稱為「重梅」，俗諺云：「小暑一聲雷，倒轉做重梅」。

囚錮鋒

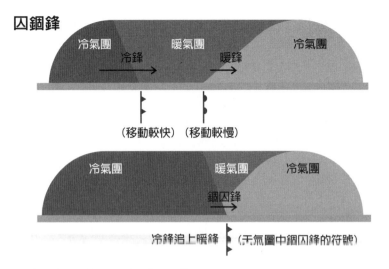

臺灣梅雨季的滯留鋒面圖

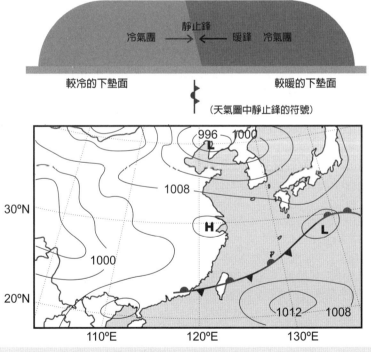

每年五、六月為臺灣之梅雨季,大陸冷氣團與太平洋暖氣團,常在華南至臺灣、琉球一帶相持不下,形成滯留鋒,為臺灣地區帶來豐沛雨水。H代表高壓中心,L代表低壓中心。三角形為冷鋒,半圓形為暖鋒,半圓形與三角形交錯的是不容易移動的滯留鋒。冷鋒與暖鋒若繼續移動,可能會斷掉,但整體仍視為一整條「梅雨鋒面」。

4-20 龍捲風

龍捲風（tornado）是指發生在積雨雲下方或自積雨雲向下伸展至地面或海面之強烈旋轉氣柱，肉眼常可見「漏斗雲（tunnel cloud）」或「管狀雲（tuba）」。龍捲風發生在陸地上者，亦稱為「陸龍捲（landspout）」，若發生在水（海）上則稱為「水龍捲（waterspout）」。不論陸或水龍捲，其生成條件均極相似，基本上必須有極不穩定空氣擾動，或高溫高濕空氣與冷空氣的劇烈輻合作用，因此龍捲風常見於中緯度溫帶氣旋（extra-tropical cyclone）及強烈對流雷雨附近。產生龍捲風的母體是巨型積雨雲，此種雲寬達數十公里，可上升到 16 公里高空。

發生龍捲風的積雨雲，可由鋒面、各種輻合型大氣（如低壓、颱風等）、局部地面加熱等造成，所以龍捲風多與低壓、颱風、鋒面作用有關。龍捲風中心的反射強度較弱，很像平靜晴朗的颱風眼，周圍則具有強烈反射波的甜甜圈型環狀，這是被中心強風吹散的砂土和破片，相當於颱風眼四周的巨型積雨雲群。環狀外的旋臂是由被巨型積雨雲輻合的周圍氣流颳起砂土和破片形成，類似颱風降雨帶。

大多數龍捲風直徑約 75 公尺，風速達 64 ～ 177 公里 / 時，可橫掃數公里。有些龍捲風風速甚至超過 480 公里 / 時，直徑達 1.6 公里以上，移動路經超過 100 公里，龍捲風可說是大氣現象中破壞力最大者。除南極洲外，龍捲風在加拿大南部、亞洲中南部和東部、南美洲中東部、非洲南部、歐洲西北部和東南部、澳洲西部和東南部以及紐西蘭等地皆常出現，但美國遭受的龍捲風比任何國家或地區都多。

2013 年 5 月 20 日下午，美國奧克拉荷馬南部遭遇一場巨型龍捲風襲擊，造成至少 51 人死亡及 145 人受傷，風災損失可能超過 30 億美元，美國國家氣象局也將該龍捲風級數修正為最高級 EF5，風速大於 322 公里 / 時，龍捲風威力或為廣島原子彈之 600 倍。臺灣雖然龍捲風不多見，但嘉南地區因為平原地形，平均兩年會出現一次龍捲風；2014 年 7 月 19 日第 10 號颱風麥德姆（Typhoon Matmo）影響臺灣前，屏東縣里港受高達 50 公尺的龍捲風襲擊，農漁產損失估計約達 610 萬元。

水龍捲俗稱龍吸水、龍吊水、龍擺尾或倒掛龍等，為一種龍捲風將水吸上高空，形成水柱的現象。受龍捲風中心氣壓極小的吸引，水流被吸入渦旋底部，並隨即變為繞軸心旋轉向上的渦流。飽含水氣快速旋轉的氣柱狀水龍捲，其危險程度並不亞於陸龍捲，風速可能大於 200 公里 / 時。2014 年 4 月 5 日斯里蘭卡（Sri Lanka）齊洛區（District Chilaw）西部小鎮曾發生「魚雨」奇觀，當地遭遇強烈風暴襲擊後，數百條魚兒從天而降，公路上、草地上、屋頂上到處都是魚，約有 50 斤重，實乃因水龍捲所造成的「下魚」奇觀。

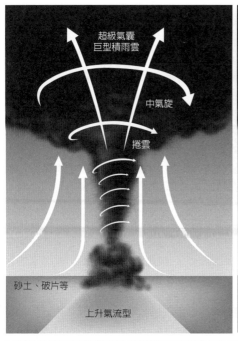 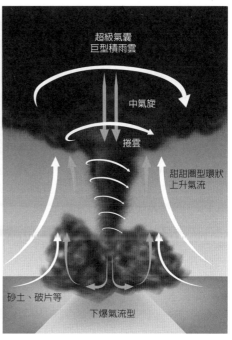

左圖：極盛期前龍捲風的上升氣流就像吸塵器般吸進地面上的各種物質，稱為「上升氣流型（吸進型）」。此時砂土、破片等集中於龍捲風下端，環繞龍捲風中心的空氣受離心力影響，中心氣壓因此下降。

右圖：極盛期過後上層積雨雲與中心之間的氣壓差加大，氣流改由上向下沖瀉，這是「下爆氣流型（噴出型）」龍捲風。下爆氣流到達地面後往周圍流竄，並與周圍流向中心的氣流相遇，約距龍捲風中心數百公尺處形成甜甜圈型環狀上升氣流區。雷達觀測得知下爆氣流型常以大於 70 公尺／秒速度向左旋轉。

龍捲風等級	風速（公里／小時）	受災程度
F0	65 ～ 116	輕
F1	117 ～ 180	中
F2	181 ～ 253	較大
F3	254 ～ 332	嚴重
F4	333 ～ 419	驚人
F5	420 ～ 515	無可估計

龍捲風的強度分級，為依據實驗模擬所提出，目前常使用的為「藤田強度分級」，將龍捲風依照風速大小分成 6 個等級，即分成 F0 ～ F5。

4-21 沙塵暴

沙塵暴（dust storm）指強風捲起大量地表沙塵，使能見度小於 1 公里的沙塵天氣，沙塵暴主要發生於沙漠化的地區，土質鬆軟、地面乾燥、地表沒有植被。一旦在大範圍空氣很不穩定及地面風速大條件下，很容易將地表沙塵吹起，進入空氣中而形成沙塵天氣。通常在冬末至春季間發生大範圍的沙塵暴後，遮蔽當地日照，若能見度小於 50 公尺甚至爲零，如此超強的沙塵暴又稱爲「黑風暴（black storm）」。

近年來由於中國西北地區沙漠化情形日益嚴重，造成沙塵暴發生頻率升高及規模加大。每年冬末及春季，中國北方地區經常會發生沙塵暴，揚起的沙塵多半隨高空西風帶向東傳送，進而影響日本、韓國等地，在特殊氣象條件下，沙塵也會影響到臺灣，近年對我國的影響明顯增強。

中國西北和外蒙戈壁沙漠位於中亞沙漠區中，排名世界四大沙漠區之第二位（依序爲北非、中亞、北美、澳洲），向來是亞洲沙塵暴的主要源地，該區在春季時鋒面系統特別活躍，提供當地強風有利的條件。根據調查，中國西北地區最近 40 年來的超強沙塵暴有 48 次之多，其中有 11 次造成人員傷亡，因此沙塵暴對中國地區人民生命財產及農業造成重大損失。

撒哈拉沙漠貫穿北非，面積達 900 萬平方公里，約占非洲面積的 1/3；強風在蘇丹稱爲「哈布風暴（Haboob storm）」，常出現在夏季，並攜帶大量的沙塵。哈布風暴不僅給蘇丹北部地區帶來嚴重的生態災難，還嚴重影響該地區的飛行安全。蘇丹北部每年都會遭受數次沙塵暴的襲擊，沙塵暴前鋒呈高牆狀沙塵壁，典型的沙塵暴高數百公尺，沙塵壁以每秒超過 10 公尺速度迅速移動。

最近幾年我國臺灣地區春季空氣品質幾次急遽惡化亦與大陸地區強烈沙塵暴南移至臺灣地區附近有關，相關研究逐漸受到我國環保及學術單位的重視。我國環保署自 1993 年 9 月完成空氣品質監測網，1995 年 3 月 12 日、13 日發生泥雨現象爲目前監測得最嚴重的個案。

臺灣空氣品質除受到本地固定汙染源（工廠、工業區）及移動汙染源（汽機車）影響外，每年從臺灣境外地區移入的汙染主要來自中國大陸地區汙染源，包括人爲及自然環境的影響，由臺灣每年空氣品質受到外來汙染及由冬季酸雨監測結果，均顯示臺灣空氣品質受到非本地汙染源影響程度。我國在 2000 年 3 月 24 日清晨起受到中國大陸沙塵暴影響，造成空氣品質不良情形，直到 4 月 1 日受滯留鋒面影響臺灣降雨後，空氣品質才獲得改善。此次中國大陸沙塵暴影響範圍及持續時間爲歷年所罕見。

沙塵暴的形成過程

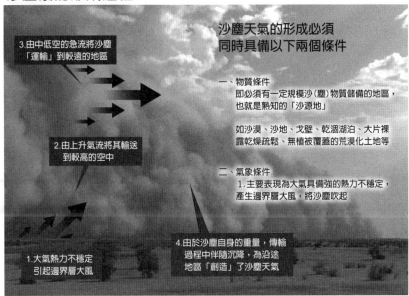

3.由中低空的急流將沙塵「運輸」到較遠的地區

2.由上升氣流將其輸送到較高的空中

1.大氣熱力不穩定引起邊界層大風

4.由於沙塵自身的重量，傳輸過程中伴隨沉降，為沿途地區「創造」了沙塵天氣

沙塵天氣的形成必須同時具備以下兩個條件

一、物質條件
即必須有一定規模沙（塵）物質儲備的地區，也就是熟知的「沙源地」

如沙漠、沙地、戈壁、乾涸湖泊、大片裸露乾燥疏鬆、無植被覆蓋的荒漠化土地等

二、氣象條件
1.主要表現為大氣具備強的熱力不穩定，產生邊界層大風，將沙塵吹起

蘇丹沙塵暴前鋒呈高牆狀沙塵壁，典型的沙塵暴高達數百公尺，沙塵壁以每秒超過 10 公尺速度迅速移動。

沙塵暴環繞地球一周路線

2007 年 5 月 8～9 日新疆塔克拉瑪干沙漠刮起大沙塵暴，沙塵被強風吹至 5,000 公尺高空遇一股暖對流，沙粒被輸送到 8,000～10,000 公尺高空，順風以每小時 100 公里的速度東移，5 月 15 日進入美國大陸，19 日到達英國，5 月 21 日回到與塔克拉瑪干沙漠同一經度的地區，完成環繞地球一周之旅。

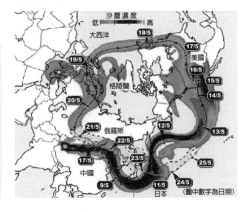

沙塵濃度　低　高
大西洋　18/5
美國　17/5
19/5　16/5
格陵蘭　15/5
20/5　14/5
21/5　俄羅斯　12/5　13/5
22/5
17/5　23/5　25/5
中國　9/5　11/5　24/5
日本
（圖中數字為日期）

第5章
海洋氣象

5-1 海洋與大氣的關係

　　地球氣候系統含有許多種不同組成，如大氣、海洋、陸地及生物圈等；不同組成之間會交互作用且相互影響，進而產生複雜的氣候現象。海洋是一座不可思議的「熱庫」，不管加熱或冷卻它都遠比陸地緩慢，這意味著洋流可以運載暖或冷水進行長程輸送。這些洋流會改變洋面的溫度，並影響氣候變化，尤其是沿岸天氣。如墨西哥灣流的暖水，會使英國的冬季氣溫高於同緯度未受該洋流影響的地區。

　　地球表面積約 70% 為海洋所覆蓋，而海水更占全球總水量的 97%，對於水文循環影響更深遠。對洋流及颱風的形成，可提供良好的熱能循環；暖洋流所帶來的暖濕空氣，也會增加降雨量，如源於祕魯附近洋流溫度變化，會影響澳洲的降雨量，也就是聞名的「聖嬰 - 南方振盪現象（El Niño-Southern Oscillation, ENSO）」。

　　大氣與海洋之交互作用（air-sea interaction）包括能量與氣體交換，以及陸上物質藉由大氣輸入海洋，海氣交換深深影響到海洋與大氣之組成及大氣之穩定。由於海洋不僅是地球上熱量的儲存與釋放場所，亦是溶解性氣體物質儲存及釋放場所，因此對於全球關注的二氧化碳濃度問題，必須了解海洋的二氧化碳系統以及其與大氣交換過程，才能評估二氧化碳對溫室效應及對海平面上升影響。其他交換作用，包括濕降（降水）與乾降（顆粒物質）以及蒸發，均能將陸上的物質帶入海洋內部循環，亦能將物質帶離海洋內部進入大氣。

　　由於海水的比熱相當高，海洋對全球氣候的維持及氣溫的變化有著調節與緩衝作用。當海水吸收熱量再蒸發到空中，水蒸汽上升匯聚後，遇到大氣溫度降低時就冷凝成水、雪或霜，再降落到陸地或海洋，形成微妙的水循環，所以海洋對全球的水氣平衡扮演極重要角色。

　　高緯度地區水的結冰以及冰的融化過程，對氣溫變化也可產生緩和效果；冰融化時會吸收外界熱量，因此春季融冰時氣溫不會急速上升。當氣溫下降致水結冰時，也會放出潛熱，因而減緩氣溫下降速度。這些過程所造成之潛熱變動正好和氣溫之變化相反，所以能使氣候變化比較和緩。海面一旦結冰後，便形成海、氣間良好的隔絕體，阻止了二者間熱量、水氣的有效交換。初生之海冰多呈片狀或餅狀，極區則有多年不化之老冰，其厚度大於 20 公分，甚至達到數公尺以上。高緯海面常出現之浮冰，則係陸地冰川斷裂入海所致，非海上原產。

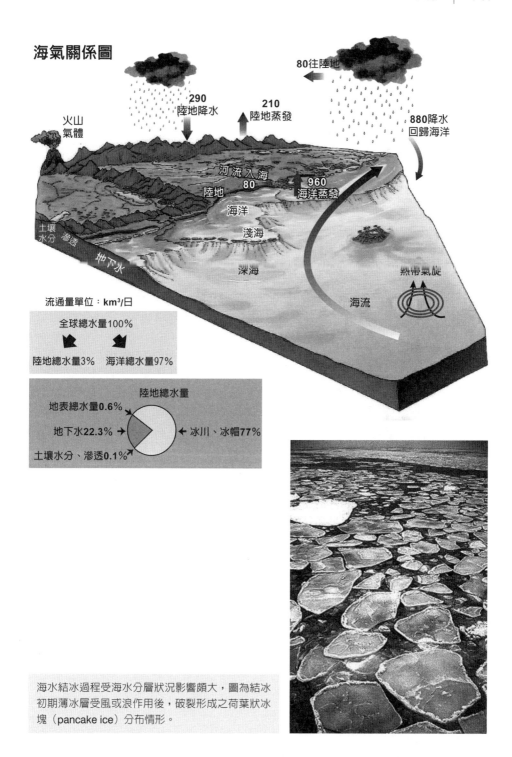

海氣關係圖

80往陸地

290
陸地降水

210
陸地蒸發

880降水
回歸海洋

火山
氣體

河流入海
80

陸地

海洋

淺海

960
海洋蒸發

深海

熱帶氣旋

海流

土壤
水分 滲透

地下水

流通量單位：km³/日

全球總水量100%

陸地總水量3%　海洋總水量97%

陸地總水量

地表總水量0.6%

地下水22.3%

← 冰川、冰帽77%

土壤水分、滲透0.1%

海水結冰過程受海水分層狀況影響頗大，圖為結冰
初期薄冰層受風或浪作用後，破裂形成之荷葉狀冰
塊（pancake ice）分布情形。

5-2 大氣與海洋交互作用

　　大氣與海洋之間息息相關互為因果，大氣因受太陽照射受熱不均勻，造成溫度及氣壓梯度，因而產生風，乃水平傳遞變化。而大氣與海洋間，藉著蒸發、輻射及傳導等作用，交替進行熱能交換。因海水比熱較陸地大，夏季時大氣溫度較海水高，海水可吸收大氣中多餘的熱量。冬季時恰巧相反，大氣吸收海水中熱量，兩者相互產生調節作用。因此研究海洋或大氣中任一參數時，皆必須考慮兩者相互作用程度，而不能僅考慮單一參數，此亦是近年研究海洋及大氣科學之趨勢。

　　溫室氣體中之二氧化碳，可藉由波浪的混合作用溶於海水，但其溶解度與海溫、鹽度有關，故有些海域會釋出二氧化碳，而有些海域則會吸收二氧化碳；海氣交互作用（air-sea interaction）中，能量會以水循環的蒸發、凝結及降水等方式來進行吸熱和釋熱；另外也可以靠較緩慢的「全球海洋深層大循環（The Global Ocean Conveyor）」也稱作溫鹽環流（thermohaline circulation,THC）來進行。溫鹽環流或稱「輸送洋流（ocean conveyor）」、「深海環流（deep ocean circulation）」等，為依靠海水密度不同而驅動的全球洋流循環系統。因海水的密度決定於溫度和含鹽密度（愈冷或鹽分愈高則海水密度愈高），所以稱為溫鹽環流。

海洋與大氣交互作用所產生的地球振盪（earth vibrations）

　　在自然界中，除地震所產生的能量會造成地球振盪之外，大氣、海洋與陸地間的交互作用，也是地球振盪（週期 30 ～ 200 秒）的來源之一；這些訊號也可以由地震儀記錄下來。傳統地震學只把地震所造成的訊號稱為有用的訊號，藉由計算並分析這些地震波在地球內部路徑以及速度，可以了解地球內部構造；反之，非地震所引起的訊號則稱之為「雜訊（noise）」，是無用的垃圾，然而近年來科學家發現雜訊的時空變化與地球氣候變遷息息相關，它們不再是無用的雜訊，科學家將非地震引起的訊號稱為「周遭噪訊（ambient noise）」。

　　周遭噪訊的產生主要源自於海洋、大氣與陸地間的交互作用。研究顯示波浪碎波拍擊水體而引發的長波振盪，即所謂的「亞重力波（infra-gravity waves）」，與海底地形相互作用，可能是地球震盪的主要來源，其能量藉由表面波的型式傳遞到陸地上。當波浪行進到淺水區時，受到海底地形淺化作用，以碎浪的形式拍打沿岸，會造成震盪週期 5 ～ 30 秒間的訊號。因此噪訊的時空變化與特性，不僅可以提供沿岸地形與海水運動的訊息，同時也是研究地球氣候變遷的素材。

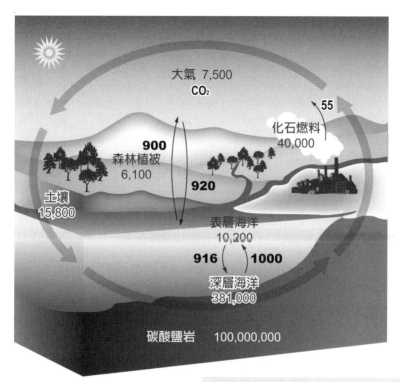

地球上的碳儲量與通量，粗黑色數字為儲量，單位為一億公噸碳。細黑字體數字為各儲存庫間的通量，通量是用來表示儲存庫間淨交換速率的方式，碳通量單位為每年一億公噸碳。

科學家發現，沿岸地區的周遭噪訊能量逐年上升，這可能反應全球暖化的結果。當全球平均溫度上升，大氣中即蓄積更多能量，並將這些能量傳給海洋，海洋再以波浪形式拍打陸地；另外，海洋中孕育更多的大型風暴，更直接地反應在地震記錄中噪訊能量增加。

5-3 熱塔效應

　　所謂的「熱塔（hot towers）」是種熱帶積雨雲，它的高度非常高，甚至可以超越
15 公里的對流層到達平流層。喬安妮辛普森（Joanne Simpson）研究各式各樣的雲，
了解雲在不同型態、不同顏色與不同尺寸背後的意義。在美國最重要的海洋科學研究
與探索機構，即伍茲霍爾海洋研究所（Woods Hole oceanographic institution, WHOI）
工作期間，辛普森並逐步發展出積雨雲的生成模式，以及雲對熱帶環流的影響。她在
1958 年與赫伯特瑞爾（Herbert Riehl）共同提出「熱塔」假說，爲描述全靜能（total
static energy）或濕靜能（moist static energy）在熱帶大氣層特殊分布情形，以全靜能
爲橫軸，高度爲縱軸，繪圖結果有如塔狀；熱塔雖然也是雲的一種型態，卻具有強大
的威力，因此不容忽視。

　　熱塔主要由於海面上的氣體環流，將水氣帶往高空，水氣在凝結成液態及凝固成
固態的過程中，釋放出大量的熱能，使得周圍氣溫升高，水氣不斷往上輸送，形成高
溫的雲塔，它的熱力作用，可以維持颱風眼牆的動力結構，有助於颱風強度的維持。
2008 年侵襲臺灣的辛樂克颱風，以及 2009 年造成八八風災重大傷亡的莫拉克颱風，
皆在颱風眼牆內偵測到熱塔現象。

　　2012 年 7 月 20 日晚 09W 號西太平洋熱帶低氣壓形成後，越過菲律賓呂宋海峽，
進入南海。7 月 21 日晚上 9 時迅速發展爲熱帶風暴「韋森特（Vicente）」，7 月 23
日香港天文臺於清晨 3 時 50 分將韋森特提升爲「強烈熱帶風暴」，11 時 45 分升格
爲強颱風，稍後 JTWC 將系統由一級颱風升爲四級颱風。美國太空總署研究發現，
在 7 月 22 日拍攝的圖片顯示韋森特當天出現「熱塔」現象，所以系統在出現熱塔後，
約 6 小時內即由一級颱風急劇增強爲四級颱風（強颱風）。

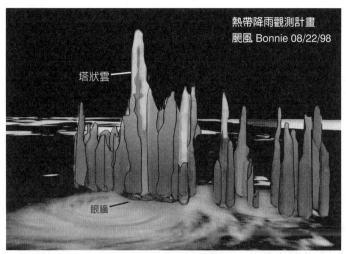

1998 年 Joanne Simpson 颱風熱塔圖示。高度經誇大顯示

韋森特颱風路徑

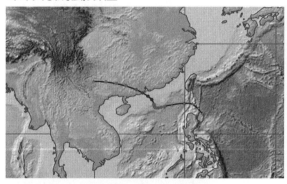

衛星雲圖

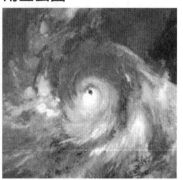

降雨率（毫米／小時）

>300
200-300
150-200
100-150
75-100
50-75
30-50
15-30
10-15
7-10
5-7
3-5
2-3
1-2
0.50-1
0.15-0.50

2012 年 7 月強烈颱風韋森特移動路徑、衛星、雷達圖。美國太空總署在 7 月 22 日拍攝的圖片顯示，韋森特當天出現熱塔現象，所以約 6 小時內即由一級颱風急劇增強為四級颱風（強颱風）。

5-4 海洋沿岸的風與流

湧升流（upwelling）與沉降流（downwelling）

　　湧升流又稱上升流，爲海水自表面以下某一深處或海底向上湧升的現象。湧升流常發生於盛行風的風向或主要海流的流向平行於海岸的海域，表層海水受到科氏力作用被帶離海岸，爲補償表面海水的流失，冷海底水向上湧升豐富營養鹽，提供藻類等浮游植物繁茂生長，透過海洋食物鏈提供大量魚類生長所需食物，因此湧升流區往往形成良好的漁場。據估計全球 50% 的魚獲量來自湧升流漁場，而湧升流區面積僅占海洋面積的 1%。

　　臺灣東南沿海及東北外海由於黑潮在東部海岸由南向北流，科氏力作用使海水向東搬離海岸，冷海底水升至海面，因此臺灣東南沿海及東北外海彭佳嶼均有顯著的湧升流現象。湧升流區表面水溫較低，對大氣有冷卻作用，導致空氣的相對濕度增加；另外，海表面水的溶解氧含量因水溫低而減少，形成顯著的不飽和。如果水溫與氣溫差異大時，如夏天湧升流區海面會有霧氣產生。相反的，沿岸地區在適當之沿岸風向時也會形成沉降流。

艾克曼抽吸或幫浦運動（Ekman suction or Ekman pumping）

　　湧升流使下面的海水由艾克曼層下面抽吸進艾克曼層，下沉流則由艾克曼層往下抽至內部區（interior region），兩種過程都稱爲「艾克曼幫浦運動」。

　　根據研究發現，印度洋東西氣候的差異，和季風有很大的關係。1997 年夏天東印度洋蘇門答臘島（Sumatra）附近，東南季風盛行，風場位置大約在赤道至 15°S 之間；而西印度洋非洲東部沿岸（east african coast），東北季風盛行，位置大約在赤道至 10°N 之間。基於艾克曼幫浦運動效應，東印度洋的東南季風，在蘇門答臘島西南沿岸產生湧升流，把底層較冷的海水帶到表面來；而西印度洋的東北季風，在東非沿岸則產生沉降流，將表層海水往海底輸送，造成東印度洋的海表面溫度持續降低，而西印度洋的海溫逐漸上升。印度洋海溫西高東低的差異，使得赤道區域接近海表面的風場逐漸轉爲東風。大約在 1997 年秋天，風從蘇門答臘島往東非沿岸吹，造成東非沿岸空氣中的對流旺盛，帶有濕氣的環流上升並成雲雨，因此東非沿岸的雨量豐沛。而環流在高空往東邊循環，到達東印度洋時即下沉，使得蘇門答臘島附近的氣候又乾又冷。

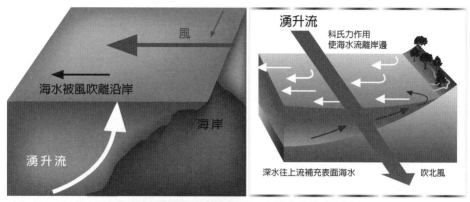

北半球沿岸地區受到風力作用所產生的湧升流

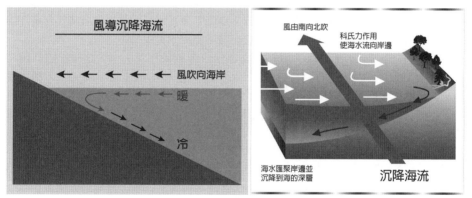

北半球沿岸地區受到風力作用所產生海水匯聚處，引起沉降海流。

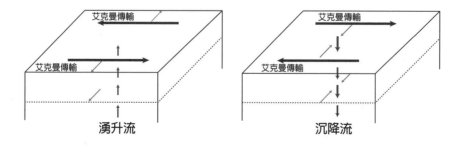

左圖：北邊吹東風，施予洋面的是向西的應力，艾克曼傳輸向北；南邊吹西風，艾克曼傳輸則向南，中間的水乃往兩側排開，下面的水往上湧升補充，稱為湧升流。

右圖：北方吹西風，南邊吹東風，中間就會有沉降流。

5-5 潮汐

　　地球上的海洋表面受到太陽和月球的潮汐力作用，引起的漲落現象稱爲潮汐（tide），亦爲長週期之波浪。潮汐的出現是因爲地球受到月球不均勻的萬有引力影響。根據萬有引力定律，兩個物體間的萬有引力與距離平方成反比，亦即距離愈近引力會愈大；距離愈遠，引力就愈小。海水上升的過程稱爲漲潮，下降的過程稱爲退潮。漲到最高水位稱爲滿潮（high water），降到最低水位時稱爲低潮（low water）；由低潮至滿潮的期間，稱爲漲潮（flood）；由滿潮至低潮的期間，則稱爲退潮（ebb）。自某一次滿潮至下一次滿潮，或由某一次低潮至下一次低潮的時間，稱爲潮汐週期（period of tide）；滿潮與低潮之海面高度差稱爲潮差（tidal range）。

　　中國古時對海面規律性上升與下降現象，稱發生在「朝」者爲潮，發生於「夕」者爲汐，同時也早已注意到潮汐現象與太陰有關。元代水利專家郭守敬（1231 ~ 1316）重修京杭大運河時，提出以海平面爲大地測量基準面的作法，由於海面隨潮汐起伏上下，必須經長期潮位觀測才能求出平均海平面高度，可見郭守敬時代對潮汐現象已有相當精細的量測；但中國文化並沒有發展出潮汐力學基礎。

　　近代潮汐學始於 17 世紀後半葉，牛頓於 1687 年歸納出萬有引力定律，隨即用來解釋潮汐現象。1775 ~ 1776 年法國數學家拉普拉斯（Pierre Simon Laplace）提出潮汐動力學理論，把潮汐視爲在外力引潮力作用下之強制振動，同時引入地球自轉偏向力。1842 年英國天文學家喬治比德爾艾里爵士（Sir George Biddell Airy），詳述潮汐和波動現象，將潮汐視爲在引潮力作用下的前進波，並且討論底部摩擦效應。

　　我國西岸沿海漲潮時流向中部，落潮時則反向。完成一次漲落潮的時間平均 12 小時又 25 分鐘，由於潮水漲落主要受到月球引力的影響，而月球繞地球一周平均 24 小時又 50 分鐘，剛好可以引起 2 次漲潮 2 次落潮，換言之，潮流流向每 6 個多小時改變一次，而近岸潮流的流向一般與海岸平行，這種特性造成沿海的汙染物質在岸邊往返而流，不易擴散，所以有河水或工業汙水排入的海域，往往造成近海魚類或養殖魚類的死亡。

潮別	大潮			中潮				小潮				長潮			
農曆	1	2	3	4	5	6	7	8	9	10	11	12	13	14	15
	16	17	18	19	20	21	22	23	24	25	26	27	28	29	30
滿潮	0924	1012	1100	1148	1236	0124	0212	0300	0348	0436	0524	0612	0700	0748	0836
乾潮	0324	0412	0500	0548	0636	0724	0812	0900	0948	1036	1124	1212	0100	0148	0236

月球對地球上不同部分產生的引力差異，造成潮汐

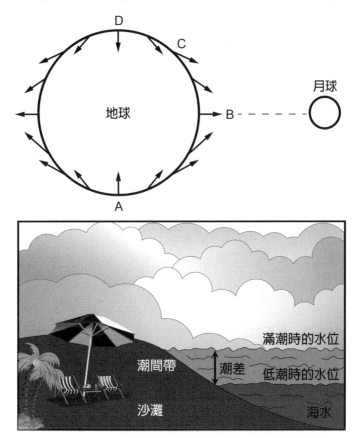

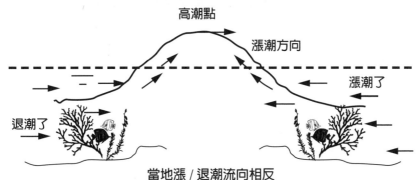

當地漲／退潮流向相反

地球在一天的自轉中，月球的位置沒有多大的改變，所以地球上某一地點將會經過兩個發生潮漲的海水區域，因此我們每天會看見兩次潮汐。

5-6 暴潮

由於氣象因素影響所造成的潮位稱爲「氣象潮（meteorological tide）」，又稱異常潮或暴潮（storm surge）；此種潮位與當時之天文潮位之高度差，稱爲潮位偏差，或稱暴潮位偏差（surge level）。暴潮是一種海水面上升的現象，和低壓天氣系統，如熱帶氣旋有關。暴潮的主要成因爲強風吹拂海面，強風會造成海水堆高，天氣系統的低壓中心則爲次要的因素。

低氣壓及颱風在滿潮時造成之潮位偏差稱爲「異常高潮（extra-ordinary high tide）」。當海上颱風，漸接近海岸時，會先發生前驅湧（forerunner），所以異常水位（減去天文潮位後之水位）有長週期之波動，當颱風接近時發生暴潮，而颱風通過後，水位先降至天文潮位以下，再經一段時間後，漲至天文潮位以上，經數次波動後，則氣壓影響完全消失，恢復僅天文潮部分，颱風通過後之波動，稱爲「餘湧（resurgence）」。

暴潮造成的海水高度，牽涉至少五項過程：

1. 氣壓效應：熱帶氣旋的低氣壓會造成海面升高，估計氣壓每降低 1hPa，海水面升高 10 公釐。

2. 風效應：艾克曼螺旋使表層洋流和風向垂直、風應力造成下風處海水面升高，上風處海水面下降。

3. 地球自轉影響（科氏力）：若海水流向海岸，潮水高度將增高；反之，潮水高度將減緩。

4. 波浪效應：強風造成平行海岸的波浪波碎時，水分子夾帶相當大的動能，甚至可能超越平均海水位高度，波高達到平常的 2 倍。

5. 降雨效應：多數發生在河口地區的熱帶氣旋，能夠在 24 小時內降下 300 公釐以上的雨量，這些雨水快速向低窪處匯流，並往河口積聚。

20 世紀最大的暴潮，發生在 1953 年 1 月的北海洪水，當時北海強烈低氣壓，從北大西洋往東北移動，經過北蘇格蘭外海後，移到蘇格蘭東北部的奧克尼群島（Orkney Islands）外海，然後轉向西北歐陸進逼引起洪水，加上北海滿潮，大量洪水爲英國東部帶來災難，包括林肯、洛克夏、薩福克及埃塞克斯等郡受害最重。此外荷蘭、比利時等西歐低地國家也蒙受其害，英國和荷蘭超過 2,000 人死亡。這場洪水受害之深，一直深烙在英國人心中，也促使英國 1972 年在泰晤士河興建防洪閘，於 1984 年完工，目的在避免倫敦再被泰晤士河洪水侵襲。

2010 年 9 月 19 日中度颱風凡那比襲臺，造成南臺灣高雄大淹水，除了颱風帶來的雨量過大，無法經由河流宣泄外，適逢滿潮，河道無法容納過多的水量，只好往陸地溢流，造成大範圍淹水與財物損失。我國基隆和高屏海岸，因爲其外海水深，海底地形又具喇叭口狀，暴潮發生時，海水高度甚至可達平日滿潮時的 2 倍。

暴潮概念圖

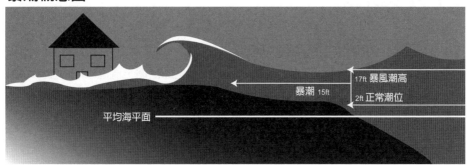

17ft 暴風潮高
暴潮 15ft
2ft 正常潮位
平均海平面

左圖：20 世紀最大的暴潮：1953 年 1～2 月，一個北海的強烈風暴引起的大潮，導致英國東部與北蘇格蘭淹大水，風暴從北大西洋往東北移動經過北蘇格蘭外海之後，移到蘇格蘭東北部的奧克尼群島（Orkney Islands）外海，然後轉向朝西北歐陸進逼，強烈的低壓引起洪水加上北海滿潮，大量的洪水為英國東部帶來不少災難，包括林肯、洛克夏、薩福克、埃塞克斯等都受害最重。1953 年 2 月強大風暴潮在荷蘭沿岸水位高出正常潮位 3 公尺多。洪水沖毀防護堤，淹沒土地 80 萬英畝，導致 2,000 餘人死亡。

右圖：英國 1984 年在泰晤士河伍利奇（Woolwich）興建防洪閘完工，避免倫敦再被泰晤士河洪水侵襲。當年興建攔水壩時，估計的是每 2 千年倫敦會出現一次嚴重洪災。但受氣候變遷影響，科學家們認為，倫敦應該是每 1 千年就會出現一次嚴重洪災，所以發生洪災的機會業已加倍。

5-7 洋流系統

　　水在地表平面方向的運動稱為水流，水流因其成因及形態不同而分為洋流（ocean current）、風流（wind current）和潮流（tidal current）。洋流主要是由貿易風（或稱信風）所造成的。這種水流不但分布廣，且形成一定的形態，稱為洋流系統（ocean current system）。通常泛稱海水覆蓋的地表為海洋，其實「海（sea）」與「洋（ocean）」是不同的；海緊鄰大陸，受大陸直接影響，無獨立的洋流系統；洋則是地球上大片的水域，具有獨立的洋流系統。

　　海洋之表層海水，沿著固定方向流動，維持一定的環流運動，稱為洋流。洋流發生的主要原因是長時間受恆定的風吹襲，與潮汐的關係很小，潮汐的作用主要表現在海水的高低起伏，而不是水平運動。幾乎所有大規模的洋流流動方向都是在該區域盛行風吹動下，再受科氏力的作用及海岸線的限制所造成。因此洋流是海洋中大股海水的定向流動，其溫度、鹽度和流向在各地大致一定。

　　洋流按成因可分為 4 類：

　　1. 因風的摩擦應力而產生「吹送流（drift current）」。

　　2. 因海水密度不均而生的「密度流（density current）」。

　　3. 因海面傾斜而生的「傾斜流（slope current）」。

　　4. 因流體的連續性而發生的「補償流（compensation current）」。

　　其中以盛行風吹拂造成的吹送流最為普遍，次為密度差異而形成的密度流。

　　洋流依本身與周圍海域之溫度差異可分為 3 類：

　　1. 暖流（warm current），由低緯度流向高緯度。

　　2. 寒流（cold current），由高緯度往低緯度流。

　　3. 涼流（cool current）由中緯度往赤道流。

　　暖流為洋流本身比周圍海域高溫，寒流者則比周圍海域低溫者。至於涼流則是從溫帶流向熱帶的一種寒流，如祕魯涼流是補償流。北太平洋最強的洋流是日本西岸的黑潮，北大西洋則是美國東岸的墨西哥灣流。洋流會影響區域氣候，並且常帶來大量的浮游生物，形成漁場，也可利用洋流的流向加快航運的速度。

世界表層洋流分布圖

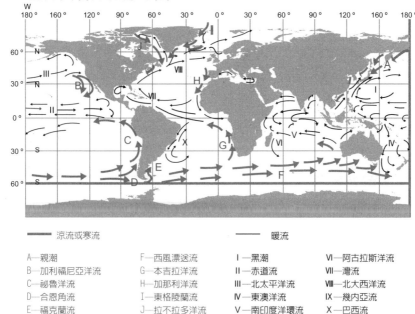

A—親潮	F—西風漂送流	I—黑潮	VI—阿古拉斯洋流
B—加利福尼亞洋流	G—本吉拉洋流	II—赤道流	VII—灣流
C—祕魯洋流	H—加那利洋流	III—北太平洋流	VIII—北大西洋流
D—合恩角流	I—東格陵蘭流	IV—東澳洋流	IX—幾內亞流
E—福克蘭流	J—拉不拉多洋流	V—南印度洋環流	X—巴西流

洋流表面環流受風向影響甚鉅，因主要環流皆是風吹流。

全球寒流（含涼流）及暖流分布圖

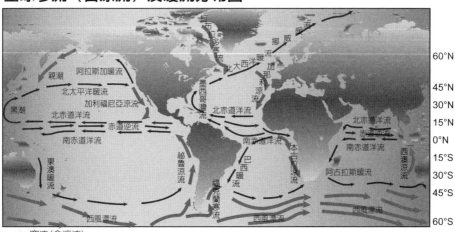

洋流主要受風帶及密度等影響，為有規則之流動，但仍受海岸型態及海底地形之影響，而形成無數流向、流速以及流量等不同之海流。

5-8 溫鹽環流

　　溫鹽環流（thermohaline circulation, THC）又稱深海洋流、輸送洋流及深海環流，是全球性的循環，因洋流範圍達海洋深處，也被稱為「海洋輸送帶（great ocean conveyor）」，是由海水密度差所造成，而密度差主要受溫度和鹽度之控制，故稱為溫鹽環流。

　　海水在大西洋北部朝北流動時，會逐漸冷卻使密度增大，且溫度接近冰點，海水結冰後不斷析出鹽分，使海水密度增大，這些低溫高鹽的水便在大西洋北方沉降到海床。這是個動態過程，海水開始轉向南流動，並穿越整個大西洋海盆，繞過南非進入印度洋，並經澳洲進入太平洋海盆。海水既然在大西洋北部沉降，必然要在某處上升，這個上升區相當廣泛，主要是在北太平洋海域。在大西洋北部沉降後的海水，約經歷 1,000 ～ 1,200 年在海底部流動後，才能流回海水上層。

　　二次世界大戰期間，德軍潛艇常從地中海出入直布羅陀海峽，到大西洋襲擊盟軍。盟軍乃派戰艦守住海峽，用聲納監聽，計劃一聽到潛艇的馬達聲便用深水炸彈將其炸毀。監聽多日毫無聲響，德軍潛艇竟神不知鬼不覺地溜出海峽，出現在大西洋中。原來直布羅陀海峽表層海水由大西洋流入地中海，底層海水則由地中海流入大西洋。德軍利用這一點，經過直布羅陀海峽時，關閉所有的機器，借助海流航行，盟軍守株待兔卻讓「兔子」在眼皮底下溜了。

　　溫鹽環流主要由於北大西洋及南冰洋之間的鹽分及溫差對流而觸發的，同時也受風力和潮水所推動，其學名為「經向翻轉環流（meridional overturning circulation, MOC）」。MOC 在北大西洋的表面暖水為向北流動，而深海冷水則向南流動，造成淨熱量由熱帶向北輸送，為歐洲高緯地區送暖，在這個過程中，洋流傳輸的不單是能量，還包含氣體資源等。溫鹽環流除影響氣候外，對北大西洋也具有調節大氣中二氧化碳濃度的作用，因為有大量二氧化碳在北大西洋溶於海水，隨著海水加入溫鹽環流，使得北大西洋成為吸收二氧化碳的主要海洋地區之一，不過溫鹽環流最受矚目的還是其具有全球恆溫的功能。

深海的溫鹽環流擔負將熱能往高緯度輸送，同時將冷海水送到低緯度加溫的功能；此環流一旦中斷或減弱，高緯度地區將快速冷卻。

全球深海溫鹽環流示意圖

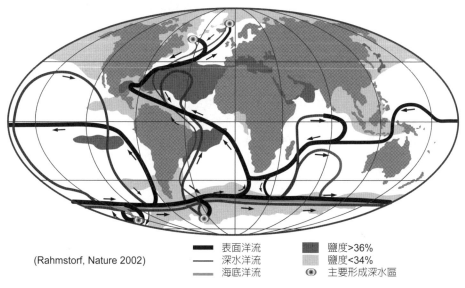

(Rahmstorf, Nature 2002)

粗黑線為表面洋流，細黑線為深水洋流，灰線為海底洋流，圓圈點為主要形成深水區

5-9 聖嬰及反聖嬰現象

　　南美秘魯及厄瓜多爾一帶的漁民，稱發生於聖誕節前後的異常氣候現象為「聖嬰」，為源於西班牙語的「厄爾尼諾（El Niño）」，意為上帝之子。發生於聖誕節前後的異常氣候時，鄰近熱帶太平洋海域的表層海溫及洋流發生異常高溫變化。在聖嬰現象發生期間，東太平洋之氣壓場降低，西太平洋之氣壓場卻增高。氣壓場的改變使得熱帶盛行東風帶減弱，甚至轉為西風帶。於是原來西行之東太平洋表層洋流反向東流，逐漸增溫積聚在東太平洋海域，熱帶太平洋表水溫呈現東高西低之型態。聚於東太平洋的向岸高溫海水，也抑制該區深處低溫且富含養分的湧升流。於是魚群改向他處遷移，當地海鳥數量銳減，磷酸鹽肥料的生產量降低，連鎖效應下使該區域的漁、農業均蒙受相當程度的損失。相反現象稱為「反聖嬰」，即西班牙語「拉尼娜（La Niña）」，為女孩之意，該區表面海水呈異常低溫。

　　除了海水的溫度變化外，聖嬰現象期間也因大氣環流及海氣熱量交換的改變而造成異常的氣候型態。在聖嬰現象期間熱帶東太平洋海溫異常高溫時（目前最高記錄為升高 6℃），洋面上方之大氣，伴隨著洋流帶來之水氣，受熱上升，經由對流作用形成雨雲，導致附近地區降雨增加，並常導致豪雨及水災。為了均衡東太平洋區空氣之上升，使得海溫降低之熱帶西太平洋上空之空氣因而下沉，該區地表氣壓升高並抑制降雨，因此在印尼、菲律賓及澳洲北部等地區在聖嬰現象期間較易導致乾旱。

　　如以上之說明，聖嬰現象之特徵就是東、西太平洋海洋表水溫度的逆向改變，伴隨大氣的氣壓場有如蹺蹺板式的東西振盪。當太平洋赤道海溫變化呈現東高西低時，氣壓場變化則為西高東低（即聖嬰期）；反之，若海溫變化為東低西高，氣壓場則呈西低東高之型態（即非聖嬰期）。對於氣壓場的變化，氣象界通常以南太平洋東部之大溪地和西部澳洲達爾文二地間氣壓場的差異值作為指標，稱為「南方振盪（southern oscillation）」。而聖嬰和南方振盪此一相伴相生之大氣及海洋變化現象，就取二個英文名詞之字首合稱為「ENSO」。

　　聖嬰現象約每 2～7 年發生一次，其生命週期從開始、成熟到衰退前後可達 1.5～2 年，然後像鐘擺一樣，逐漸回復。有時在回復過程卻擺過了頭，造成盛行東風更強，東太平洋的表水溫反而更低，這種與聖嬰對映的相反現象即為反聖嬰現象。因此，聖嬰現象其實是海洋和大氣交互作用所產生的自然現象，是自然界大氣圈及水圈韻律的呈現，乃屬於全球氣候系統中的一環。

正常與聖嬰現象發生時的比較

	正常狀況	聖嬰現象
大氣	盛行東風 氣壓：西低東高 現象：西岸多雨	盛行東風減弱，氣壓：西高東低 現象：東岸多雨、西岸乾旱
海洋	東岸表層海水向西傳送，產生湧升流 現象：東岸水溫下降、形成漁場	湧升現象減弱 或消失 現象：東岸水溫升高

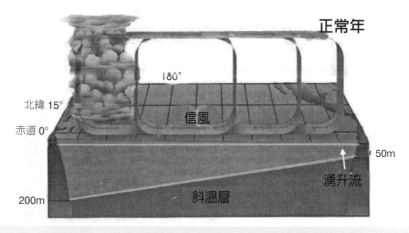

暖海水集中在赤道西太平洋，其上空空氣受熱上升形成對流。高層空氣則被分散，一部分往東吹，在東太平洋下降，使這個地區大氣相當穩定，不易下雨。

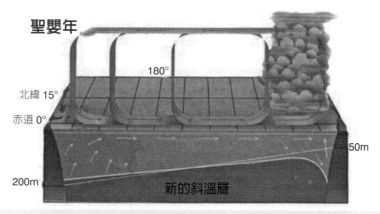

暖海水由西太平洋東移，旺盛對流區跟著東移到中太平洋，甚至到達東太平洋，造成西太平洋雨量偏少，甚至出現乾旱，東太平洋則雨量偏多，甚至造成洪水。

5-10 聖嬰現象的效應和影響

　　近 100 年來，聖嬰現象已發生近 30 次，規模強的聖嬰現象曾造成全球性氣候型態大幅改變；其中以 1982 ～ 1983 年及 1997 ～ 1998 年的海溫變化最大，號稱是 20 世紀的超級聖嬰，也導致嚴重的災害；乾旱和森林大火從印度、泰國、馬來西亞、澳洲東部一路延燒到非洲大陸；南美洲太平洋沿岸則豪大雨不斷，美國西岸和墨西哥灣沿岸各州又是大雨又是巨浪；夏威夷和大溪地則飽受颱風侵襲，各地災情嚴重；秘魯北部的沙漠因豪雨不斷竟出現一個近 2,000 平方公里的湖泊。中國長江流域在 1998 年的夏天出現 44 年以來最大的洪水；多雨的赤道西太平洋則因聖嬰現象而乾癟不成形。豪雨、龍捲風及超級颶風等在全球到處發生，據估計 1982 ～ 1983 年聖嬰現象，約 2,000 人死亡，財物損失達 130 億美元。

　　最近的研究發現聖嬰現象與大氣中的二氧化碳含量有關，因此 19 世紀以來持續的全球暖化現象對聖嬰現象應該有深遠的影響。聖嬰現象近數十年來有增強及持久的情形，例如：1982 ～ 1983 年及 1997 ～ 1998 年的二次超強的規模，1991 ～ 1995 年的異常持久，均是近 20 ～ 30 年來才有的狀況，是否全球暖化現象已開始對聖嬰現象造成影響呢？這個課題自然引起科學家們深切的關注。由於聖嬰現象對人類社會的影響層面相當廣泛，目前許多國家已嘗試整合大氣、海洋、農業等自然科技專家及社會經濟學者著手，進行一連串的合作研究計畫，除了提供氣候預測資訊給農、林、漁、觀光旅遊業者以及能源、水資源、糧政、交通、公衛及環保等相關單位作為事前規劃與因應方案之參考，也希望將聖嬰現象對人類社會的影響進行系統性的了解與澄清。

　　聖嬰現象對臺灣的影響，主要是在聖嬰年，西部春季 2、3 月的降水顯著增加，冬季氣溫顯著升高。西太平洋颱風發生的次數雖然減少，但是侵臺颱風卻沒有顯著的差別。聖嬰現象威力特強的時候（如 1972、1982 和 1997 年），7、8 月臺北的雨量偏多，氣溫則偏低。1998 年 2 月間，臺灣西半部雷雨、龍捲風和不該在冬天出現的冰雹頻頻出現，損失慘重。另一方面，1998 年西太平洋生成的颱風數量比平均值少很多。1983 年聖嬰現象影響臺灣之降雨現象屬持續性之降雨，並未發生劇烈天氣現象。聖嬰現象影響的程度，除了熱帶太平洋地區之外，其他地區則需視海面溫度改變的幅度範圍大小和不同的季節而定。

聖嬰現象發生時的效應和影響

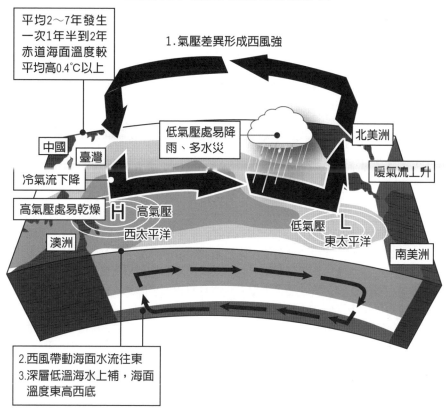

平均2～7年發生一次1年半到2年赤道海面溫度較平均高0.4°C以上

1.氣壓差異形成西風強

低氣壓處易降雨、多水災

北美洲

中國

臺灣

暖氣流上升

冷氣流下降

高氣壓處易乾燥

H 高氣壓 西太平洋

低氣壓 L 東太平洋

澳洲

南美洲

2.西風帶動海面水流往東
3.深層低溫海水上補，海面溫度東高西底

過去一百多年來「聖嬰現象」共發生二十餘次，發生強「聖嬰現象」時會造成全球性氣候型態大幅度改變。其中以1982～1983年及1997～1998的海溫變化最大，是20世紀的超級「聖嬰」，也導致嚴重的災害。據估計1982～1983年「聖嬰現象」，西太平洋區之東南亞國家和澳洲發生嚴重乾旱及衍生火災，東太平洋區之美洲國家則遭受嚴重水患，除了二千餘條人命外，財物的損失達到130億美元之鉅。

1997～1998年聖嬰影響層面比1982～1983年聖嬰還要深、還要廣。從1997年3月開始，許多地區都出現反常的天氣。1998年7月是1880年人類開始有可靠的氣象統計數字以來，地球最熱的一個月，目前1998年仍排名1880～2014年最熱十年排行榜第四名，是惟一非21世紀的一年。

5-11 冰山與航運安全

　　港口是水陸交通的接觸面，客、貨需經由此處轉換交通工具。海運航路易受海上氣候和冰山（iceberg）流動的影響，海運的發展與港口的興衰關係最大。港口之形成與發展雖與自然條件有關，但輪船的大小、港口的設備、腹地的經濟及交通發展的程度影響更大。如北大西洋航線是世界航運最發達的海運線，其原因在於兩側的西歐和北美工商業發達，對外貿易量大。

　　然而對所有船隻而言，海運線上之冰山，則潛藏嚴重危機，因為冰山的大部分隱藏在海面下，形同一座座銳利的刀山。1912 年 4 月 10 日，白星航線最耀眼的明珠「鐵達尼號（Titanic）」從英國南安普頓駛往美國紐約，在全球矚目中開始她的處女航。4 月 15 日不幸撞上冰山沉沒，1,513 名乘員在這次人類歷史上最大的海難中喪生。鐵達尼號的災難直接促成 1914 年「國際海上人命安全公約（International Convention for the Safety of Life at Sea）」的簽訂。

　　鐵達尼號屬英國白星航運公司（White Star Line）所有，是當時為了與對手古娜海運公司的「摩尼達尼亞輪」競爭，而花了 750 萬美金所建造而成的大船。美國物理學專家唐奧爾森和魯塞爾多謝爾研究發現，1912 年春天北大西洋航運線路上之所以出現數目異乎尋常的大量冰山，很可能由異常起伏的海洋潮汐產生強大衝撞形成，導致撞上鐵達尼號的那塊冰山在那天脫離了它所在的格陵蘭島冰川，最後漂向北大西洋，並導致鐵達尼號的沉沒。當晚如果天空中有明月照耀，那麼鐵達尼號上的觀望哨就可能會及時發現冰山，從而避免致命的碰撞。

　　近年全球溫室效應造成全球氣候改變，未來恐怕會加速冰山融化，並影響航運安全。由於冰山容易造成海上作業的危險，目前已經組成國際冰情巡邏隊（The International Ice Patrol）來監測世界冰山的動向，各國也有相關的監測系統。國際冰情巡邏隊由美國海岸警衛隊執行，訂出北大西洋冰山的位置，追蹤並預測其漂流路線，向鄰近船隻發出警告。他們使用裝配雷達的飛機，除最惡劣的海上狀況之外皆可偵察冰山。巡邏期間通常為每年 3～8 月，海岸警衛隊從海事衛星（Inmarsat）以高頻傳真每日廣播 2 次，發報所有已知的冰塊和冰山位置。每年約拖走 1,000 座冰山，雖嘗試破壞危險冰山，但成效不大。

　　2017 年從南極冰棚拉森 C（Larsen C）分裂，全球最大冰山 A68，隨洋流飄到大西洋南部。原面積達 20 個台北大，比鐵達尼號撞上的冰山大 30 萬倍，因為體積太巨大，被美國國家冰雪中心（The U.S. national ice center, USNIC）列入可能威脅航運長期追蹤對象之一。惟受海浪拍打、暖洋流影響以及暖化等因素，分裂成許多較小冰山，2019 年根據我國海洋一號 C/D 衛星資料研究，南極大冰山（D28）兩年漂移 5,000 公里；2021 年 4 月由衛星雲圖發現，最後一個比較大的，只剩下長 5.6 公里、寬 3.7 公里，已遠低於 USNIC 對「冰山」定義的最低標準，因此不再繼續追蹤。

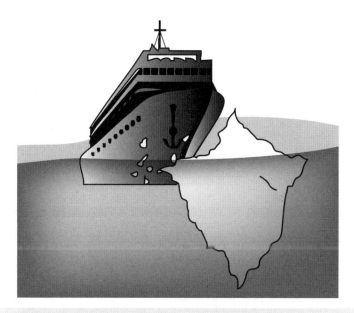

對所有的船隻而言,冰山都是很嚴重的危機,因為冰山的大部分隱藏在海面下,如同一座座銳利的刀山。

1912 年 4 月 14 日「鐵達尼號」在處女航中撞上一座冰山,並在 3 小時內沉入海底。這場災難促成了第一屆國際「海上生命安全(international corrvention for safety of life at sea)」會議的召開,旨在解決冰川威脅問題。鐵達尼號上裝備不良,僅依靠視覺監測和船用無線電設備確保遊輪在冰山遍布的海面上安全航行,對天災毫無防範能力。

第6章
大氣現象觀測

6-1 全球對地觀測綜合系統

聯合國氣象組織（WMO）於 1963 年成立全球天氣監視網（world weath watch，WWW）的基本計畫，1970 年代末完成遍布全球 7 大洲 4 大洋，由全球觀測系統、通信系統及資料處理系統所組成的全球天氣監視網。最初只包含地面和衛星兩觀測系統，後來陸續增加海洋、陸地及大氣成分等觀測系統。

2005 年聯合國成立地球觀測國際組織（group of earth observations, GEO），開始推動全球對地觀測綜合系統（global earth observation system of systems, GEOSS）為期 10 年的計畫，以建置 GEOSS 觀測系統；此系統主要分成 4 大體系：

1. 全球氣候觀測系統（GCOS）。
2. 全球海洋觀測系統（GOOS）。
3. 全球陸地觀測系統（GTOS）。
4. 政府間氣候變化工作小組（IPCC）等。

GEOSS 的目的為實現對地球狀況的連續觀測，建立全面的、綜合的而且持續的地球觀測系統，該系統主要在利用各國氣象衛星、地球探測衛星（earth-exploration satellite）、飛機及雷文送（rawinsonde）氣象輔助無線電通訊等，所使用之遙測感應器，從太空提供全球大氣及地表（包括海洋）觀測資料，即時分送至各使用單位，對全球氣候監測與天氣預報扮演極重要角色。

衛星依其任務性質分為業務用和科學研究用 2 種，依國際衛星對地觀測委員會（committee on earth observation satellites, CEOS）統計，截至 2012 年全球已發射對地觀測衛星共 200 餘顆，正在計劃和規劃至 2030 年的對地觀測衛星亦有 200 餘顆。

WMO 氣象綜合觀測網（WMO integrated global observing system, WIGOS）

2007 年第 15 屆世界氣象大會，決定成立 WIGOS 綜合觀測系統，對地球大氣從地面到太空、陸地到海洋，進行全方位、立體式的全天候監測。WIGOS 不是取代原有的觀測系統，而是為這些系統提供整合，根據全球、區域和國家各級配備的資源加以整合，將全球觀測系統（GOS）、全球大氣監測網（GAW）、WMO 水文循環觀測系統（WHYCOS）和全球冰凍圈監視網（GCW）等移轉到 WIGOS 單一體系之下。WIGOS 資料對生物多樣性、氣候、災害、天氣、水資源、能源、健康、農業及生態等 9 大類研究領域都有很大助益，WIGOS 氣象綜合觀測網業於 2020 年 1 月 1 日正式啟用。

2019 年世界氣象大會，決定建立全球基本觀測系統資料交換平台（global basic observing network, GBON）。2021 年 1 月 1 日中央氣象局正式啟用地面氣候自動觀測系統（automatic climate observing system, ACOS）。

GEOSS 計畫所建立的入口網站

WIGOS 氣象綜合觀測網為利用氣象衛星、地球探測衛星、飛機及雷文送等所使用之遙測感應器，將資料從太空傳送至全球各地氣象服務部門，對地球大氣進行全方位、立體式的全天候監測。

6-2 氣象觀測網分類

　　大氣科學是一個綜合性的科學，以測量大氣現象的基本要素，提供對大氣的了解開始，然後經由科學方法分析與理論探討及實際經驗，預測大氣的未來變化。所以大氣現象觀測（簡稱氣象觀測）所得資料，如氣壓、溫度、濕度及風場等，都是研究大氣科學的基礎。而測量大氣現象的基本要素，稱為「氣象要素（meteorological element）」，為大氣宏觀物理狀態的物理量，是大氣科學研究的基礎。為氣象業務及研究需要所觀測的氣象要素多達數十種，其中最主要的有氣溫、氣壓、濕度、能見度、雨及風等 7 種要素。氣象觀測網可分為 2 類：

一般例行性觀測網

　　此類氣象觀測網主要執行例行性的觀測業務，用以提供日常天氣預報、災害性天氣監測及氣候監測等所需之資料。如各國的地面氣象站（正規地面觀測站、自動氣象站和機場測風站）、海上浮標（固定浮標、飄移浮標）站、船舶站和研究船、無線電探空站、飛機航路觀測、火箭探空站、氣象衛星及其接收站等組成的氣象觀測網，為全球最大規模氣象觀測網。觀測網所測得資料，可以經由通訊網，即時提供各國氣象業務單位應用；除此之外，另有國際臭氧監測網及氣候監測站等。

特定目的氣象觀測網

　　根據特定研究大氣課題需要，只在一定期間及範圍內，執行加密氣象觀測工作的特定目的觀測網。如 1970 年代為研究印度季風，所實施的第一次全球觀測實驗（first global GARP experiment, FGGE）、1981 ～ 1983 年的國際颱風業務實驗（typhoon operational experiment, TOPEX）、1983 ～ 1993 年臺灣地區中尺度實驗（TAMEX）、1998 年南海季風實驗（south China Sea monsoon experiment, SCSMEX）和華南暴雨試驗（HUAMEX）等。

　　2001 年和 2002 年的 6 ～ 7 月間，中國進行大規模的長江中下游暴雨野外實驗，使用中國風雲一號、風雲二號氣象衛星和日本、歐洲、美國等國的氣象衛星觀測資料。在這次實驗中，中國製 4 部和日本製 3 部都卜勒雷達，分別在長江中、下游地區構成雙都卜勒雷達或 3 都卜勒雷達觀測系統，由此獲取中尺度暴雨系統的 3 維結構資料。2008 年「西南氣流實驗（southwest monsoon experiment, SoWMEX）」或追雨實驗觀測期間，並有機載投落送探空加入觀測作業。

　　2022 年 5 月 25 日 ～ 8 月 10 日「太平洋地區極端降雨（prediction of rainfall extremes campaign in the Pacific, PRECIP）」及「台灣地區豪雨觀測與預報（Taiwan-area heavy rain observation and prediction experiment, TAHOPE）」氣象實驗，巨大的氣象雷達進駐新竹市港南運河公園外側河堤，進行氣象實驗，由美國科學基金會、臺灣科技部、氣象局、民航局及各相關大學等單位共同參與。

氣象觀測系統示意圖

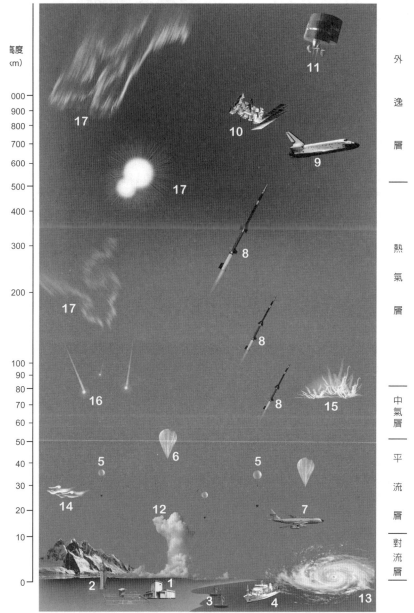

高度
(m)

000
900
800
700
600
500
400
300
200
100
90
80
70
60
50
40
30
20
10
0

外逸層

熱氣層

中氣層
平流層
對流層

1 氣象觀測站　2 氣象塔　3 浮標站　4 海洋觀測船　5 探空氣球
6 高空氣球　7 氣象飛機　8 氣象火箭　9 太空船
10 繞極氣象衛星　11 地球同步氣象衛星　12 積雨雲　13 颱風
14 珠母雲（或貝母雲）　15 夜光雲　16 流星　17 極光

6-3 氣象觀測系統──地面氣象觀測

　　傳統氣象觀測可分爲地面與高空兩部分，爲氣象作業中不可或缺之業務，所蒐集之資料爲天氣預報之主要依據。地面氣象觀測是由地表上的觀測者或儀器，對人類活動的高度進行天氣觀察記錄。一般地面氣象觀測未特別區分者，係指綜觀天氣觀測。

　　綜觀氣象站依地面氣象測報作業規範執行定時觀測，其觀測結果應編爲電碼傳送至指定機構，並填入報表統計。遇氣象要素突變，如氣壓、氣溫突然急遽上升或下降、雷雨之發生與終止、風向風速之急遽轉變等情形，需立即作特別觀測，並按照規定記入觀測簿，編成電碼報告指定機構。

　　聯合國世界氣象組織（WMO）負責統一制定全球氣象觀測法、觀測單位和精度、觀測時間，建立全球氣象觀測資料傳輸系統與資料編碼格式，並提供不同廠牌儀器之間的觀測性能比較，以確保全球天氣觀測訊息的正確性和即時性。目前全球地面氣象觀測站約 28,000 站，其中 57% 是綜觀天氣測站，36% 是機場天氣觀測站，7% 是海洋船舶觀測站；這些地面氣象觀測站組成全球天氣守視（world weather watch, WWW）的基礎。

地面氣象觀測（surface meteorological observation）

　　WMO 對地面氣象觀測項目要求有：溫度（氣溫、海水溫度及土壤溫度）、相對濕度、氣壓、雲（雲狀、雲量及雲高）、風（風速、風向及陣風）、降水、太陽輻射量、能見度、蒸發、波浪（浪高、週期及波向）。觀測時間以格林威治時間零時開始，以 3 小時爲倍數做爲觀測時間間隔。有超過 30 年以上紀錄的測站是全球氣候監測的主要依據。空氣中的氣體和懸浮微粒含量觀測不在常規的地面氣象觀測範圍，大部分國家係由與環境保護署相當的機構負責觀測。

　　我國從日治時期開始設站進行氣象觀測，目前共設氣象站 27 處、觀測站 2 處，其中 6 處測站（臺北、臺中、臺南、恆春、花蓮及臺東）超過 100 年歷史，18 處測站超過 50 年歷史。1987 年後爲因應更小尺度的自然災害防治需求，以臺灣河流流域，分區分年設立超過 300 處無人自動紀錄的氣象站和雨量站；並建立臺灣環島 19 處海岸與近岸海洋氣象觀測站，目前有 259 站自動雨量站，117 站自動氣象站及 60 站中繼站，機關及學校合作氣象站共 12 站。除利用通信傳輸系統將觀測資料送至氣象局，供天氣分析與預報之用外，另定時傳送供國內外氣象機構接收應用。

　　臺灣電力股份有限公司、經濟部水利署、林務局與國家公園等單位，也因應業務需求而建立地面氣象觀測站，這些測站乃歸屬於合作測站性質，並無強制規範其場地、儀器和資料管理。

地面天氣觀測坪

甲：百葉箱；乙：蒸發皿；丙：雨量筒。地面氣象觀測項目有現在天氣、過去天氣、風向、風速、雲量、雲狀、雲底高度、能見度、氣壓（含氣壓變量及氣壓趨勢）、氣溫（含極端溫度）、濕度、降水量（含降水強度）、地面狀態、蒸發量、全天空輻射量、日照時數及特殊現象等；部分測站還有地表及不同深度之土壤溫度觀測。

中央氣象局
自動測站分布圖

自動氣象站測報項目包括：風向、風速、氣溫、雨量及氣壓（或日照）等5項。

6-4 氣壓及風向風速觀測

氣壓觀測

　　氣壓乃靜止時大氣之壓力，氣壓量測始於 1643 年，當時義大利人托里切利（Evangelista Torricelli）深信空氣有重量而測量，並發明水銀氣壓計。在地面上，氣壓即單位面積氣柱之垂直重量，亦即單位面積所受力之大小（P=F/A）。地面氣壓變化有限，但稍有變化卻能大大影響天氣，因此氣壓的量測無論對氣壓值或量測時間都要求特別嚴格。一般氣象觀測時間就是以量測氣壓時間為正時。

　　標準氣壓計就是托里切利水銀氣壓計，不過水銀氣壓計是個龐然大物，既放不進百葉箱內，保管及移動都不易，價格又昂貴，因此一般都是置於實驗室中供校準用，氣象上很少直接拿來作觀測。最常用的氣壓計就是空盒氣壓計，輕便易攜帶，不過它也需要定期以水銀氣壓計校準。

風向風速觀測

　　風屬於一種三維的向量，地面氣象觀測僅觀測水平風向及風速，而不考慮垂直分量。風向係指地面風所吹來的方向，風速小於 0.2m/s 時，風向為靜風。風速為單位時間內空氣移動之距離，單位為公尺 / 秒。風向或風速易隨時變動，故必須觀測瞬間值及平均值。氣象觀測所稱平均風向風速，係指正點前 10 分鐘之平均。10 分鐘平均風速和在同時出現之最大瞬間風速之差大於 5m/s 時，為有陣風現象，在 5 ～ 10m/s 者為小陣風，大於 10m/s 者為大陣風。

　　測量地面風之儀器為風速計（anemometer）。觀測風的儀器有風向計、風杯風速計、達因風速儀、螺旋槳風向風速儀等多種，以風杯式之風速計（cup generator anemometer）最為普遍，此種風速計通常有 3 個風杯，風杯架在轉軸上，約成垂直軸，風杯的轉速用來測量風速。風向標（wind vane），用來測量風向。風的特性隨地面的粗糙度、離地面的高度而有變化，所以必須訂定風速計架設之標準範圍，以確保風的觀測為可比較度。風速計之國際標準架設規範，選在附近沒有障礙物之寬闊平地，架設高度為離地面 10 公尺。

　　風速計量測的風向和風速，其讀數有數種不同的顯示方法；如測風儀（anemograph）之記錄紙，可以連續記錄，它係利用指針和圓柱形鐘或數位化讀數。數位化之讀數，係以電子電路提供尖端陣風和一段時間之平均風速。我國氣象局地面氣象自動測報系統，使用螺旋槳風向風速儀，可以同時測量風向和風速。

在海平面上之一標準大氣壓力，重量為14.7 lb/in²，
產生水銀柱高度為29.92吋

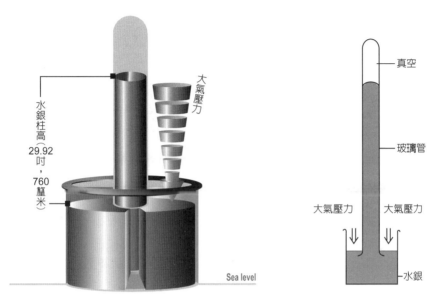

水銀柱高（29.92吋，760毫米）

大氣壓力

Sea level

真空

玻璃管

大氣壓力　大氣壓力

水銀

29.92"Hg=1,013.2mb(hPa)=14.7lb/in²

水銀氣壓計原理。氣壓計測量一個玻璃管內水銀柱的高度。一部分水銀暴露在大氣的壓力之下，大氣對水銀施加一個力。壓力增加迫使管子裡的水銀上升；而壓力下降時，水銀從管子裡流出來，水銀柱的高度降低。這種類型的氣壓計通常在實驗室或者天氣觀測站使用，它不易運輸，也有點難以讀數。

左圖：風杯風速計，由風杯轉動的快慢以測量風速大小。
右圖：我國氣象局地面氣象自動測報系統，使用螺旋槳風向風速儀。螺旋槳風向風速計可以同時測量風向和風速。

6-5 降水量及溫濕度觀測

降水量觀測

降水量係指在一定時間內之降水，累積在平面上，且無蒸發、流失或滲透等減損情況下，所累積量之深度。降水量之觀測始自公元一世紀，最早期爲雨量器，而後德國氣象學家 G.Hellmann 利用虹吸原理，製作成虹吸式自記雨量儀。1889 年德國 A.Sprung 和機械師 Fuess 設計方便之傾斗式雨量儀，爲氣象觀測自動化必備之降水量觀測儀器。1905 年，德國 W.Gallenkamp 設計降水強度儀，供觀測降水強度之用。

降水包括下雨、下雪、凍雨（sleet 或 freezing rain）、冰雹（hail）和霰（snow pellets）等。一般所謂下雨是指直徑大於 0.5 公釐（直徑小於 0.5 公釐稱爲霧），下降速度大於 3m/sec 的水滴。大氣科學對下雨的大小常用降雨量來表示，降雨量是以雨量計深度作爲計量標準，單位爲毫米。雨量計是一個約 50 公分高的直筒形裝置，需放置在高出地面的地方使水花濺不到。

傾斗式雨量儀原理，當雨水由最上端的承水口，直徑約 15 公分的漏斗，進入承水器落入接水漏斗，當積水量達到一定高度時，傾斗失去平衡而傾倒。每次傾倒都使開關接通電路，向記錄器輸送一個脈衝信號，記錄器控制自記筆將雨量記錄下來，如此返復即可將降雨過程記錄下來。

日雨量爲每日 0 ～ 24 小時的累積降雨量，我國天氣報告使用之「大雨」指 24 小時累積雨量達 50 公釐以上，且其中至少有 1 小時雨量達 15 公釐以上之降雨現象。「豪雨」指 24 小時累積雨量達 130 公釐以上；24 小時累積雨量達 200 公釐以上則稱爲「特大豪雨」；若 24 小時累積雨量達 350 公釐以上則稱之爲「超大豪雨」。

溫度觀測

氣象觀測所稱之氣溫，係指在離地面約 1.25 ～ 2.00 公尺高度，通風良好且不受太陽直射影響之環境下，量測之空氣溫度。傳統溫濕度計或自記式溫濕度均置於百葉箱內。

濕度觀測

濕度係大氣中水氣含量多少之表示，簡言之，濕度是指空氣潮濕的程度。

氣象測報常用之濕度表示法有 6 種：1. 水汽混合比、2. 比濕、3. 水汽壓、4. 絕對濕度、5. 相對濕度、6. 露點。

乾濕球溫度計是最常用的濕度計，濕球溫度計上潮濕紗布上的水分蒸發時會消耗濕球表面的熱量；利用乾、濕球的溫度差就可以求出當時的相對濕度。

傾斗式雨量儀

雨量記錄資料

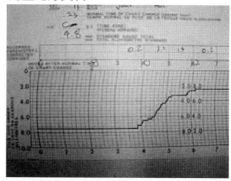

傾斗式雨量儀是由感應器及信號記錄器所組成的遙測雨量器，感應器由承水器、上傾斗、計量傾斗及計數傾斗等構成。記錄器由計數器、記錄筆、自記鐘、控制線路板等構成。

百葉箱內部擺設傳統溫濕度計

自記式溫濕度儀器

地面氣象自動測報系統使用之溫濕度儀

阿斯曼通風乾濕計

6-6 雲的觀測

　　雲就是漂浮在大氣中的微小水滴或冰晶，在氣象觀測中，雲是最千變萬化的，也是最難觀測的一種。雲常伴隨天氣系統而發展，因此觀測雲的變化也是預測天氣的重要指標。但切忌用肉眼在大白天直接觀雲過久，因為這樣很容易傷害眼睛的。如果有需要作長時間觀測，可使用攝影機，或以黑色平面鏡反射天空影像來間接觀測。

　　常見的雲都是位在近地面的對流層內，這是因為對流層中常有上升氣流，可以把地表蒸發的水氣帶到空中，最後就有機會因為冷卻而凝結出小水滴或小冰晶，而由於空氣中水氣的含量以及氣流上升的高度各不相同，因此也就會形成不同高度的雲。

　　觀測雲時應先從分辨雲狀開始，然後才觀測雲高和雲量。雲的形狀大概可分為卷狀、層狀和積狀。積狀雲就是一朵一朵有高低起伏的雲；層狀雲就是塊狀且較平坦的雲；而卷狀雲則是一絲絲輕薄的雲。要注意的是某些雲同時兼有兩種形狀特徵。知道了雲的形狀，便能判斷雲的雲屬。

　　另外，我們可從雲的高度分辨雲屬，一般在摩天大廈和山峰上的雲都是低雲。而卷雲出現的位置最高，是高雲的所在。至於在這兩者之間的雲不用說，便是中雲了。而直展雲則是貫穿低至高層位置的雲。

　　一般所謂「雲量」是指「總雲量」而言，不分雲屬以天空為一個單位來說，如天空中所有的雲總共將整個天空遮蔽 6/10，則總雲量為 6。透過觀測雲量，我們便可評估雲的出現對天氣隨後的變化有多大的影響。

雲的分類

　　雲的分類是按照高度來分的，我們一般所謂的雲高，是指自測站地平面至雲底之垂直距離，通常以公尺為單位。根據雲高可將雲分類為 4 種雲族及 10 種雲屬。

　　各種雲屬除了高度有別外，雲形也各有不同，基本上可分為積狀雲、層狀雲及卷狀雲 3 大類。積狀雲就是一朵一朵高低起伏的雲，代表對流較為旺盛；層狀雲就是成層且較平坦的雲，通常是較弱的對流所造成；而卷狀雲則是一絲絲輕薄的雲，這正是由冰晶組成的特徵。將雲高與雲狀組合，就可構成 10 種雲屬。

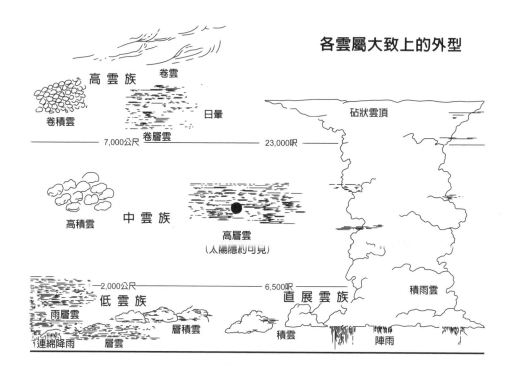

各雲屬大致上的外型

值得注意的是，一種雲可能會兼有二種特徵（如下表）

雲　族	雲　屬	熱帶地區高度	中緯度地區高度	極區高度
高雲族	卷雲（Ci） 卷積雲（Cc） 卷層雲（Cs）	6,000 ～ 18,000 m	5,000 ～ 13,000 m	3,000 ～ 8,000 m
中雲族	高積雲（Ac） 高層雲（As）	2,000 ～ 8,000 m	2,000 ～ 7,000 m	2,000 ～ 4,000 m
低雲族	層雲（St） 層積雲（Sc） 雨層雲（Ns）	0 ～ 2,000 m	0 ～ 2,000 m	0 ～ 2,000 m
直展雲族	積雲（Cu） 積雨雲（Cb）	雲底在低雲族的範圍， 雲頂可延伸至中雲族或高雲族的範圍。		

6-7 雲量和雲高觀測

　　觀測雲應先從雲狀開始，其次是雲量和雲高。觀測之前應注視天空一段時間，追蹤雲或天象的演變情形，再加以參照過去變化情形，不但有利於觀測的準確度，對於識別疑難的雲狀也極有幫助。雲出現複層時，注視天空尤有助益，因由雲的相對運動可顯示先前掩蓋的雲，又可使觀測者獲得若干雲量及雲高的概念。晝間測雲時如能使用無偏極眼鏡或紅色、深黃色眼鏡、或利用黑色平面鏡來反射，這樣不僅能保護眼睛，更能增強觀測雲的清晰度。

　　雲狀觀測就是觀察雲的形狀，由雲狀可分辨出雲屬。通常出現典型雲狀的較為稀少，大都介於兩種雲狀之間，觀測時應仔細辨別雲狀，編入最為相近之雲屬。若在夜間或天候不佳以致雲狀難以辨別時，可推測雲狀；若無法推測，則雲狀可報告為不明。

　　雲高是用來分辨同一天空中的雲各屬於何種雲族的重要工具，也是用來輔助辨別雲屬的指標。各雲屬平均出現高度之知識，對分辨雲屬來說很有參考價值，特別在觀測時遇到疑難。

　　雲量分為「總雲量」及「雲形別雲量」兩類。總雲量為不分雲屬，全部雲遮蔽天空之量，以天球 10 分量表示之。即以整個天空為一個單位，若天空中所有的雲屬總共將整個天空遮蔽了 6/10，則總雲量即為 6。而雲形別雲量，則為各雲屬遮蔽天球之一 0 分量。如若天空有 5/10 是被卷雲所遮蔽，有 2/10 為層積雲所遮蔽，則雲量分別為卷雲為 5，層積雲為 2。有時雲量因某種雲僅可窺及一部分，或臨時被完全遮掩時，就很難估計，此常發生於雲層重疊時。遇此情形時應對天空作較長時間之注視，以期能在雲層相對運動時使隱蔽的雲顯現，而能獲得較正確的估計。

　　由於機場出現低雲且雲量多時，對飛機起降常構成飛安上不利影響，因此航空氣象觀測特別重視，本書單元 6-11：「航空氣象觀測設備」中，介紹以雲高儀觀測機場飛機起降區之雲高觀測提升精確度，以提供飛機安全起降之參考。

雲量估計

雲量（10分量）	0～1/10	2/10～4/10	5/10～8/10	9/10～10/10
雲量（8分量）	0～1/8	2/8～3/8	4/8～6/8	7/8～8/8
天　氣	快晴（碧空） Clear	晴（疏） Partly Cloudy	多雲（裂空） Mostly Cloudy	陰（密） Overcast

觀測雲的時候，除了以雲形、雲高認出所屬雲屬外，還要估計雲量（如上表）。航空氣象觀測報告則採用8分量估計值。

雲的分類表

雲族	雲屬	出現高度		
		極區	溫帶	熱帶
高雲族	卷雲 Ci	3～8 公里	5～13 公里	6～18 公里
	卷層雲 Cs			
	卷積雲 Cc			
中雲族	高層雲 As	2～4 公里	2～7 公里	2～8 公里
	高積雲 Ac			
低雲	層雲 St	自地面附近到2公里高。		
	層積雲 Sc			
	雨層雲 Ns	此雲高度雖在中雲族，但雲底常伸到低雲，故習慣上分為低雲。		
直展雲	積雲 Cu	雲底高度通常在低雲，但頂可向上伸展到中、高雲族所在高度。		
	積雨雲 Cb			

註：雲屬內的英文為國際通用的簡稱

6-8 農業氣象觀測

　　爲改善我國各農業單位所屬之農業氣象站觀測儀器設備，擴大農業氣象資料之蒐集與應用，1987 年起氣象局與行政院農業委員會合作，共同執行「加強臺灣地區農業氣象觀測網與觀測資料應用計畫」，由中央氣象局規劃與協助採購設備，逐年更新各農業改良場、分場、工作站、茶業改良場、試驗所及分所等單位之農業氣象觀測（observation of agrometeorology）儀器爲自動觀測系統或自記儀器，並依據裝設儀器之不同，分爲一級站（自動觀測）及二級站（傳統自記式或自動觀測）。目前計有 17 個一級農業氣象站，11 個二級農業氣象站。一級農業氣象站之觀測資料藉由 ADS 電信線路傳輸至中央氣象局資料伺服器，使該局得以隨時了解各地之農業氣象資訊，並提供天氣分析與預報作業參考。

　　農業觀測項目包括：平均氣溫、最高氣溫、最低氣溫、露點溫度、相對濕度、降雨量、平均風速、瞬間最大風速與風向、最多風向、日射量、日照、蒸發量、氣壓及地溫等。爲配合農業氣象研究及應用需要，在嘉義氣象站設立農業氣象研究室並建置微氣象自動觀測系統，除一般農業氣象觀測項目外，增加土壤通量及熱流量之觀測，探測地上部與地下部之氣象環境與農、園藝作物生育及產量的關係，探討最適宜作物生長之氣候條件，提供「適地適作」、「適期適作」的栽培環境及農業經營規劃之參考。

合作觀測業務

　　我國爲增加氣象觀測地點並提供旅遊氣象服務，乃與部分學校及機關共同設置合作觀測站，共計設置金門、華岡、中壢、龍洞、拉拉山、武陵、太魯閣、彰師大、東沙、南沙、合歡山及吉貝嶼等 12 站，與氣象局地面氣象自動測報系統連線，提供即時觀測資料供天氣預報作業參考應用。在風景區遊客進出場所並設置電子顯示看板，顯示當地即時氣象觀測資料與氣象局發布之颱風警報、豪雨特報、寒流等訊息，讓旅遊民眾能隨時掌握最新之天氣資訊。臺灣及外島地區各目的事業單位所附設之專用氣象觀測站計有 600 站。

農業氣象站田間之微氣象觀測系統，實施定期微氣象觀測，以測定農作物生長環境氣象因子的變化及微氣象變數等，推估作物所能承受的逆境程度，作為改善作物生長的微氣象環境因子的參考。

合歡山合作氣象站

我國為增加氣象觀測地點並提供旅遊氣象服務，乃與部分學校及機關共同設置合作觀測站，臺灣及外島地區各目的事業單位所附設之專用氣象觀測站計有 600 站。

6-9 海洋氣象觀測

我國於 1993 年成立海象測報中心，專責海象測報業務，包括波浪、潮汐及其他存在於大氣與海洋交界面之自然現象，如波浪、潮汐、暴潮、海水表面溫度及海水面之風向、風速、氣壓、溫度等相關的觀測、預報及研究發展等項目。目前我國海象觀測網除了海岸及離島氣象站外，主要是海洋氣象資料浮標站、沿岸波浪站、沿岸潮位站等。

海洋觀測為海洋氣象資料來源，主要觀測參數，如海水溫度、鹽度、密度、壓力、深度、音速、溶氧量、氫離子濃度、懸浮物質、葉綠素含量、海流、波浪、潮位及其他參數包括海上氣象狀況、太陽輻射、降水、蒸發等等多屬海洋氣象（海象）範圍，亦為海洋觀測的項目。

潮位觀測儀器有：

1. 超音波式潮位儀：其工作原理是將感應器置於穩定井上方，發射及接收到達水面反射之超音波訊號，計算其音波來回時間以量測水面至感應器間之高度。

2. 壓力式潮位儀：屬於間接量測儀器裝置，其工作原理是利用感應器感應海水位升降產生之壓力變化，藉由纜線與資料處理器連接，再將訊號轉換成水位高度。

3. 浮筒式潮位儀：屬於直接量測儀器裝置，其工作原理是利用滑輪組將浮筒及鉛垂懸釣於滑輪兩端，因浮筒隨水位升降帶動滑輪組來記錄水位高度。

4. 新一代自動水位觀測系統：本系統最大特色是大幅改進音波測距儀受溫度影響所引起的誤差，使量測的精度大幅提升，同時可增加海岸氣象觀測項目。

波浪觀測儀器包括：

1. 海上資料浮標（data buoy）：每兩小時觀測一次，每次取樣時間為 10 分鐘。觀測完成後於現場立即進行資料分析及儲存，然後利用無線電將波浪時序列資料傳回岸上接收站進行自動資料品管。中央氣象局目前設有 6 個海洋氣象資料浮標站，觀測時間間隔平常為 2 小時，颱風期間加密觀測間隔 1 小時，觀測項目有海浪波高、週期、波向、海面風速、風向、海溫、海面氣溫以及海面氣壓等。

2. 海氣象觀測樁：設備包括各式觀測儀器、工業級電腦、太陽能電源系統及無線電傳輸機，觀測數據經電腦處理及儲存後即時傳送回岸上。

3. 海上浮檯（autonomous temperature line acquisition system, ATEAS）：海氣象錨碇浮標經由其上各種量測儀器，透過衛星可將資料即時傳輸到地面接收站，可長期量測並即時取得海洋和大氣的資訊。我國海洋科技研究中心使用 ATLAS 海上浮檯置於侵臺颱風的主要通道中，目的之一在於提供氣象預報模式極為欠缺的海上氣象資料。

海洋氣象觀測椿

其設備包括各式觀測儀器、工業級電腦、太
陽能電源系統及無線電傳輸機,觀測數據經
電腦處理及儲存後即時傳送回岸上。

海上浮檯

海洋氣象錨碇浮標經由其上各種量測儀器,透過衛星可將資料即時傳輸到
地面接收站,可長期量測並即時取得海洋和大氣的資訊。

6-10 航空氣象觀測

　　天氣現象不但影響航機操作安全，也影響航機操作成本；大範圍劇烈天氣籠罩在航路上時，航機繞路閃避需耗費許多時間和燃油；順著高空噴射氣流（jet stream）讓航機輕易從臺灣直飛美國紐約；反之，卻讓航機逆風緩慢前進大量耗費成本。因此航空氣象學屬於大氣科學中較特殊的一環，除負責收集大氣資料外，並兼負保障飛安，提高航空效率的任務。

　　依國際民航公約國際航空氣象服務之建議，各國應盡可能在其機場成立航空氣象臺，並依照機場大小、跑道類別及航行需求，在適當地點安裝必要之氣象裝備，以利航空氣象臺能提供正確之航空氣象觀測（aeronautical meteorological observation）資料。機場氣象觀測是航空氣象服務最基本的項目之一，為飛機起降之重要依據。在日常作業上，航空氣象臺負責機場地面航空氣象觀測，定時編發飛行天氣報告（aviation routine weather report, METAR），不定時編發選擇特別天氣報告（aviation selected special weather reports, SPECI），提供給國內外相關航空氣象、飛航諮詢、飛航管制、航空站及航空公司等單位參考使用。

　　機場氣象單位職責，除持續檢視所在機場之氣象條件外，並製當地終端機場天氣預報（terminal aerodrome forecast, TAF，以下簡稱機場預報）、機場警報及風切警報；另提供講解、諮詢及飛航文件或其他氣象資訊；同時也展示天氣圖、天氣報告、預報、氣象衛星影像及地面氣象雷達等資訊。

　　上述資訊有些來自世界區域預報中心或其他氣象單位（可能位於其他國家）。氣象單位除供應氣象資訊予飛航使用者外，亦與其他氣象單位交換氣象資料，包含在區域空中航行協議下之國際作業氣象資料庫（operational meteorological system, OPMET）。若需要，氣象單位在飛航服務（air traffic services, ATS）單位、飛航情報服務（aeronautical information service, AIS）單位及氣象主管機關之協議下，提供火山爆發前活動、火山灰噴發或目前大氣中火山灰等資料予飛航服務、飛航情報服務及氣象守視單位（meteorological watch office, MWO）。

　　各國有責持續守視影響飛航作業之相關天氣狀況，氣象守視單位通常利用空中報告、衛星及雷達資料準備航空器低空作業之沿途特定危害天氣（significant meteorological information. SIGMET）及飛行器報告（airmen's meteorological information, APRMET）資訊，並提供予相關 ATS 單位、飛航情報中心（flight information center, FIC）或區域管制中心（approach control center, ACC）。此外，氣象守視單位經由區域空中航行協議與其他氣象守視單位交換 SIGMET 資訊。AIRMET 亦傳送至鄰近飛航情報區（flight information region, FIR）之氣象守視單位。

航空氣象觀測與飛航管制系統關係概念圖

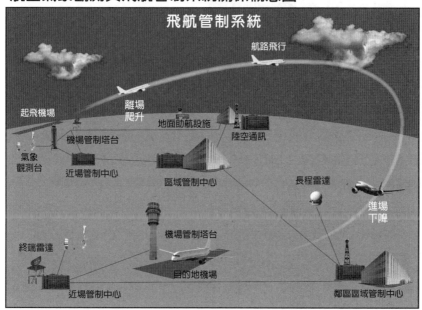

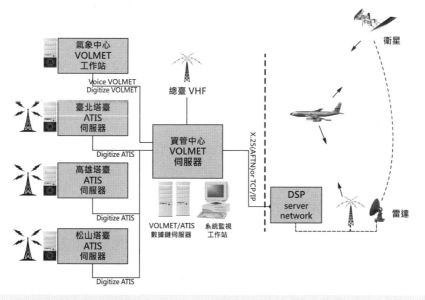

飛航情報區語音及資料鏈航空氣象資料 VOLMET 服務，可利用特高頻（VHF）或高頻（HF）以語音方式對飛行中航機語音廣播航空氣象資料或使用數據鏈方式，供飛航中航機獲取本區提供之特定機場天氣資料。DSP（data link service provider）為選擇數據鏈通訊服務供應商。

6-11 航空氣象觀測設備

　　航空氣象實務上因著重於利用有利的天氣條件，避開不利的天氣，爲達此一重要任務，常見的航空氣象觀測設備主要包括有跑道視程儀、跑道風速儀、雲幕儀、氣流剖析儀、都卜勒雷達及機場氣象自動觀測系統等。

跑道視程儀（runway visual range transmissometer, RVR）

　　跑道視程儀係應用一定燭光的燈和光電池，以量測沿水平基準線 100 公尺或 200 公尺距離間空氣的清晰度，量測方法係以數字顯示來代表適當的能見度。跑道視程儀可以測量低於 8 公里能見度之合理數據，特別適用於惡劣能見度之情況。飛行員沿著跑道可以看到跑道起降地點就可以，不一定要完全像一般氣象學上所謂的能見度一樣。當機場能見度小於 1,500 公尺時，宜分開評估跑道視程。

　　跑道視程儀（RVR）之感應器配合能見度觀測，設置於跑道中間及兩端著陸區附近，用於量測駕駛艙至跑道面間之跑道視程。

機場跑道風速儀（anemometer and wind vane）

　　機場四周如有建築物，常引起風向和風速的改變時，必須架設一套以上的風速計，以便獲取代表性資料。我國機場風向風速計之感應器分別設置於機場跑道中間及兩端著陸區附近，用於測量跑道風向風速。氣象單位、飛航諮詢臺及塔臺均可獲得跑道風之顯示資料，包括瞬間風向風速、2 分鐘和 10 分鐘之平均風向風速，及 10 分鐘內之最大陣風風速。

雲高儀（ceilometers）

　　雲高儀用來量度雲底離地面的高度，它向大氣發射激光脈衝，及量度脈衝被雲內的水點反射回來所需的時間。雲高儀可探測多至三層雲，雲高儀設置於精確跑道（precision runway）中信標臺（middle marker）或跑道著陸區附近，用以測量起降區之雲高。

航空氣象資料廣播（meteorological information for aircraft in flight, VOLMET）

　　依據國際民航公約第三號附約（ICAO annex-3）規定，航空氣象主管機關應提供飛航中之航機，包括 METAR、SPECI、TAF、SIGMET、AIRMET 及未涵蓋在 SIGMET 內之航機特別空中報告（special air-report）等航空氣象資料。該項服務稱爲航空氣象資料廣播。因我國非國際民航組織會員國，故我國飛航情報區航空氣象資料廣播，由國際民航組織指定香港代理。

跑道能見度儀係從光束經過固定距離後，強度的改變、跑道指示燈的強度及背景光度數據加以測定跑道視程。

雲高儀利用激光脈衝測量雲底高度

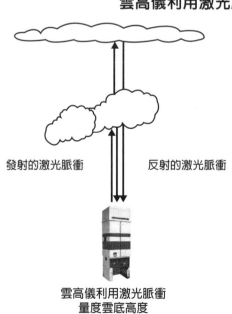

發射的激光脈衝　　　反射的激光脈衝

雲高儀利用激光脈衝
量度雲底高度

6-12 微爆氣流與陣風鋒面影響飛安與觀測

　　風切作用於航空器上，因突如其來改變升力，常導致飛機空速及飛行特性突然改變，如進場和離場時遭遇微爆氣流或陣風鋒面，是航空器意外事件的主要元兇。陣風鋒面為風速或風向變化的界面，微爆氣流和風的輻散有關，而陣風鋒面則與風的輻合有關，因此常用輻散分析來偵測微爆氣流（microbrust）和陣風鋒面（gust front）。

低空風切警報系統（low level windshear alert system, LLWAS）

　　低空風切警告系統是美國 FAA「風切安全計畫（wind-shear safety program）」的主軸。低空風切警報系統利用氣流剖析儀（wind profiler），藉助都卜勒效應測量風力，量度不同高度處的氣流，獲知飛機在降落或起飛過程中會遭遇到的風向和風速。我國桃園國際機場及臺北松山機場均設有低空風切預警系統，可得知機場跑道周邊 1,000 呎以下低空風切亂流資訊，於飛機起飛及降落階段提供給飛行員，進而確保航空器的飛航安全。

終端都卜勒天氣雷達（terminal doppler weather radar, TDWR）

　　機場都卜勒天氣雷達是專門探測，由對流風暴所引起的微爆氣流和風切變，這種都卜勒天氣雷達系統能將風切變警告，重疊地顯示在雷達回波圖上，可有效監測可能影響跑道的對流風暴。我國桃園國際機場設有都卜勒氣象雷達，可測得地面至 15 公里高度之各層降水回波強度、徑向風場及亂流場，並提供北部地區降水系統的即時掃描觀測。

ASR-9 雷達天氣系統處理器（weather system processor, WSP）

　　WSP 天氣系統處理器，可提供機場管制人員及飛機駕駛員，與 TDWR 相同的產品，但花費價錢只需 TDWR 的一部分就夠了。WSP 是利用新的天氣頻道擷取技術，應用於現有機場附近的 ASR-9 雷達，因此可以省去另設雷達新場址、通訊設備以及新購雷達費用等。

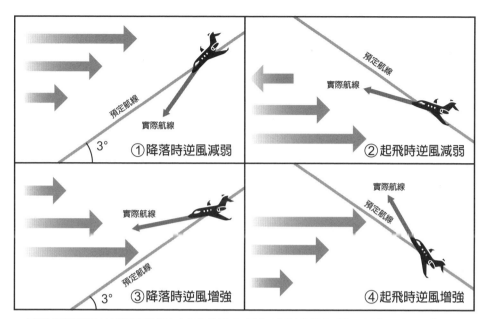

①降落時逆風減弱
②起飛時逆風減弱
③降落時逆風增強
④起飛時逆風增強

飛機起降階段若遭遇微爆氣流產生強下衝氣流引發風切變及影響飛行示意圖

逆風會增強飛機空速與升力；下降氣流增加飛機迎角，並使飛機下沉，造成飛行航路改變；順風會降低飛機空速、減小升力，使飛機飛行路線偏低與減速，容易造成飛安事故。

機場常用低空風切警報系統

低空風切警報系統

終端都卜勒天氣雷達

雷達天氣系統處理器

① 低空風切警報系統
② 終端都卜勒天氣雷達
③ 雷達天氣系統處理器

6-13 高層氣象觀測

　　高層氣象觀測使用氣球、風箏、飛機和衛星等載具攜帶儀器，或使用電磁波遙感探測等，獲取地面至 30 公里高度的氣象要素垂直分布，以監測大氣垂直穩定度和天氣系統的結構。傳統高層氣象觀測設備，主要為「無線電探空儀」與「高空氣象自動觀測系統」；無線電探空儀自高空氣象觀測站升空，進行探測並發送探測結果，而高空氣象自動觀測系統，則負責接收無線電探空儀的信號及處理成各種氣象資訊。

　　我國自 1949 年在中央氣象局現址，施放測風氣球及無線電探空儀；1970 年高空氣象觀測移至板橋，觀測項目包含氣壓、氣溫、相對濕度、風向及風速等；1984 年更新為全自動高空氣象觀測系統，除觀測上述要素外，並同時以圖形顯示各要素的垂直分布、自動繪製各種高空圖、分析特性層、標準層、自動編送電碼及調整觀測層密度等功能。板橋高空探測站自 1991 年起，高空探測系統增加每月 2 次臭氧之垂直剖面分布探測，收集臭氧層與總臭氧量（total ozone）之季節變化資料。

　　目前臺北與花蓮高空氣象自動觀測系統，均常態性依據世界氣象組織的規範，每日上午 8 時及下午 8 時，海軍東沙觀測站於上午 8 時完成探空作業，觀測結果即時與國際間交換作業結果；遇有如颱風劇烈天氣系統臨近或影響我國時，前述 3 氣象站則增加探空作業，且臺南及南沙高空觀測系統也會機動性執行觀測作業。我國空軍另在屏東、馬公和綠島等地，亦設有高空氣象探測站，由此構成我國高空氣象探測網。

高空氣象自動觀測系統（automatic upper-air sounding system）

　　高空氣象自動探測系統設置於高空氣象探測站，主要單元有接收及追蹤天線、接收機、天線控制部、信號處理器及觀測作業主電腦等。無線電探空儀發射的信號在天線處增益後，由接收機接收，再經信號處理器轉換為數位化之氣壓、溫度、濕度資料，傳送給作業主電腦做儲存及運算。

無線電探空儀（radiosonde）

　　無線電探空儀通常由充滿氦氣或氫氣的氣球搭載升空，在中低層大氣測量大氣參數之數據，並通過無線電將數據傳回地面氣象站的儀器。探空儀內裝有氣壓、溫度、濕度等感應部和無線電發射器。一般無線電探空儀重約 300 ～ 500 公克，亦有加裝臭氧感應器以探測臭氧含量之專用探空儀。

　　無線電探空儀以每分鐘 300 ～ 350 公尺之速度上升，探測各高度之氣壓、溫度、濕度，每隔 1 秒或數秒由無線電發射器依序發送觀測信號，再由高空氣象自動觀測系統接收。

高空氣象觀測人員正施放探空氣球升空，探空氣球攜載探空儀，探測高空氣象要數。各高度之風
向及風速，可由高空氣象自動觀測系統之追蹤天線的方位角及仰角的變化，加以計算求得，無線
電探空儀門並裝有 GPS 全球衛星定位系統，直接將 GPS 定位資料傳送至高空氣象自動觀測系統，
以計算出較高準確度之風向及風速。待升空至 30 公里左右之高度，由於探空氣球爆破，無線電探
空儀亦隨配掛之降落傘自由落下，結束探測階段。

高空氣象自動探測系統

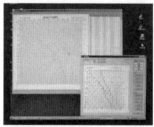

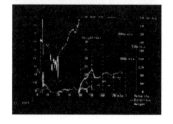

高空氣象自動探測系統接收及追蹤天線

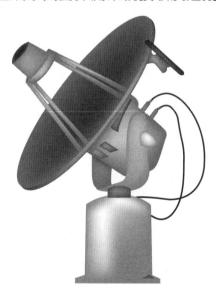

6-14 氣象雷達觀測

　　氣象雷達或稱氣象監視雷達（weather surveillance radar, WSR），是用來探測大氣中的降水類型（雨、雪、冰雹等）、分布、移動和演變，並可對其未來分布和強度作出預測的一種雷達設備，主要包括測雨雷達、測雲雷達、測風雷達及都卜勒雷達等，屬於主動式微波大氣遙感設備。觀測高空風的雷達，也是屬於氣象雷達的一種，但純屬一種遙測設備。氣象雷達利用天線發射高能電磁脈波，當電磁脈波碰到雲中降水時，降水會造成電磁脈波反射及散射，雷達再利用同一天線接收經降水所反射及散射之微弱電磁波能量，即是降水回波（precipitation echoes）強度。

　　氣象雷達回波（radar echo）不僅可以確定探測目標的空間位置、形狀、尺度、移動和發展變化等宏觀特性，還可以根據回波信號的振幅、相位、頻率和偏振度等確定目標物的各種物理特性，例如雲中含水量、降水強度、風場、鉛直氣流速度、大氣湍流、降水粒子譜、雲和降水粒子相態以及閃電等。

都卜勒氣象雷達（Doppler meteorological radar）

　　若能進一步檢測返回之微弱電磁波能量及發射之高能電磁脈波間頻率變化，來計算降水在雷達波束（radar beam）方向上之移動速率，即可獲得降水徑向速度（radial velocity），此速度即為目標物在雷達波束上的速度分量，擁有此種功能的氣象雷達就稱為都卜勒氣象雷達。

　　都卜勒雷達為利用都卜勒效應（Doppler effect 或 Doppler shift）原理，測量目標物雲和降水粒子，相對於雷達徑向運動速度的雷達。都卜勒效應是指當目標物的運動指向（背向）雷達時，雷達接收到的回波載頻將高於（低於）發射波的載頻。頻率變化的量極小，但其值與目標物徑向運動的速度分量成正比。因此根據回波載頻的變化，即可計算出目標物的徑向運動速度。都卜勒氣象雷達大多採用脈衝波方式，稱為脈衝都卜勒（pulsed wave Doppler）雷達。由於都卜勒氣象雷達能夠測量雲雨區域的氣流場結構，目前已成為大氣探測的重要設備之一，並成為劇烈風暴警戒的有力工具。

　　先進的民用飛機和軍用飛機上，一般都裝有此種氣象雷達，可以為飛機飛行即時提供精確和連續的圖像，從而使駕駛員及時採取改變飛行航道，以避開顛簸區域，保障飛行的平穩舒適與安全。

　　我國目前共有 6 座都卜勒氣象雷達，其中氣象局所有 4 座，包括花蓮、五分山（東北角山區）、七股及墾丁都卜勒氣象雷達站；另 2 座在桃園國際機場及國立中央大學。桃園國際機場都卜勒氣象雷達架於跑道旁，可測得地面至 15 公里高度之各層降水回波強度、徑向風場（radial velocity field）及亂流速度場（turbulent velocity field）。

氣象雷達觀測基本原理示意圖

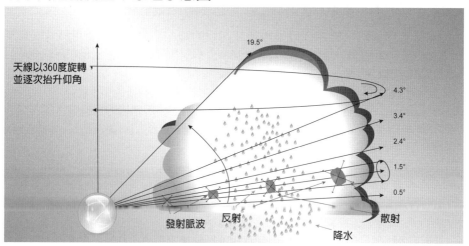

天線以360度旋轉，
並逐次抬升仰角

19.5°
4.3°
3.4°
2.4°
1.5°
0.5°

發射脈波　反射　　　　散射

降水

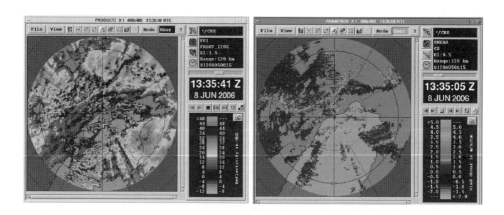

2006 年 6 月 8 日鋒面通過桃園國際機場前輻合帶之都卜勒氣象雷達回波圖（左）及徑向風速圖
（右）。桃園國際機場都卜勒氣象雷達架於跑道旁，可測得地面至 15 公里高度之各層降水回波強
度、徑向風場及亂流場。該雷達的主要任務為，負責守視桃園、臺北國際機場及其附近航路之劇
烈天氣，如鋒面、颮線（squall line）、雷雨、豪雨、下爆氣流、水平或垂直風切等。

6-15 氣象飛機觀測

美國是全球使用飛機進行科學活動最活躍的國家，如 NASA 使用 DC-10 以及 NCAR 使用 C130 飛機，能提供多重設備和多人科學家登機，經常出現在全球各地的天氣實驗密集觀測活動。

歐盟 8 個國家和歐洲科學基金會在 2003 年成立「歐洲空載研究平臺艦隊（European fleet for airborne research, EUFAR）」。其中法國和德國所轄屬的飛機數量和種類大於其他參與國家，英國利用 BAe-146 擔任科學任務。其他如滑翔機和超輕飛機也都被歐洲人用來作為科學觀測的飛行平臺。

亞太地區目前以澳洲 ARA（airborne research Australia）、日本 DAS（diamond air service）以及臺灣漢翔航空工業公司提供飛機平臺和設備租賃服務的科學量測業務。中國在 2003 年改裝一架美國 Piper Cheyenne 輕航機，首次作為人造雨的專用飛機；2008 年改裝「運八」運輸機，提供劇烈天氣觀測用。

我國在 1987 年之前，由空軍 C119 和 C130 運輸機支援省水利處進行人造雨作業。1980 年曾有 109 架次密集人造雨空中灑乾冰和清水的實務飛行。1987 年國科會中尺度天氣實驗計畫期間，曾邀請美國 NOAAP3 飛機來臺參與實驗觀測。

1998 年南海季風實驗（south China Sea monsoon experiment, SCSMEX）密集觀測期間，臺灣大學與氣象局曾以遙控無人機（aerosonde）進行海上低空大氣和颱風穿越觀測，於東沙島進行 19 次海上大氣邊界層頗面資料蒐集。

國科會自 2002 年 8 月起共三年之追風計畫，以「全球衛星定位式投落送」，使用 ASTRA 飛機與機載垂直大氣探空系統（airbome vertical atmosphric profiling system, AVAPS）設備，經每架次 5 小時直接飛到颱風周圍 43,000 呎的高空，進行侵台颱風之飛機偵察及投落送觀測實驗（dropwind sonde observation for typhoon surveillance near the TAiwan region, DOTSTAR）），期間對 49 個颱風完成 64 航次之觀測任務。2004 年 6 月 8 日康森颱風和 2005 年 7 月 16 日海棠颱風都曾穿入颱風環流逼近颱風眼，2005 年 10 月 1 日更成功穿入與穿出龍王颱風暴風圈。

2008 年 8 月起氣象局繼續執行此計畫，讓飛機偵察及投落送觀測成為常態的研究與作業；2008 及 2010 年我國參加國際颱風觀測實驗，2010 年颱風與海洋交互作用研究（impact of typhoons on the ocean in the Pacific, ITOP）乃針對凡那比及梅姬颱風進行觀測。

2013 年起追風計畫相關標準作業流程、技術與理論移轉給中央氣象局。

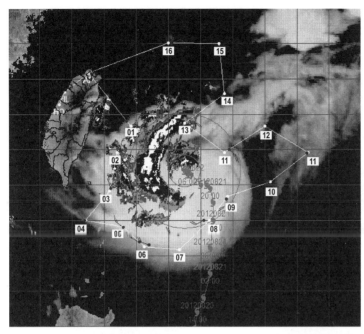

2012 年 8 月 22 日 上午追風計畫對天秤颱風的投落送觀測飛行路徑，以及測得的 925hPa 風場資料。圖中同時疊加當時的紅外線衛星雲圖及雷達回波圖。

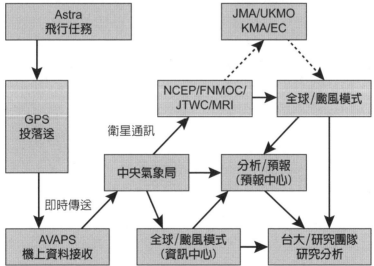

NCEP：美國國家環境預報中心、FNMOC：美國海軍數值氣象與海洋中心
JTWC：美軍聯合颱風警報中心、MRI：日本氣象廳氣象研究所
JMA：日本氣象廳、UKMO：英國氣象局
KMA：韓國氣象局、EC：歐洲中長期天氣預報中心

追風計畫資料取得與分析研究流程

6-16 下投式探空儀

現代化大氣觀測，無論使用現場（in situ）或遙測（remote sensing）方式，都是透過遙測感應器及轉換器介面等硬體設備，將氣象要素、大氣環境變數等以數位型態輸出。下投式探空儀（dropsonde）是由美國國家大氣科學研究中心所研製，用於提供氣象偵察機用的工具，當偵察機飛到一定高度時投放，下投式探空儀便會取得追蹤風暴路徑的資料。科學實驗機為了達成實驗指揮中心的科學目標需求，經常在特定雲系周遭進行水平與垂直觀測，並無特定航路。

下投式探空儀裝有一個 GPS（global positioning system）接收器和氣壓、溫度、濕度感測器，能把大氣形勢和熱力學資料經無線電發射，傳送回偵察機的電腦。下投式探空儀並裝有一降落傘，以減低下降速度，降落傘以約 10m/s 速度下墜，因而可取得更多數據資料。

颶風偵察機（Hurricane hunters）常使用下投式探空儀，以收集颶風資料，並輸入超級電腦，使預報員能追蹤颶風動向和預測颶風的發展與變化。偵察機則由 NOAA 或美國空軍負責操控，當進入颶風眼（離地約一萬呎高空）時，便投下探空儀，產生下列數據編碼並傳回偵察機：

1. 投放時間。
2. 投放地點。
3. 標準等壓面的高度、溫度、露點差、風速和風向，以及探空儀下降期間，測出下列氣壓（百帕）的位置：1000、925、850、700、500、400、300、250。
4. 某些特別等壓面的溫度與露點差。
5. 對流層的氣壓、溫度、露點差、風速和風向。

飛機所承載的大氣科學觀測儀器和量測參數可區分為 4 大類別：

1. 基本氣象要素：氣溫、濕度、風速、風向與氣壓。

2. 雲物理（cloud physics）：雲滴譜（cloud-drop size spectrum）、雲水含量、雲凝結核數量。

3. 遙測與輻射：降水回波、海溫與長短波輻射量。

4. 氣體與懸浮微粒（gas and aerosol）：光化汙染氣體（photochemical air pollution）、追蹤氣體、沙塵。

芬蘭 Vaisala 公司 RD-93
下投式探空儀
空中降落示意圖

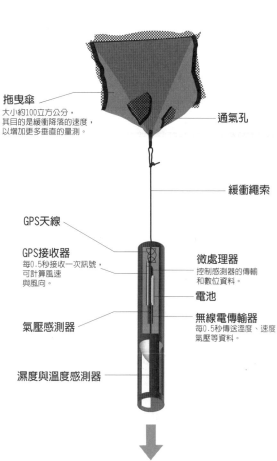

拖曳傘
大小約100立方公分，
其目的是緩衝降落的速度，
以增加更多垂直的量測。

通氣孔

緩衝繩索

GPS天線

GPS接收器
每0.5秒接收一次訊號，
可計算風速
與風向。

微處理器
控制感測器的傳輸
和數位資料。

電池

無線電傳輸器
每0.5秒傳送溫度、速度
氣壓等資料。

氣壓感測器

濕度與溫度感測器

美國國家大氣研究中心新型機載投落探空儀，可由飛機
載至氣象資料嚴重缺乏之海洋上空投下，用以量度大氣
之氣壓、溫度、濕度以及水平風速、風向之垂直分布，
對改進颱風路徑和強度之數值模擬預報準確度可扮演重
要角色。

6-17 氣象衛星觀測

　　氣象衛星可分為同步及繞極衛星兩種，不只可以觀察雲和雲的系統；城市燈光、火災、大氣和水汙染、極光、沙暴、冰雪覆蓋率、海流和能源浪費等都是氣象衛星可以收集的環境信息。

　　氣象衛星圖可以用來監視火山噴發時火山灰的發展與活動，以及其他煙雲，如森林大火等；近年氣象衛星也被用來作為記錄聖嬰現象的發展和它對氣候的影響。

　　1960 年 4 月 1 日，美國 NASA 發射成功 TIROS-1 號衛星，是世界上第一顆氣象衛星；TIROS 雖只運行 78 天，但它的成功奠定了日後氣象衛星的發展。在全球天氣守視（world weather watch, WWW）計畫下，建立了全球氣象衛星觀測網（meteorological satellite observation），地球同步衛星監測南北緯 60 度間之天氣系統，極地附近地區則以繞極軌道衛星負責監測作業。

　　2012 年 4 月 26 日印度成功發射一枚軌道達到 470 ～ 480 公里高度的衛星，稱為 RISAT-1，意思是雷達影像衛星（RADARSAT），不像先前印度所發射的影像衛星是用光學相機收集地面影像。

同步氣象衛星（geostationary meteorological satellite）

　　同步氣象衛星繞地球之速度與地球自轉速度相同，平均飛行高度約 36,000 公里，位於地球赤道正上空，繞地球一周需時 24 小時。每小時觀測地球一次，利用雲分布導出風場的觀測時段為 30 分鐘觀測一次；颱風期間加強觀測時段為每 15 分鐘觀測一次。每顆同步氣象衛星可以俯視地球表面的 1/4，目前共有 5 顆同步氣象衛星，觀測涵蓋全球，主要任務為拍攝雲圖、估算海溫、推算水氣含量、計算雲導風場（cloud-derived wind）以及各種自動觀測資料之匯集與轉發。

目前各國運行中的同步氣象衛星，包括：

　　1. 美國的 GOES-16、GOES-17 及新一代 GOES-R。

　　2. 日本的 GMS-8。

　　3. 歐盟的 Meteosat 8、Meteosat 11 及新一代 MTG-I、MTG-S。

　　4. 印度的 INSAT-3DR，南韓的通信海洋氣象衛星 COMS-1。

　　5. 中國的 FY-2H、FY-4A 及 FY-3E（與 FY-3C、FY-3D 組成三星網，成為黎明、上午及下午之晨昏軌道衛星，實現全球觀測 100% 覆蓋）。

　　由我國、美國及印度共同開發的 INSPIRESat-1 衛星於 2022 年 2 月 14 日發射，主要任務為地球電離層及太空氣象觀測。2022 年 4 月 16 日中國發射大氣環境監測衛星，是世界首顆具備激光衛星，有監測二氧化碳和大氣汙染能力。

2015年至2022年世界氣象組織全球同步氣象衛星觀測系統，GOS概念圖

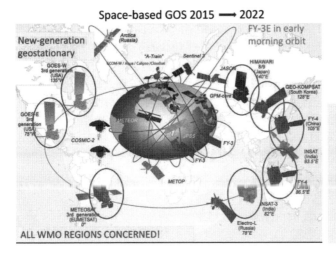

根據 WMO 之全球觀測系統（global observing system, GOS），衛星觀測作業地球同步氣象衛星，包括美國的 GOES 系列、日本的 GMS 系列、歐非的 EUMETSAT、中國的 FY 系列及印度的 INSAT-3DR。

例行全球同步氣象衛星觀測計畫作業系統中，包括 6 艘太空船在內，以確保天頂角低於 70° 時，能完全涵蓋 50°S 至 50°N 區域，氣象衛星合作群（coordination group for meteorological satellites, CGMS）全體間同意負責之軌道如下：

區域	例行操作者	例行作業區
North, Central and South America (GOES-West)	USA (NOAA)	135°W
East Pacific (GOES-East)	USA (NOAA)	75°W
Europe & Africa	EUMETSAT	0°
Indian Ocean	Russian Federation (Roshydromet)	76°E
Asia	China (CMA)	105°E
West Pacific	Japan (JMA)	140°E

6-18 繞極氣象衛星 —— 可見光衛星雲圖

　　氣象衛星繞行軌道通過南北兩極，稱為繞極軌道氣象衛星（polar orbiting satellite）或太陽同步氣象衛星，美國 TIROS-N 系列衛星，距離地球表面平均高度為 850 公里，平均飛行高度約距地面 820 公里，繞地球一周需時約 101 分鐘，每天通過同一地點附近上空兩次（白天及晚上各一次）。

　　美國同時維持兩顆繞極軌道氣象衛星作業，故每隔 6 小時可觀測地球同一地點一次。目前運轉的全球性作業繞極軌道氣象衛星有 NOAA-12,-14,-15,-16 和 NOAA-17。主要任務為拍攝雲圖、估算海溫、反演大氣垂直溫濕度分布、估算臭氧總含量、監測太陽常數和地球輻射收支，以及各種自動觀測資料之匯集與轉發。NOAA 衛星使用高解析輻射儀（advanced very high resolution radiometer, AVHRR）觀測，除可提供較近距離的衛星影像外，亦可提供數據資料反演各種不同產品。由於繞極衛星離地面較近，所以儀器掃描的解析度較高，能更精確遙測海溫與大氣的垂直變化。

衛星雲圖（satellite cloud imagery）分類

　　衛星雲圖可分為：

　　1. 可見光衛星雲圖，2. 紅外線衛星雲圖，3. 水氣頻道雲圖等 3 種。

可見光衛星雲圖（visible satellite imagery, VIS）

　　可見光雲圖是測量雲頂或地表反射陽光的反照率（albedo），地球同步衛星 24 小時都利用可見光觀測，其明暗度是利用物體對陽光的反射強度而定。可見光雲圖有如從太空拍攝的黑白照片，雲圖只在日間拍攝得到，但分辨率較紅外線雲圖高，因此可見光雲圖能顯示較細緻的雲團結構。一般來說，雲頂愈高，溫度愈低，它在雲圖中便顯得更為明亮。利用雲頂反射陽光的原理製成，可顯示雲層覆蓋的面積和厚度，比較厚的雲層反射能力強，在可見光衛星雲圖上，會顯示出亮白色，雲層較薄則顯示暗灰色。

　　早上的可見光雲圖，東太平洋地區已經受陽光照射，亮度足以分辨雲圖，但在中國大陸以西陽光仍未照射到，所以雲圖的左邊是黑色的；近中午的雲圖則因為全面受陽光照射，所以雲圖呈圓盤形；到了下午，東半邊中太平洋區域已經是晚上，無陽光照射，所以右半邊呈黑色。也就是說，隨著地球由西向東自轉，太陽直射地球的位置向西移，全球可見光雲圖的亮區或暗區也跟著移動；冬季時，太陽直射南半球，北極圈附近是永夜，在可見光雲圖中呈黑色也長達半年；同樣的，夏天時，太陽直射北半球，南極圈附近成為永夜。

氣象衛星有兩種：
1. 在地球的同步軌道上運行，恆定地觀測地表上大約 1/3 的面積。
2. 繞極軌道，以每 12 小時一次地覆蓋整個地球表面。氣象衛星可測量地表和大氣溫度，記錄風速和雲的移動，並預測降雨區域，以方便預報準確天氣。

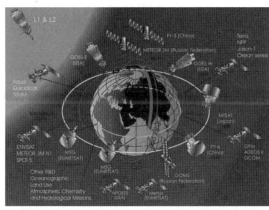

WMO GOS 觀測系統，由美國、歐洲、俄羅斯、中國、日本及其他國家提供衛星觀測。

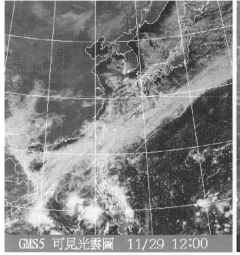

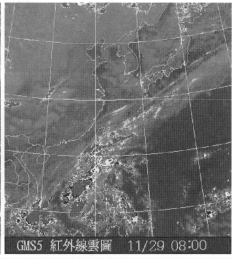

左圖：可見光衛星雲圖可以看到很漂亮的鋒面雲圖，鋒後雲層很少，但是海面上則有明顯小魚鱗狀雲。

右圖：同時間之紅外線雲圖溫度色調強化雲圖。雲頂發展愈低，雲頂溫度愈高；雲頂發展愈高，雲頂溫度愈低。圖為將雲頂溫度區分為若干個區間，每一區間分別設定一種顏色，即成為色調強化圖。（註：本原圖為彩色，由藍、綠、黃、紅、白、黑、天空藍、桃紅表雲頂高度逐漸遞升。）

6-19 繞極氣象衛星——紅外線衛星雲圖

紅外線衛星雲圖（infrared satellite imagery, IR）爲利用紅外線波段反應物體之溫度，也就是利用溫度來分辨雲的高度，雲頂溫度愈低，衛星雲圖愈白，而暗灰色的部分則代表雲層高度較低，因爲愈接近地面的雲層溫度愈高。簡單的說，就是以雲頂的不同溫度來判斷雲層的高度。紅外線頻道主要爲觀測溫度之特性，利用其「夜視」功能，可用於拍攝日夜全天候雲圖，估算海面溫度、雲頂溫度、雲量、雲分類、大氣垂直溫度、水氣、臭氧含量及風場分布、地球長波輻射等。

色調強化技術（enhancement）

以對流雲而言，對流愈旺盛雲頂發展愈高，雲頂溫度則愈低，爲了更深入研究某種天氣現象，將特殊現象依不同層次的明暗度顯示於衛星雲圖上，此種方法稱爲「色調強化技術」，常用於紅外線雲圖。色調強化雲圖乃針對對流雲而設計，主要目的在突顯對流現象使其更易於辨識。色調強化雲圖簡單的分辨方式是將發展的雲層看成一座山，由高空鳥瞰這座山，因各個雲層有不同的發展高度而呈現不同顏色，由藍、綠、黃、紅、白、黑、天空藍、桃紅、白所代表的溫度由高溫而逐漸降低，桃紅所包圍的白色是溫度最低之處，由雲頂的顏色即約略可判別雲頂高度及對流強弱。

水氣頻道雲圖（water vapor channel satellite imagery）

水氣變化是形成各種大氣現象的主要原因，因此對大氣中水氣含量的觀測非常重要。氣象衛星雲圖水氣頻道屬於紅外線波段，主要測量大氣中高層水氣分布狀態，水氣豐盛的區域在雲圖上，會顯示出亮白色。

利用氣象衛星推估大氣中水氣含量，除近紅外線與紅外線頻道外，還有利用微波頻道來反推水氣多寡。利用微波輻射遙測水氣可分主動與被動式 2 種。衛星常搭載的微波輻射儀（microwave radiometer）是接收來自大氣及地面的微波輻射能量，依據地面及空中各種物體的溫度及特性的不同而有不同的微波輻射強度及頻率，由不同頻率所得到的輻射能量強度來判別各種物體的特性，屬於被動式遙測。

近年則多利用 GPS 訊號探測大氣中水氣含量，因 GPS 衛星發射的電磁波訊號會因穿越性質與狀態各異且不穩定的各層空氣而產生速度延遲、方向偏折與強度減弱，其原因主要是訊號傳遞在大氣層的傳播速度比在眞空中要慢，及大氣層中傳播路徑是曲線而非直線，上述現象皆由傳播路徑上之折射率（refractive Index）所引起。前者是由於對流層折射率大於眞空折射率，因而造成速度的延遲；後者則是因爲大氣層各個高度之折射率不同，而使其傳遞路徑形成彎曲的延遲，此與大氣中的水氣含量較爲相關，近年來廣泛用於水氣觀測。

上圖左與圖右兩張雲圖為相同時間的紅外線雲圖，圖左為原始灰階雲圖，天氣系統較不易分辨，圖右為色調強化雲圖，很容易分辨出雲頂發展較高的地方即是對流發展之處。

微波頻道可用於估算海面溫度、大氣垂直溫度分布、水氣總含量、大氣水氣垂直分布、海面風速、降雨量、積雪、海冰（冰山）分布、颱風強度、暴風半徑等。一般氣象衛星雲圖以灰度值表現，相同的灰度值在不同頻道代表不同意義；藉由衛星雲圖，可以了解大氣中水氣的分布。如下表：

	可見光雲圖	紅外線雲圖	水氣頻道雲圖
白	雲厚	溫度低	中層大氣水氣多
灰	二者之間	二者之間	二者之間
黑	無雲	溫度高	中層大氣水氣少

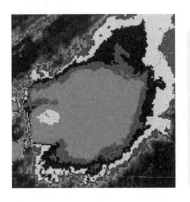

對流雲因垂直發展的陡峭程度不同，所以顏色的層次明顯度也不相同，左圖對流胞的東側在色調強化雲圖上顯示顏色變化層次分明，表示此處為下風區雲頂的高度變化較平緩，但是對流胞的西側幾乎無法分辨顏色的層次變化，表示此處對流雲的垂直發展非常陡峭，對流胞的雲頂在西側出現白色區塊，顯示最冷雲頂溫度達到−81.2℃以下，這個位置即是對流發展最強烈之處。

第 7 章
天氣分析與預測

7-1 天氣學的演進

天氣學（Synoptic meteorology）為研究與分析綜觀天氣（synoptic weather）資訊之科學，天氣資訊指在統一規定下全球同步觀測、編發並彙整之資料。約公元前 340 年古希臘哲學家亞里士多德（Aristotle）綜合古希臘的氣象知識，彙編「氣象匯論（meteorologica）」，是人類最早的氣象書籍，闡述雲、雨、雹、霾的形成及氣候變化；風的成因、分布以及颶風、焚風、雷電等現象。18 ～ 19 世紀，由於物理和化學的發展以及氣壓、溫度、濕度和風等測量儀器的陸續發明，才使天氣學的研究由單純的敘述提升到定量分析。

1820 年德國的布德蘭（Geinrich Wilhelm Brandes）最先繪製地面天氣圖，開創近代天氣分析和預報方法。1835 年法國的科利奧里（Gaspard Gustave de Coriolis）提出偏轉風概念；1857 年荷蘭的白貝羅（Christophorus Henricus Didericus Buys-Ballot）提出風和氣壓關係。19 世紀發展的概念，成為近代天氣動力學與天氣分析的基礎。

天氣學包括：1. 天氣觀測、2. 天氣分析、3. 理論診斷與預報、4. 資料處理與運算、5. 經驗與洞察力判斷。

極鋒學說（polar front theory）與天氣學理論

1920 年左右，挪威一對父子檔氣象學家，維爾海姆白堅尼（Vilhelm F. K .Bjerknes）與兒子加科布白堅尼（Jacob Aall Bonnevie Bjerknes），共同創立近代氣象史上的極鋒學說，用以說明中緯度地區的天氣變化。該理論成為天氣預報的主要理論依據，亦為分析和預報 1 ～ 2 天的天氣奠定理論基礎。

1930 年代，由於廣泛使用無線電探空儀，開始 3 維空間的天氣學研究。根據大量探空資料繪製的高空天氣圖，因而發現了大氣長波，1939 年羅斯貝（Carl-Gustaf Arvid Rossby）提出長波動力學。1950 ～ 1960 年代，由於電腦、雷達、衛星和遙感技術的應用，使大氣的各種現象，大至大氣環流，小至雨滴的形成過程，都可依物理學和化學的數學式表示。隨著大氣熱力學與大氣動力學的發展，理論解釋成為天氣學的重點。

天氣學經過多年的發展以後，目前大氣科學家已對大氣有了很深的了解，但天氣變化仍常在他們預期之外。正因為這樣，人們對天氣的研究仍沒有停止的一天，希望終有一天，我們能百分百掌握天氣的變化。

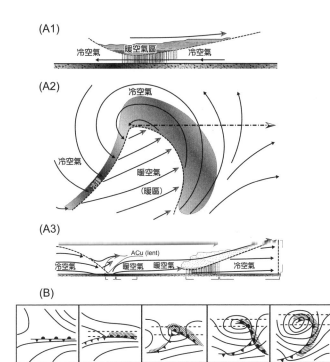

(A1)

冷空氣　暖空氣區　冷空氣

(A2)

冷空氣

冷空氣

暖空氣

(暖區)

(A3)

ACu (lent)

冷空氣　暖空氣　暖空氣　冷空氣

(B)

白堅尼父子於 1922 年共同創立近代氣象史上的極鋒學說，用以說明中緯度地區的天氣變化，成為天氣預報的主要理論依據。

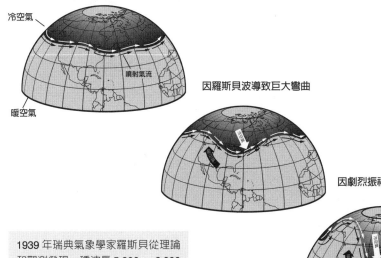

有小波動的噴射氣流

冷空氣

噴射氣流

暖空氣

因羅斯貝波導致巨大彎曲

因劇烈振福導致冷槽南下

1939 年瑞典氣象學家羅斯貝從理論和觀測發現一種波長 5,000 ～ 6,000 公里，控制天氣和大氣環流變化的大氣長波，稱為羅斯貝波。

7-2 天氣現象的尺度與壽命

在大氣中影響人類生活與活動的狀態統稱為天氣，包括大氣所有要素的短期變化，即氣溫、濕度、雲、降水、能見度及風場等的總體表現。大氣中的狀態，可用具有某些特徵的系統代表，也就是不同的天氣系統（weather system）都有不同的大氣現象；這些現象都有不同的空間範圍與不同的生命期。

為方便起見可將天氣系統分成大、中及小等 3 類，如極地冷空氣爆發，範圍廣達數千公里，將其歸於大尺度系統之「綜觀天氣系統（synoptic scale）」。而冷、暖氣團界面，所形成之冷鋒及暖鋒，範圍約數百公里，則歸於「中尺度系統（meso-scale）」。位於冷、暖鋒上的雲雨胞，直徑只有幾十或幾公里，系統尺度小，稱為「對流尺度系統（convective scale）」。

天氣系統尺度另可由許多方面作分類，例如空間尺度、時間尺度和動力尺度等。

空間尺度可分為 3 種：1. 大尺度（macro-scale）、2. 中尺度（meso-scale）、3. 微尺度（micro-scale）。

受限於觀測資料，綜觀尺度觀測網無法獲得某些中尺度的現象，所以中尺度發展較晚，約自 1950 年以後，由於觀測技術的開發及不斷創新，才使得中尺度氣象蓬勃發展，如雷達與衛星，其中雷達又有天氣雷達、探空雷達及剖風儀等。衛星分為繞極衛星及同步衛星，對中尺度氣象而言以同步衛星最為重要，由早期每 3 小時觀測一次，提升至每 1 小時觀測一次，如此大為提升中尺度氣象的解析。

我國位處副熱帶地區，冬季主要受東北季風影響，系統尺度較大，預報時效長達一個星期。夏天的威脅主要來自熱帶氣旋、颱風、低壓槽和西南季風中的陣雨及雷暴，系統尺度較小，預報時效可能甚至不及 24 小時。

天氣現象之時空尺度分布圖
天氣現象的水平空間尺度圖

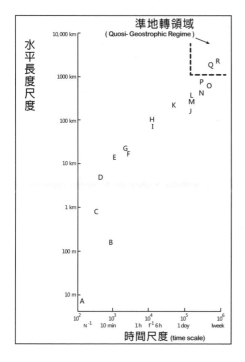

A～R 分別代表之現象如下：
A：塵旋風（dust devil）
B：龍捲風（tornado）、水龍捲（Waterspout）
C：積雲（cumulus cloud）
D：下衝風（downburst）
E：陣風鋒面（gust front）
F：中尺度氣旋（meso-cyclone）
G：雷雨（thunderstorm）
H：海陸風（land sea / lake breezes）、
山谷風（mountain-valley breezes）、
中尺度高低壓（meso-high and meso-low）
I：降水帶（rain band）
J：岸邊鋒（coast front）
K：中尺度對流系統
（meso-scale convective system, MCS）
L：低層噴流（low level jet, LLJ）
M：乾線（dry line）
N：爆生氣旋（bombs）、熱帶氣旋
（tropical cyclone）
O：西風噴流（westerly jet），高層噴流
（upper level jet,ULJ）
P：地面鋒（Surface front）
Q：溫帶氣旋（extra-tropical cyclone）、反氣
旋（anticyclone）
R：斜壓波（baroclinic waves）、
槽與脊（trough and ridge）
其中 Q 與 R 屬準地轉領域（regime）。

天氣系統現象之深度與廣度

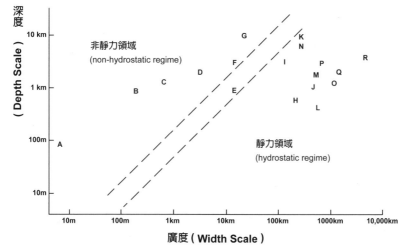

7-3 天氣圖分析

　　天氣學爲分析與研究綜觀天氣資訊之科學，因此要先由實測資料分析，找出天氣系統的特徵；接著透過大氣科學理論，對天氣系統診斷；然後利用動力學推斷天氣系統的未來變化，即天氣系統的預報科學。1820 年德國萊比錫大學教授布蘭德斯（H.W. Brands），將過去各地的氣壓和風，同時間觀測記錄填入地圖，繪成世界上第一張天氣圖。1853 ～ 1856 年俄國與英國、法國、鄂圖曼土耳其帝國和撒丁尼亞王國間的克里米亞戰爭（Crimean War），影響之一是導致世界上正規作業化第一張天氣圖的誕生。

　　1854 年 11 月 14 日，當英法聯軍包圍克里米亞半島的塞瓦斯托波爾，陸戰隊準備在黑海的巴拉克拉瓦港地區登陸時，黑海上風暴來臨，突然狂風大作、巨浪滔天。法國軍艦遭強風浪襲擊沉沒於黑海北部，英法聯軍不戰自潰，幾乎全軍覆沒。事後巴黎天文臺臺長勒維烈（法語：Urbain Jean Joseph Le Verrier, 1811 ～ 1877）研究這次風暴，他向各國天文、氣象學家，收集到 1854 年 11 月 12 日～ 16 日風暴發生前後的 250 份氣象報告，發現這次風暴是自西北向東南移動，在抵達黑海聯軍艦隊前 1 ～ 2 天，已先影響西班牙和法國。

　　勒維烈分析後認爲，如果當時歐洲沿大西洋一帶設有氣象站，就可以將風暴情報及時電告英法艦隊，使英法艦隊免遭這次風暴襲擊。在各方的贊助下，1856 年組建了法國第一個正規的天氣服務系統。1857 年戰爭結束後，又得到比、荷、英、俄、奧、瑞士等國的響應，開始用電報傳送當日氣象觀測記錄。1860 年又開創了風暴警報事業，1863 年秋向法國港灣發布風暴警報；不久後，歐美各國和日本也都開始拍發電報，繪製天氣圖。

　　天氣圖分析（weather charts analysis）一般分爲：1.地面天氣圖、2.高空天氣圖及 3.輔助圖等 3 類。

　　若按性質則分類爲：

　　1. 實況分析圖、2. 預報圖，爲依據天氣分析或數值天氣預報結果，所繪製的未來 24、48 及 72 小時的天氣形勢預報圖或天氣分布預報圖，及 3. 歷史天氣圖；4. 此外，根據需要有時還繪製不同時段（如旬、月、年）某氣象要素平均值分布情況的平均圖、對平均值的差值分布情況的距平圖等。

　　天氣圖上的氣象觀測記錄，由世界各地的氣象站，使用幾乎一致的儀器和規範，在同一時間觀測後迅速集中得。目前先進各國各種觀測與預報天氣圖都以電腦模式直接繪製，因此節省許作業多時間，提升天氣預報時效。

地面天氣分析圖（surface analysis）

　　地面天氣分析圖簡稱地面天氣圖或地面圖，需要根據氣溫分布及各地的天氣特徵來判斷是否有鋒面之類的特殊天氣，如有，就要在最可能的位置上標示鋒面，或其他特殊天氣符號。每天繪製地面天氣圖 4 次，即格林威治世界標準時間，00 時、06 時、12 時及 18 時的觀測資料。

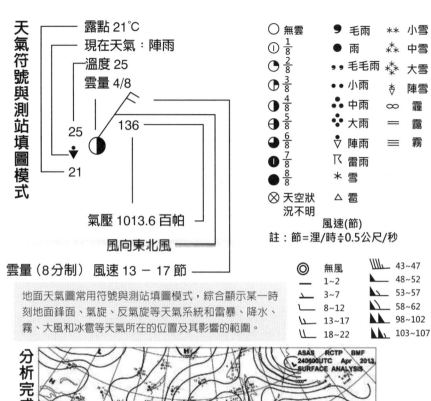

天氣符號與測站填圖模式

露點 21°C
現在天氣：陣雨
溫度 25
雲量 4/8
25
136
21
氣壓 1013.6 百帕
風向東北風
雲量（8分制）　風速 13 – 17 節

○ 無雲	◐ 毛雨	✳✳ 小雪	
◔ 1/8	● 雨	✳✳ 中雪	
◑ 2/8	◦◦ 毛毛雨	✳ 大雪	
◑ 3/8	•• 小雨	⛇ 陣雪	
◑ 4/8	⁖ 中雨	∞ 霾	
◑ 5/8	⁘ 大雨	≡ 靄	
◕ 6/8	▽ 陣雨	≡ 霧	
◕ 7/8	℞ 雷雨		
● 8/8	＊ 雪		
⊗ 天空狀況不明	△ 雹		

風速(節)
註：節＝浬/時≒0.5公尺/秒

◎ 無風	⊓ 43~47
— 1~2	⊓ 48~52
⊢ 3~7	⊩ 53~57
⊔ 8~12	⊪ 58~62
⊔ 13~17	⊫ 98~102
⊔ 18~22	⊫ 103~107

地面天氣圖常用符號與測站填圖模式，綜合顯示某一時刻地面鋒面、氣旋、反氣旋等天氣系統和雷暴、降水、霧、大風和冰雹等天氣所在的位置及其影響的範圍。

分析完成之地面天氣圖例

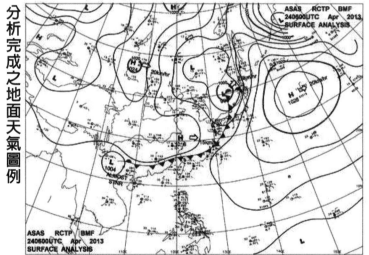

分析完成之地面天氣圖例：根據各站的氣壓值繪等壓線，分析高、低氣壓系統分布；根據溫度、露點、天氣分布，分析各類鋒面位置。上圖顯示寒潮過後不久的天氣狀況。

地面圖中氣象站的相應位置上，用數值或符號填寫氣象要素觀測記錄，包括氣溫、露點、風向和風速、海平面氣壓和 3 小時氣壓傾向、能見度、總雲量和低雲量、高雲、中雲和低雲的雲狀、低雲高、現時和過去 6 小時內的天氣、過去 6 小時降水量以及特殊天氣現象等。根據各站的氣壓值繪等壓線，分析出高、低氣壓系統的分布；根據溫度、露點、天氣分布，分析各類鋒面位置。

7-4 高空天氣圖與厚度圖

　　高空天氣圖（upper-air weather chart）又稱高空等壓面圖（upper-air constant-pressure chart）或高空圖，用以分析高空天氣系統和大氣狀況。各等壓面高空圖上各探空站或測風站填有該等壓面上的位勢高度（geopotential height）、溫度、溫度露點差、風向、風速等觀測記錄。根據有關要素的數值分析等高線、等溫線，並註記各類天氣系統。等高線表示該等壓面在空間的分布，顯示高空低壓槽、高壓脊、切斷低壓（cut-off low）和阻塞高壓（blocking high）等天氣系統的位置和影響範圍。

　　低壓槽簡稱槽（trough），它是在同高度上，氣壓低於毗鄰 3 面，高於另一面的區域，在等壓面（或等高面）圖上等高線（或等壓線）呈近似平行的 V 字形，Λ 字形的低壓槽又稱倒槽（inverted trough）。在低壓槽中，等壓線或等高線的氣旋性曲率（cyclonic curvature）最大的各點連線即為該槽的槽線（trough line）。槽線將低壓槽分為兩部分，低壓槽前進方向的一側為「槽前」，另一側為「槽後」。一般槽前有上升氣流，多雲雨天氣；槽後有下沉氣流，多晴朗好天氣。

　　高壓脊簡稱脊（ridge），它是在海拔相同的平面上，氣壓高於毗鄰 3 面，而低於另一面的區域，在等壓面（或等高面）圖上等高線（或等壓線）呈近似平行的 ∩ 字形。在高壓脊中，等壓線或等高線的反氣旋性曲率（cyclonic curvature）最大的各點連線即為脊線（ridge axis）。

　　等溫線（isotherm/isothermal）表示該等壓面上的冷暖空氣分布，它們同等高線配合，顯示天氣系統的動力和熱力性質。有時在圖上還繪有等風速線或等比濕線、等溫度露點差線等，反映噴流和濕度的空間分布。一般常用的等壓面圖有 850、700、500、300、200 和 100hPa 等，各等壓面圖之平均海拔高度分別約為 1,500、3,000、5,500、9,000、12,000 和 16,000 公尺。

厚度圖（thickness chart）

　　厚度圖屬於高空圖的一種，為分析某兩等壓面間氣層的厚度。這種厚度可反映該氣層平均溫度的高低，氣層厚的地區大氣較暖，反之較冷。常用的有 1000 ～ 500hPa 的厚度圖，這種厚度圖常疊加在 500 或 700hPa 等壓面圖上，用以表示 500 或 700hPa 圖上的溫度分布。

高空圖填圖模式

500 hPa 高空圖分析例

300 hPa 高空圖分析例

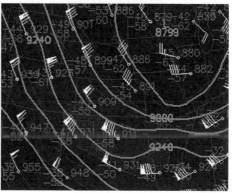

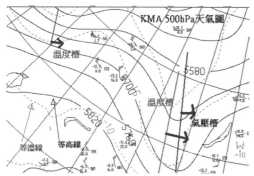

500hPa 天氣圖分析圖例：由等壓線分析得到圖右側有明顯氣壓槽；等溫線分析，發現氣壓槽後也有明顯溫度槽；當暖空氣勢力呈 V 狀伸入冷空氣者為溫度脊。而冷空氣呈 V 字伸入暖空氣則為溫度槽；溫度槽脊一般出現在對流層高層西風帶中，位置常與氣壓槽脊對應，但通常有些許落後或超前，此位置之差異能導致所謂的斜壓不穩定，可作為西風槽脊消長判斷的參考。

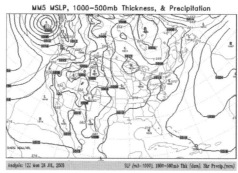

1000～500hpa 厚度圖，可以協助低層噴流與地面鋒面之分析。

7-5 天氣分析輔助圖

天氣分析輔助圖（auxiliary graph）包括：厚度圖、斜溫圖、風徑圖、衛星雲圖及風花圖等。

斜溫圖（skewT-log p diagram）

斜溫圖為熱力學圖表，根據乾空氣絕熱方程和濕空氣絕熱方程所製作的圖表，也稱絕熱圖表。這種圖上一般印有等壓線（縱坐標）、等溫線（橫坐標）、乾絕熱線（等位溫線）、濕絕熱線（等相當位溫線）和等飽和比濕線。將觀測站各高度的壓、溫、濕記錄填在圖上，可分析氣象站上空大氣穩定度狀況或計算大氣溫、濕特性的各種物理量。

風徑圖（hodograph）

風徑圖用以表示風向量運動，將風向量的尾端固定於坐標原點，再將各風向量前端部連接成軌跡曲線。曲線上任何一點的徑向距離與風速率成正比，因此風徑圖可以用來表示風向量的運動情形。

風花圖（wind rose chart）

風花圖是用來描述某一地區風向風速的分布，可分為風向風花圖和風速風花圖。在風花圖的極坐標上，每一部分的長度表示該風向出現的頻率，最長的部分表示該風向出現的頻率最高。風花圖常用 16 個風向量，或再細分為 32 個風向量。

剖面圖

剖面圖是用於分析氣象要素在垂直方向的分布和大氣動力、熱力結構的圖。圖上填有各標準等壓面和特性層的氣溫、濕度和風向風速的記錄，繪有等風速線、等溫線、等位溫線、鋒區上、下界等。它分為：(1) 空間剖面圖和 (2) 時間剖面圖 2 種。前者用多站同時的探空資料，顯示某時刻沿某方向的垂直剖面上大氣的物理特性；後者用單站連續多次的探空資料，顯示某一時段內該觀測站上空大氣狀況隨時間的演變情況。

變量圖

變量圖又稱趨勢圖，可反映某氣象要素過去 12 小時或 24 小時變化的分布狀況。常用有變壓（高）圖和變溫圖。較強的大範圍氣象要素變量區，對該要素未來的變化趨勢有一定的預示性。

單站圖

單站圖有用極坐標繪製的單站高空風圖，它可以顯示測站附近的高空風的垂直切變強度等動力狀況和各層冷、暖平流的熱力狀態；也有地面或高空某些要素隨時間變化和偏離正常情況的曲線圖等。

斜溫圖例

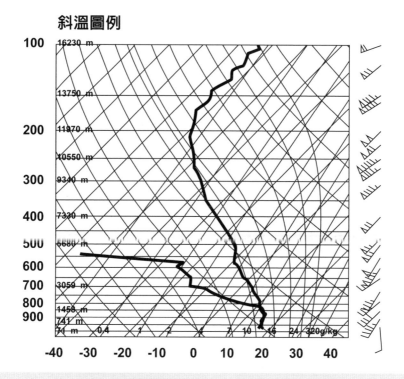

2006 年 11 月 29 日 12UTC 奧克拉荷馬州諾曼市溫度（右曲線）與露點（左曲線）探空

風徑圖例

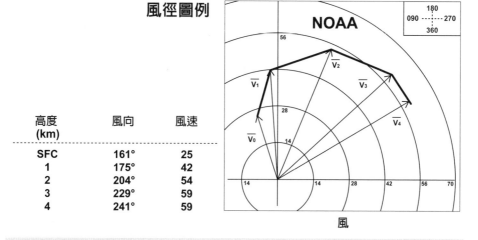

高度 (km)	風向	風速
SFC	161°	25
1	175°	42
2	204°	54
3	229°	59
4	241°	59

風徑圖可追蹤風向隨高度變化軌跡，對於判斷雷暴是否可能發展成旋轉性上升氣流或龍捲風型態很有助益。

7-6 天氣預報

天氣預報的作業流程

1980 年代以來,隨著遙測、電腦計算技術和氣象衛星資料等的廣泛應用,傳統的天氣分析和預報已被數值分析與天氣模擬預報所取代。目前天氣預報(weather forecast)根據來自全球每隔數分鐘,遍布全球各地的高空、地面、海上觀測站,將各種觀測資料經過編碼,傳送到當地的氣象中心及全球氣象中心資料庫。國內外之天氣觀測資料,主要透過衛星等通信網路即時接收,並立即輸入氣象資料電腦自動編輯系統做電腦解碼、資料偵錯及初始化等過程,即可將所得之氣象資料自動填製或繪製成各種天氣圖。

這些天氣圖一方面由預報人員配合雷達、衛星等觀測資料作主觀修正與詳細分析,以了解過去及現在的大氣環流與熱力狀況。同時,這些觀測資料也輸入預報模式,如統計或所謂數值天氣預報系統,利用統計或大氣動力、熱力等學理以推算未來之大氣環流與熱力狀況。預報人員再利用這些分析與由各種模式預測之結果,研判與預測各地區未來之天氣狀況。亦即氣象預報是人類企圖藉由資訊科技(information technology)的精進,即時掌握天氣的瞬息萬變。

根據上述,天氣預報作業流程主要分成 4 階段:

1. 資料蒐集,利用地面、高空和遙測獲取各種氣象資料。
2. 資料整合與分析,接收全球氣象資料後,利用電腦解碼與分析,製成天氣圖和衛星雲圖、雷達圖等圖表。
3. 天氣預報與討論,利用數值預報,經討論研判與決定各種天氣預報內容。
4. 預報發布,透過各種媒體和網際網路提供天氣預報資訊。

即時預報系統(nowcasting system)

即時預報系統為藉電腦科技,即時整合與分析氣象衛星、雷達、地面、高空觀測及數值天氣預報(numerical weather prediction, NWP)等,高效率電腦處理與分析的天氣預報系統。它可在短時間內迅速獲得天氣分析及預報所需的各種資料,以改進對為時短暫的區域性豪雨等劇烈天氣的預報能力與時效,提早預警時間,做到 0 ～ 12 小時的即時天氣預報,並可同時使用於 7 天以內的短期及中期天氣預報作業。

我國於 1994 年開始和美國 NOAA 合作,發展天氣資料整合與即時預報系統(weather integration and nowcasting system, WINS)。2002 年推動為期 8 年的氣候變異與劇烈天氣監測預報系統計畫,從短期天氣預報朝建立天氣與氣候資料整合系統。2010 年開始推動災害性天氣監測與預報作業,2012 年並從美國引進圖形化預報資料編輯系統(graphic forecast editor, GFE),將氣象預報從 22 個縣市分區精緻為 368 個鄉鎮,並演進至上千個指定點,如登山、海釣、客庄聚落及原鄉部落等,每個地點都提供 48 小時內每 3 小時及未來一週的氣象數據。2013 年起開放資料平台網站,如氣象資訊服務網站、手機及 PAD APP 服務機制等。

我國天氣預報、颱風警報類別表

預報種類	預報項目	預報時效
區域天氣預報	天氣、氣溫、降雨機率	三十六小時
近海漁業氣象預報	天氣、風向、風力、浪級、浪高	二十四小時
三天漁業氣象預報	天氣、風向、浪級	七十二小時
中期天氣預報	天氣、氣溫	七天
觀光旅遊地區天氣預報	天氣	七天
大陸及國際主要都市天氣預報	天氣、氣溫	二十四小時
舒適度指數預報	舒適度指數	三十六小時
農業氣象預報	天氣、氣溫、極端溫度、雨量、農事作業注意事項	七天
突變天氣預報	豪雨、強風、低溫、濃霧、大雨	二十四小時
月長期天氣展望	天氣趨勢、氣溫、雨量趨勢	一個月
季長期天氣展望	天氣趨勢、氣溫、雨量趨勢	三個月
海上颱風警報	颱風動態及警戒事項	十二或二十四小時
海上、陸上颱風警報	颱風動態及警戒事項	十二或二十四小時
解除颱風警報	颱風動態	十二小時
其他專業預報	依各專業機構要求而定	依各專業機構要求而定

天氣資料整合與即時預報系統及天氣預報作業流程

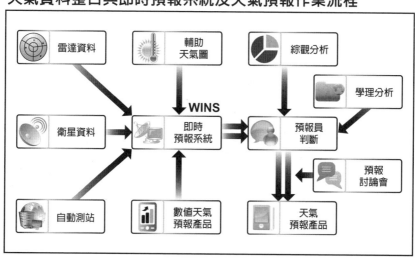

7-7 數值天氣預報

數值天氣預報系統（numerical weather prediction system）為依據大氣物理及動力之原理，所發展之大氣運動基本方程組，作為數值預報之積分模式，以全球之地面、高空及海洋等氣象觀測資料及初始網格點猜測值為輸入資料，利用超級電腦進行大氣分子運動之時空積分，以推算出天氣系統的未來演變。依據基本方程，包括：

理想氣體狀態方程：$p = \rho RT$

靜力方程：垂直氣壓差梯度力與空氣塊重力產生平衡之靜力方程。

連續方程：質量守恆定律，其數學表達式稱為連續方程。

運動方程：對單位質量的氣團，依牛頓第二定律。

能量守恆定律：熱力學第一定律。

大氣運動的 4 個獨立方程，聯立為閉合方程組：

$$\begin{cases} \frac{d\vec{V}}{dt} = \vec{g} - \frac{1}{\rho}\nabla p - 2\vec{\Omega} \wedge \vec{V} + \vec{F_\gamma} \\ \frac{\partial \rho}{\partial t} + \nabla \cdot (\rho\vec{V}) = 0 \\ p = \rho RT \\ C_p \frac{dT}{dt} - a\omega = \dot{Q} \end{cases}$$

所謂數值天氣預報應用 7 個流體力學、熱力學微分方程來描述大氣運動，7 個方程中含有 7 個未知數，包括最高氣溫、最低氣溫、降水量、濕度、氣壓、風向、風速，透過大型高速電腦求解方程組，獲得未來 7 個未知數的時空分析，即未來天氣分布。

1904 年挪威氣象學家皮耶克尼斯（F. K. Bjerknes）提出天氣預報的方程概念，1922 年英國氣象學家路易斯弗萊理察森（L. F. Richardson）藉由數值方法求解近似值，1952 年諾曼菲利普斯（Norm Phillips）將大氣簡化成垂直兩層，並導入斜壓方程式。1956 年諾曼菲利普斯成功模擬實際對流層月及季型態的數值模式，成為第一個成功的全球氣候模式。

2003 年我國與美國 NOAA 合作發展台灣地區中尺度模式短時預報系統。2012 年底開始使用第 5 代高速運算電腦系統（Fujitsu PRIMEHPC FX10），系統涵蓋全球、區域及氣候預報模式，包含颱風及短時劇烈天氣預報系統，提供未來 12 小時解析度為 2 公里之定量降水預報。2022 年開始籌建第 6 代超級電腦，網格點縮小至 1 公里，可提升小尺度天氣現象預報，預報最長時間則延長到 10 ～ 14 天，以面對全球暖化與氣候變遷之預報。

數值天氣預報目前已成為全球天氣預報之主流，利用 Weather Spark 網站，可實現即時查詢地球上任一地點的全年天氣，包含按月、日、甚至小時的天氣與氣候報告，非常適合今日人們旅行和活動企劃。

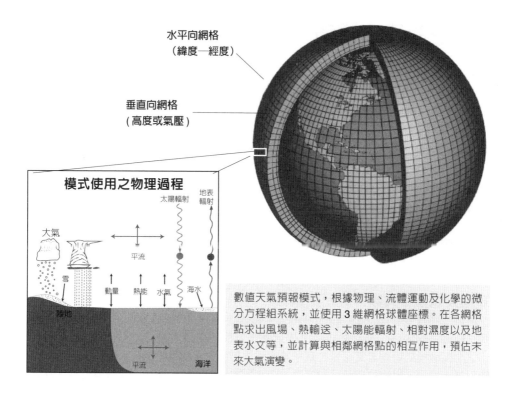

水平向網格
（緯度—經度）

垂直向網格
（高度或氣壓）

模式使用之物理過程

太陽輻射　地表輻射

大氣

平流

雪

動量　熱能　水氣

陸地

平流　　海洋

海水

數值天氣預報模式，根據物理、流體運動及化學的微分方程組系統，並使用 3 維網格球體座標。在各網格點求出風場、熱輸送、太陽能輻射、相對濕度以及地表水文等，並計算與相鄰網格點的相互作用，預估未來大氣演變。

數值天氣預報系統作業流程圖

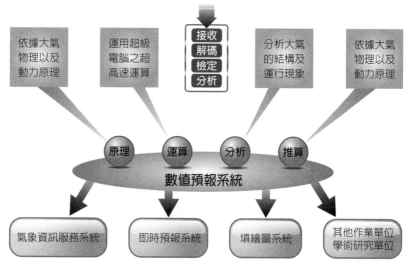

全球氣象電碼資料

依據大氣
物理以及
動力原理

運用超級
電腦之超
高速運算

接收
解碼
檢定
分析

分析大氣
的結構及
運行現象

依據大氣
物理以及
動力原理

原理　運算　分析　推算

數值預報系統

氣象資訊服務系統

即時預報系統

填繪圖系統

其他作業單位
學術研究單位

7-8 短期天氣預報

短期天氣預報（short term weather forecast）是指預報時效為未來 1～3 天以內的天氣預報，隨著對中、小尺度天氣系統的觀測方法和技術的提升，把幾小時以內或一小時以內的天氣預報，又分別稱為短時天氣預報和超短期預報（或稱鄰近預報），預測未來幾小時內即將發生的暴雨。

短期天氣預報模式（short-range ensemble forecasting, SREF）

2001 年 5 月美國國家環境預報中心（National Centers for Environmental Prediction, NCEP）啓用全球第一個短期天氣預報模式，NCEP-SREF 每天預報 2 次，預報時效 87 小時，模式水平解析度爲 32～45 公里。

香港天文台於 2003 年開發一套超短期預報系統，透過雷達回波相關追蹤技術（tracking radar echoes by correlation, TREC），每 6 分鐘提供香港境內最新的雨量分佈及演變。2010 年香港天文台用「多尺度光流變分法（multi-scale optical flow by variational analysis, MOVA）」，追蹤雷達回波，預測個別降雨系統移動。

短期天氣預報與類神經網路預報

區域波譜模式（regional spectral model, RSM）原用作短期天氣預測，使用地形座標（terrain-following coordinate），因此基本方程式是以地圖投影的靜力方程座標表示之。區域模式短期天氣預報之航空氣象預報項目包含積冰、亂流、噴流、雲幕高、能見度、雲量、對流位置及移動方向、降水形態、地面風、風切、對流層頂高度及溫度、霧等。類神經網路預報（artificial neural network, ANN）爲模仿生物神經系統累積經驗的過程，設計電腦數值網路經大量資料訓練，讓網路產生預測結果與實際情況間之誤差減小到最低。

短時天氣預報或臨近預報

短時天氣預報又稱臨近天氣預報（very short-range weather forecasting），是運用雷達、氣象衛星等監測，預報短期突發性的雷暴雨、冰雹、龍捲風、強降水等中小尺度強對流天氣。臨近預報（nowcasting）爲短時天氣預報中，專指當時的天氣監測和 0～2 小時的外推預報。

2021 年網路服務巨擘谷歌（Google）母公司（Alphabet）旗下英國人工智慧研究機構（DeepMind）和英國氣象局聯手開發人工智慧（artifitial inteligence, AI）技術，利用深度學習之雷達模型（deep generative models of radar, DGMR），能在 1 秒內產生單個預報，預測最大範圍可達 1536km×1640km，且分辨率達到 1 公里。DeepMind 研究團隊與英國氣象局的 50 多位氣象專家進行一項認知評估，將基於 DGMR 的新方法與其它同類方法進行對比。實驗證明在降雨、環流結構和強度的預測上，DGMR 與目標雷達數據最爲接近。

南韓高解析度預報模式（high-resolution weather research and forecasting, WRF）

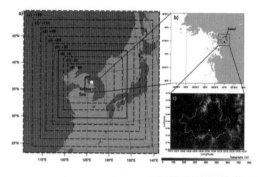

該模式之水平解析度分別為內圈 1 公里，外圈 5 公里之單向巢狀（one-way nesting）網格，預報模式區域涵蓋首都首爾及其周邊城鎮，運算使用統計分析相關係數法，預報結果並與實際觀測作比較。

類神經網路預報概念圖

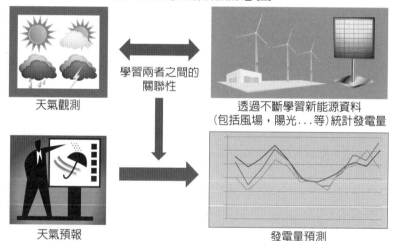

隨著非線性類神經網路的發展，已開始試用在預報作業上。尤其針對霧、低雲幕、熱雷雨和地面風場等涉及邊界層過程的預報，受限於觀測資料的時空密度過低、對小尺度物理過程的認識不足，以及網格太大等現實因素，傳統的數值預報模式往往會出現比較大的誤差，而類神經網路能在未知機制的情況下，分析關聯性的能力以補足缺陷。

雷達模型（DGMR）

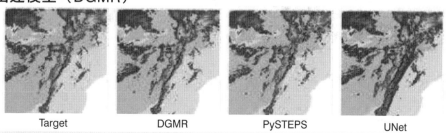

用深度學習之雷達模型（DGMR）模擬結果與其它同類方法，包括：PySTEPS、UNet 及 MetNet 進行對比。實驗證明在降雨、環流結構和強度的預測上，DGMR 與目標雷達數據最為接近。

7-9 降雨機率預報

降雨機率指預報人員依各種氣象資料，經整理、分析、研判及討論後，對某地區在某時段內會不會降雨的把握，預測在某地區及一定時段內降雨機會的百分數，即是指在過去同樣的天氣狀況中，每一百天中有幾天會下雨。這是一種機率預報，是預測降雨機率會有多少，並不代表一定會或一定不會下雨。

降雨機率在國際上有 2 種計算法，其一為在一個區域內，有多少％機率的面積會下雨；另一種為某特定地點，有多少％機率的機會會下雨。臺灣和世界上大多數的氣象單位，都採第 2 種方法，所以根據推估「機率」，即降雨機率預報（probability of precipitation, PoP），是指各預報區未來 36 小時內的 3 個時段（每 12 小時為一時段）出現 ≧ 0.1mm 的降雨機會，因此和降雨時間的長短以及面積的大小都沒有關係，當然也和降雨的強度沒有直接的關聯性。例如預報員對明天白天會不會下雨的把握很高，有 90% 把握會下雨（指出現 ≧ 0.1mm 的降雨），那降雨機率就是 90%，如果對不下雨的把握有 90% 時，則降雨機率為 10%，如果認為有可能下雨與可能不下雨，機會各半，這時降雨機率就是 50%。

我國自 1993 年 1 月開始發布「降水機率（chance of rain）」，後來才改用「降雨機率」，因從天而降的不只是雨，還有雪、冰雹等，雨是液態水，雪、冰雹則是固態水，水包含固態和液態。臺灣地區因平地難有下雪機率，所以當時發布「降水機率」，有些媒體卻用「降雨機率」，反而較容易被接受。臺灣百年氣象觀測資料，平地也未曾有下雪記錄，且本預報未含 500 公尺以上山區，所以山區下雪並不在降雨機率的預報範圍內，不會有降水或是降雨的問題，因此將降水改為降雨機率，但發布山區預報時，就應該用「降水機率」了。

氣象局使用 1998～2008 年 265 個自動雨量站和 25 個地面氣象站之時雨量資料及美軍聯合颱風警報中心 6 小時一次之颱風最佳路徑，應用統計學百分等級（percentile rank），研究當颱風位於 118～126oE、19～28oN 時，臺灣地區未來 24 小時發生豪雨之潛勢預報。當某一測站某一時段之累積雨量大於或等於某一百分等級時，作為該測站預報未來 24 小時發生豪雨之指標；而該測站該時段颱風豪雨潛勢預報之最佳雨量百分等級，為以某一雨量百分等級預報豪雨之公正得分（equitable threat score）最高者。研究結果認為此方法對颱風侵臺時之豪雨預報有應用潛力；其它相關之突變天氣（sudden change in weather events），包括大豪雨（torrential rain）、豪雨（extremely heavy rain）、大雨（heavy rain）、低溫、強風、濃霧及雷雨等特報之預報方法，目前仍待加強研究。中央氣象局豪雨特報自 2020 年 3 月 1 日起新增短延時大豪雨降雨量標準，即 350mm/24hr 以上或 200mm/3hr 以上。

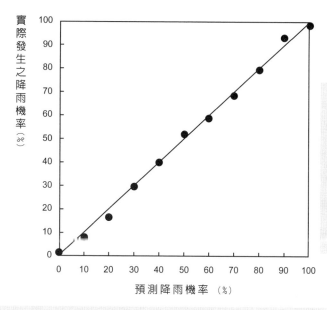

實際發生之降雨機率（%）

預測降雨機率（%）

2002～2006年中央氣象局預測臺北之降雨機率（橫軸）與其對應之實際發生之降雨頻率（縱軸）比較圖，以 **60%** 的預報機率值為例，預測 **100** 次，實際上會有 **58.6** 次發生降雨現象，即顯示預報機率值與實際發生降雨頻率相當接近。

中央氣象局豪雨特報自 2020 年 3 月 1 日起新增短延時大豪雨降雨量標準

豪雨增列短時大豪雨（200mm/3hr）

名稱		雨量	警戒事項
大雨		80mm/24hr 以上 或 40mm/1hr 以上	山區或地質脆弱區：可能發生山洪暴發、落石、坍方 平地：排水差或低窪易發生積、淹水 雨區：注意強陣風、雷擊
豪雨		200mm/24hr 以上 或 100mm/3hr 以上	山區：應防山洪暴發、落石、坍方、土石流 平地：極易發生積、淹水 雨區：視線不良，注意強陣風、雷擊、甚至冰雹
豪雨	大豪雨	350mm/24hr 以上 或 200mm/3hr 以上	山區：慎防山洪暴發、落石、坍方、土石流或崩塌 平地：淹水面積擴大 雨區：視線甚差，注意強陣風、雷擊、甚至冰雹
	超大豪雨	500mm/24hr 以上	山區：嚴防大規模山洪暴發、落石、坍方、土石流或崩塌 平地：嚴重淹水，事態擴大 雨區：視線惡劣，注意強陣風、雷擊、甚至冰雹

※ 對突發性或連日降雨雖未達特報等級，研判有致災之虞，將發布即時訊息

7-10 長期預報

　　全球極端天氣事件有頻率增加及強度增強的趨勢，除逐日天氣預報外，季節預報乃至年變化預報，成爲國際關注焦點。近 20 餘年來，聯合國「跨政府間氣候變遷小組（Intergovernmental Panel on Climate Change of the UN, IPCC）」每 6 年發表一次「全球氣候評估報告（climate change report）」，依 2021 年 8 月 9 日公布氣候變遷第 6 次評估報告（assessment report, AR6），指近期的地球氣候系統與其各面向的變遷程度，是過去數世紀至數千年來前所未有的，自 AR5 評估報告發布後極端事件，如熱浪、豪雨、乾旱、熱帶氣旋及其受人爲影響的證據均已更明確。

　　然而極端天氣很難預測，帶給人類的影響卻很大，如 2003 年歐洲熱浪，奪走約 3 萬條人命；我國也有熱浪侵襲的危機，如 2012 年臺北有 30 天超過 36 度，且有往上增加的趨勢。世界上水資源問題，其實遠超過水災，水災發生時容易引起媒體與公眾的注意，因爲它造成立即性生命與財產的損失；然而引起長期經濟性的嚴重創傷，如飢荒以及影響社會層面最廣泛的，要屬乾旱問題。中高緯度國家，如中國、俄羅斯等國，目前主要面臨的是乾旱問題；而低緯度國家主要面臨的則是洪水問題。

　　由於氣象觀測儀器的不斷進步，觀測資料的時間與空間解析度更加提高，配合高速運算電腦，氣象預報模擬系統已快速發展。目前歐美及日本等氣象預報作業，全力拓展 3 ～ 6 個月的「短期氣候測報業務」及 0 ～ 12 小時的「短時天氣預報」，以支援災害性劇烈天氣的防災、減災及救災需要。

　　近年台灣水庫集水區常遭遇乾旱問題，2021 年氣象局乃採用歐洲中期天氣預報中心（European centre for medium-range weather forecasts, ECMWF）的季節預報資料（SEAS5）發展水庫集水區未來 1 ～ 6 個月的雨量降尺度預報，每月底預報未來 5 個月逐月雨量以及溫度狀態，預報成效顯示具有預報技術價值。

邏輯斯迴歸機率降水預報（logistic regression method for probabilistic quantitative precipitation forecast, LRPQPF）

　　邏輯斯迴歸機率降水預報使用邏輯斯迴歸（logistic regression method, LR）模型，爲邏輯連結函數的廣義線性模型。主要用於反應變數（response variable）爲二元性資料，如「成功」或「失敗」。LR 與傳統的迴歸分析性質很相似，但它可用於處理類別性資料（categorical data）的問題，找出類別型態的反應變數和模型中的自變數之間的關係，和迴歸分析的最大差別在於反應變數型態不同。

　　LR 方法是以 0 與 1 的二元性資料輸入進行運算，恰好可應用在我們設定的「有雨」及「無雨」的兩選項問題。由於降水量是屬於數值資料，必須將此數值資料經過設定的降水門檻轉爲「無雨」及「有雨」的二元性型態資料，再將轉換過後的資料輸入模式，運算下雨情況以機率方式呈現。所以降雨機率預報是指該區塊平均的降雨機率預報，非指單點降雨機率預報。其機率所代表的意義爲「在預報時間內，該區塊任一處的降雨機率」。我國自 1999 年開始發布 3 個月的降雨量機率預報，同時爲配合世界潮流，於 2005 年起將 3 個旬的旬預報，改爲 4 週的週預報。

歐洲中期天氣預報中心 ECMWF ——全球模式預報圖

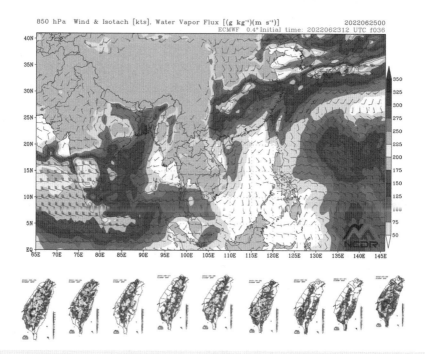

歐洲中期天氣預報中心（ECMWF）WRF 模式降尺度：水平解析度 0.4°，預報時間間隔 6 小時，雨圖時間為臺灣時間。

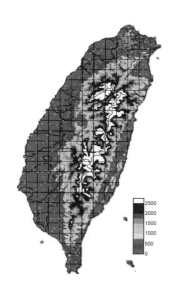

我國降雨機率預報，採用邏輯斯迴歸機率降水預報系統，將臺灣劃分成 156 個，邊長為 15 公里 X15 公里的正方形區塊，並加以編號，以執行各區塊的機率降雨預報。應用區域模式及降雨觀測資料，經 LR 方法計算結果，獲得降雨機率預報。左圖為我國邏輯斯迴歸降雨機率預報系統之區塊畫分與雨量站資料分布。

7-11 颱風預報

　　根據中央氣象局資料，1958 ～ 2006 年共有 165 個颱風侵襲臺灣陸地，平均每年約有 3 ～ 4 個，最早出現在 5 月，最晚則發生在 12 月。其中以 8 月份颱風侵臺的次數最多，7 月份與 9 月份次之，因此每年的 7 ～ 9 月可稱為我國颱風季。而每年 3 ～ 4 個颱風帶給臺灣約 40% 的雨量，每個颱風停留的時間不過 1 ～ 2 天，3 ～ 4 個颱風約停留 4 ～ 6 天的時間，卻帶來 40% 的年雨量。臺灣年雨量雖達 2,500 公釐，可是在農業及工業用水，以及高密集人居對水的大量需求，實際上人均可用量（in per capita amount）卻是屬於比較乾旱的地方；每年侵臺颱風帶來雨量以及侵襲時間，只要稍有不對即面臨用水危機。

　　2016 ～ 2020 年太平洋共生成 120 個颱風，曾登陸台灣的有：2016 年梅姬、莫蘭蒂、尼伯特颱風；2017 年海棠、尼莎颱風；2018 年瑪莉亞颱風；2019 年米塔、白鹿、利奇馬颱風；2020 年西北太平洋共生成 16 個颱風，但無颱風侵襲臺灣，導致水情拉緊報，因此我國颱風預報顯得重要，惟目前各國使用之數值預報模式，於颱風接近臺灣時模擬結果常偏離實際路徑。

臺灣地形影響颱風路徑

　　臺灣地形高聳而陡峭，對侵襲颱風而言，就像個鈴鐺狀的大石頭擋在前面。以垂直發展高度超過 12,000 公尺的成熟颱風而言，臺灣地形最高高度接近 4,000 公尺，可達颱風高度的三分之一，因此對颱風的運動路徑與結構有很大的影響。臺灣地形影響颱風路徑變化極為複雜，惟可簡單分為 2 種：

　　1. 登陸前的路徑偏向問題。

　　2. 颱風登陸後的路徑連續性問題。

　　颱風登陸臺灣後，會如何越過臺灣地形呢？這個問題與颱風的大小及強度有密切相關。若颱風範圍很大而且強度強，將有能力順利翻越中央山脈，此種路徑稱為「連續過山」。若颱風強度不夠，其垂直旋轉體結構，將被地形強迫分裂為二：

　　1. 受影響較小的颱風高層環流，大致循著原路徑通過臺灣上空。

　　2. 受影響較大的颱風低層環流，將被中央山脈阻擋，逐漸減弱消失，同時在背風面將產生一個或數個新的低層環流中心，稱為「颱風副中心」。當颱風登陸臺灣地區後，原來的低層颱風中心和颱風的副中心同時存在一小段時間後，因原颱風中心減弱消失，就由副中心取代成為新颱風中心。整個過程，低層颱風中心就像跳躍般的越過臺灣地形，然後再與颱風高層環流重新偶合，繼續移動。這種複雜的路徑一般多出現於中度及輕度颱風，此過程常稱為「不連續過山」。

　　實際上，颱風接近與通過臺灣地形的物理過程，包含許多複雜的機制，尤其當颱風以較慢速度通過臺灣地形時，颱風的結構與路徑常常變化多端，對颱風的預測，是困難度相當高的挑戰。

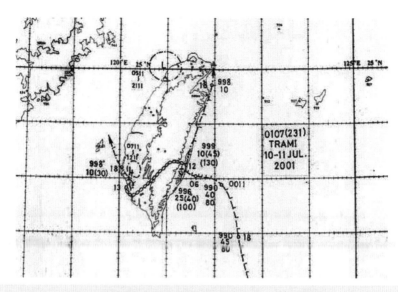

2001 年 7 月 11 ~ 12 日，潭美颱風西行分裂過山，偏南之副中心代替主中心，造成高雄水災嚴重。

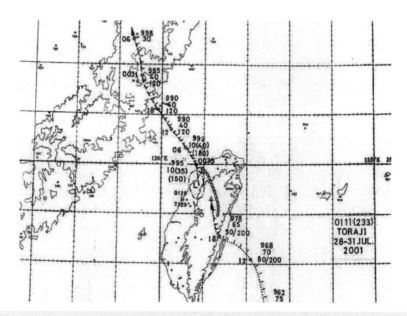

2001 年 7 月 29 ~ 31 日，桃芝颱風西行分裂過山，偏北之副中心代替主中心，造成花蓮與南投災情慘重。
以上兩種路徑統稱為「不連續過山」，一般多出現於中度及輕度颱風。

7-12 影響侵臺颱風因素

地形效應（terrain effect）

受颱風侵襲時，各地的風力大小除與颱風的強度有關外，亦與地形、高度以及颱風的路徑有密切關係。颱風挾帶豐富水氣造成豪雨是引發災害的主因，颱風眼牆與螺旋狀降雨帶是大量降水的主要區域。然而在臺灣地區，當颱風登陸後，中心結構常受地形破壞，眼牆結構變得較不顯著，由眼牆上升氣流造成豪雨的機會降低，反而是由地形舉升強勁之氣旋式暖濕氣流所造成。

颱風移近臺灣陸地時環流受地形影響，常在其他地點形成另一個氣旋式環流中心，稱為「颱風副中心」，主要因中央山脈縱貫全島，在山的背風面適當地區形成副中心，有時甚至同時出現數個，颱風離去時才逐漸消失。例如颱風在臺灣東部登陸後，受中央山脈之阻擋，底層結構受破壞而逐漸消滅，上層結構仍可通過；或可在中央山脈之西方另形成副中心，再漸趨發展，取代原颱風中心繼續行進。有時某個副中心會發展而取代原來的颱風中心，因此在颱風通過臺灣時，常可見到颱風中心似乎有跳躍的現象。

共伴效應（co-movement effect）

每年約從 9 月至翌年 3 月，臺灣地區主要盛行東北季風。秋天北方高壓南下，東北季風會為臺灣北部、東北部帶來降雨，如果臺灣南方巴士海峽一帶有颱風向西移動，颱風外圍環流成逆時針方向，與東北季風的雨量「雙效合一」，彼此「共伴」，由於臺灣地區地形高聳，氣流受高山地形所舉升，因此東北季風常在臺灣東北部迎風面地區降雨強度增加且持續。在此期間如颱風行經臺灣東部海面或巴士海峽，東北季風與颱風環流將產生顯著輻合作用，導致臺灣北部及東北部地區的風速明顯增強，所以往往在臺灣北部及東半部迎風面地區引發豪雨，為颱風環流與東北季風共伴環流豪雨型態。

中央氣象局統計近 15 年來排名前 10 大颱風豪雨個案，其中有 5 個屬於颱風與東北季風共伴環流型豪雨。2009 年莫拉克颱風侵襲臺灣，西南季風和位於北部海面的颱風環流共伴形成輻合帶與持續降雨，高雄市山區帶來超過 2,500 公釐的驚人雨量，一年份的雨量集中在 3 天內落下，為臺灣自 1959 年八七水災以來最嚴重的水患，造成多處淹水、山崩與土石流；其中以位於高雄縣甲仙鄉小林村小林部落滅村事件最為嚴重，造成 474 人活埋。

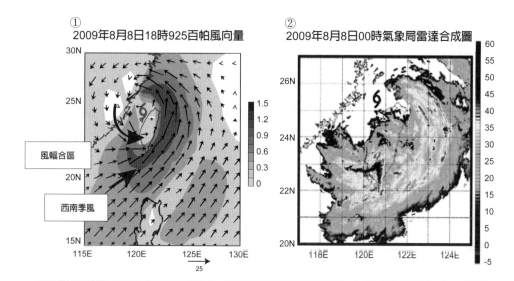

① 2009年8月8日18時925百帕風向量

② 2009年8月8日00時氣象局雷達合成圖

風輻合區

西南季風

2009 年 8 月 8 日莫拉克颱風侵襲臺灣時，① 925 百帕面之風場及②雷達回波圖，當莫拉克颱風緩慢速度離開臺灣時，引進旺盛西南氣流，提供充沛水氣與颱風環流輻合，受臺灣南部地形的影響，沿山脈產生另一道南北向對流系統，因而在臺灣南部造成難以想像的極端降雨量。

颱風侵襲臺灣與季風共伴效應示意圖

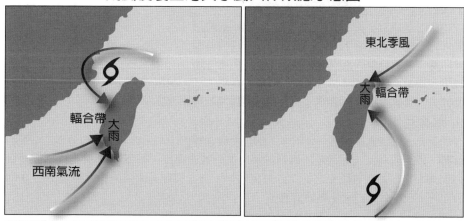

東北季風

大雨 輻合帶

輻合帶 大雨

西南氣流

左圖為 7、8 月期間容易發生的颱風與西南季風產生共伴效應示意圖如 2009 莫拉克颱風，西南季風和位於臺灣北部或北部海面的颱風環流容易共伴形成輻合帶與持續降雨。臺灣南部山區則因西南季風受地形抬升也造成持續降雨。

右圖為一般所熟知之颱風與東北季風共伴示意圖如 2010 梅姬颱風，於 9、10 月間，當颱風位於南方菲律賓呂宋島附近、雖未直接侵臺，但颱風環流與東北季風的輻合，會在臺灣東北部產生豪大雨。

7-13 藤原效應

藤原效應（Fujiwhara effect）是由日本氣象學家藤原咲平，依據 1921～1931 年間所進行的一系列水工實驗及研究結果，主要解釋當 2 個颱風同時存在並互相靠近時所產生的交互作用。藤原咲平發現，2 個接近的水旋渦，它們的運動軌跡會以兩者連線的中心為圓心，繞著圓心互相旋轉；而熱帶氣旋因渦度、質量及相對位置的不同，互相影響的狀態也發現有類似情況。熱帶氣旋之間的藤原效應在兩個颱風間出現最為普遍，因而又稱「雙颱效應」，不過 3 個颱風的少數案例當然也是有的。

熱帶氣旋通常隨副熱帶高壓和低壓槽的轉變而移動，由於颱風本身以氣旋式（北半球為逆時針向，南半球為順時針向）旋轉，颱風周圍的氣流亦受其影響，形成氣旋式風場。任一質點位於氣旋式風場中，必會受風場帶動，移動路徑將以氣旋式旋轉。2 個颱風即因受到彼此風場影響，而呈氣旋式互繞。實際大氣的背景風場，遠比單純雙颱風交互作用時更為複雜，再加上水氣潛熱釋放以及地球科氏力隨緯度增加，因此 2 個颱風除了互繞外，還可能產生合併、分離、拉伸等現象。

藤原效應類型與熱帶氣旋間「強弱差距」有關，以北半球為例，若兩者差距明顯，會由強熱帶氣旋單向改變較弱者的運動方向，使其繞著自己的外圍環流逆時針旋轉，若兩熱帶氣旋強度不相上下，則會產生雙向影響，兩者將以中心相連軸線為圓心，共同繞著圓心環狀移動，直到受其他天氣系統影響，或其中之一減弱為止。由上所述將藤原效應以強弱差距區分，約可分為 2 種類型：

1. 較強熱帶氣旋牽引較弱者移動

如果 2 個熱帶氣旋一個較強（甲）而另一個較弱（乙）的情況下，甲會影響乙的運動方向，而使乙繞著甲的外圍環流作逆針旋轉移動（北半球），直到影響力減小至有效距離以外而分離或直到兩者合併為止。例如 2015 年天秤颱風 8 月 24 日登陸恆春半島後，向南再向東迴轉朝向臺灣，雖擦身而過木島，卻造成滿目瘡痍。這種現象除了受到大尺度氣流場的影響外，乃受布拉萬颱風的藤原效應牽引。

2. 兩者互旋

如果兩個熱帶氣旋的強弱差不多，則以兩者連線的中心為圓心，共同繞著這個圓心旋轉，直到有其他的天氣系統影響或其中之一減弱為止。如 2021 年強烈颱風煙花橫過臺灣海域，進入香港東北面 700 公里外，查帕卡與煙花颱風的距離拉近至約 1000 公里左右，兩者因而產生藤原效應。

藤原效應示意圖

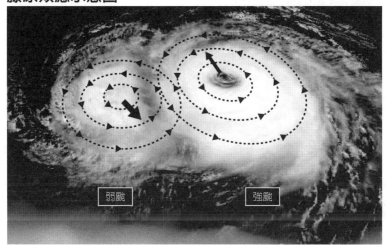

弱颱　　　　　　　　強颱

➡ 弱颱對強颱所引發
的較輕微導引作用

➡ 強颱對弱颱所引發
的較明顯導引作用

兩個颱風相距小於 1000 公里時，會被彼此外圍環流影響，強颱外圍環流推力強，會使弱颱路徑偏移較多，弱颱對強颱路徑造成的影響則較小。

雙颱風產生反時鐘方向相互旋轉之藤原效應雲系圖

2007 年颱風米塔（Typhoon Mitag）（右）與颱風哈吉貝（Typhoon Hagibis）（左）之間發生藤原效應。11 月 20 日颱風哈吉貝形成並進入南海，11 月 23 日轉為強颱，惟因藤原效應，受東面颱風米塔影響，開始減弱並在南海中部徘徊，次日清晨減弱為強烈熱帶風暴轉向東移動，再度趨近菲律賓。11 月 25 日，哈吉貝進一步減弱為一個熱帶風暴，11 月 27 日於菲律賓民都洛（Mindoro）島登陸。翌日早上減弱為熱帶性低氣壓，當日下午進一步減弱為低壓區。

7-14 颱風路徑預報

颱風因生成於寬闊海洋上,其監測以氣象衛星爲主,船舶、浮標、島嶼等地面觀測資料爲輔。當颱風接近陸地時,密集的地面氣象站觀測、探空觀測及氣象雷達成爲監測颱風的重要工具。目前我國分別在五分山、花蓮、七股、墾丁及桃園機場共架設 5 部都卜勒雷達,並於 2016 年起增設 5 座防災降雨雷達,於 2020 年完工,另外,也整合亞太鄰近國家的氣象雷達網,實際監測網涵蓋全台灣及鄰近周邊海域,對於可能侵襲我國的颱風路徑監測有很大助益。

颱風路徑預報法包括:經驗預報法、氣候統計法、動力數值模式和電腦數值模擬法等。未來 24 ~ 36 小時內颱風路徑預報,以氣候統計法應用價值較高,36 ~ 48 小時以上的預報,則以動力數值模式較佳。各種颱風預報法簡述如下:

1. 颱風數值研究預報模式(weather research and forecasting model, WRF): 電腦數值模擬已有長久的發展歷史,大氣物理模型也隨著時代進步,利用電腦數值模擬預測颱風已具一定的準確及可信度,且系統具擴充性,因此漸被廣泛使用。

2. 數值動力模式(namical models and numerical weather prediction, NWP): 以大氣動力模式作爲基礎模擬颱風,較能掌握颱風特殊轉向個案,但初始熱帶氣旋多以人爲模擬渦旋方式植入模式中,初期模式較不穩定、系統不易保守。

3. 駛流法(steering flow theory):影響颱風動向的最主要機制是「駛流場」,颱風發展初期和末期,熱帶氣旋發展高度較淺,常以 500hpa、700hpa 和 850hpa 等 3 層低層平均做爲駛流。颱風發展中期,則以 300hpa、500hpa 和 700hpa 爲主要駛流層。外圍環流簡單之颱風僅需考慮 700hpa 或 500hpa,較複雜颱風則可考慮上述 3 層,甚至採用 10 層平均。駛流場不明顯時,不適用本法。

4. 持續法(persistent method):又稱外延法,若熱帶氣旋外圍環流場沒有顯著變化,則未來移動將持續不變,熱帶地區使用本法具相當高價值,使用時可考慮加速、減速以及轉向的狀況。

5. 氣候法(climatic method):使用歷史資料得到不同地區、不同月份之熱帶氣旋運動氣候值,作出各方向之機率分布。常用持續法和氣候法所得的預測路徑加以平均,稱「氣候持續法(climatic and persist model,Cliper)」。

6. 統計類比法(statistical similarity method):應用統計或然率理論,尋找與當前颱風相似的歷史颱風,將歷史颱風位置置於目前位置,分析歷史颱風未來 12、24、36 或 48 小時之位置中心,爲預測位置,選取歷史颱風可根據當時的條件,以不同方法選取。亦有將統計類比法和持續法結合。

7. 統計迴歸法(statistics and logistics regression methods):將颱風未來位移作爲預測值,預測因子則可包含目前熱帶氣旋的位置、強度、季節、運動方向、速度及過去位置等,完全由統計決定,有些迴歸預報模式則考慮目前的綜觀形勢,如風場及高度場,亦有將數值預報結果列爲預測因子。

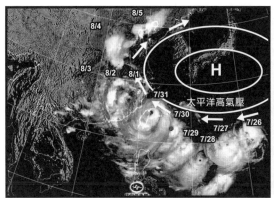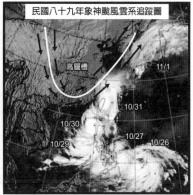

民國八十九年象神颱風雲系追蹤圖

左圖：1996 年賀伯颱風由 7 月 28 日～8 月 5 日在各不同時間雲系的合成圖，顯示太平洋高氣壓為導引颱風運動的主要駛流場。西太平洋颱風的路徑基本上可分為直接西行的及會轉向北方行進 2 種，其實都是受到太平洋高壓風場的控制，故太平洋高壓的風場稱為駛流場。

右圖：2000 年象神颱風不同時間雲系合成圖，顯示自 10 月 30 日起受高層槽牽引，運動路徑逐漸轉北再轉東北加速朝日本前進。

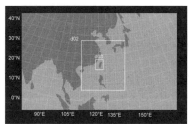

模擬區域：解析度：d01, d02, d03分別為90km, 30km, 10km
模擬時間：2010-10-17~2010-10-23 解析度為5mins

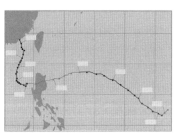

梅姬颱風歷史路徑（來源：中央氣象局）

歷史資料（來源：中央氣象局）
中心氣壓為983hpa

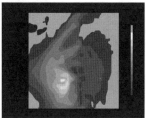

擬所得之風速及風流場圖
(2010-10-19-09:00 UTC)
中心約在(118E,16N)處

模擬之等壓線圖
(2010-10-21-0600 UTC)
氣壓約為970hpa

利用 WRF 模擬颱風實例：以 WRF 模擬 2010 年梅姬颱風，模擬所得之颱風中心位置與歷史資料相接近，均在（118E,16N）附近。

7-15 颱風強度預報

劍橋大學林依依博士，臺大大氣系特聘教授，透過 NASA 衛星的海洋水下溫度資料，發現海洋實際上含有許多冷暖渦漩。2003 年原本輕度的梅米颱風，當其路徑遇上潛藏在海洋下的暖渦後，迅速在 24 小時內增強為全球最強大的熱帶氣旋，並造成韓國有史以來最慘烈的颱風災情。2009 年納吉斯熱帶氣旋因為碰到海洋暖特徵現象，而增加 3 倍的海氣通量，在短時間內從輕度轉為超級氣旋，在能量最強的時候登陸緬甸，不幸造成 13 萬人死亡的慘劇。

2013 年 11 月海燕颱風，因受菲律賓外圍豐厚的海洋暖水層滋養，而增強為超級颱風，最大風速超過 200mi/hr，於威力最強的時候登陸菲律賓，造成 6,340 人死亡慘劇，目前仍是太平洋地區最強烈的颱風記錄保持者。2019 年重創日本的超級颱風哈吉貝，遇海面下的暖渦產生爆發性成長（explosive or rapid intensification）現象。在東日本引發嚴重災情，約 74 人死亡、13 人失蹤，超過 40 條河流發生暴漲氾濫，造成北陸新幹線有 1/3 列車泡水。

因全球暖化使颱風的數量、路徑和降雨變化都受影響，如太平洋地區可能出現颱風北移，因此日本、韓國的颱風數量可能增加，菲律賓的颱風數量則會減少。根據國際災害資料庫 EM-DAT 數據顯示過去 10 年，颱風在亞洲造成的損失約新台幣 4 兆 8,213 億元。全球暖化更使西太平洋海面增溫高於全球平均，有助於形成更強烈的颱風，伴隨更大風速和強降雨。

颱風預報主要包括颱風中心之強弱、暴風範圍、路徑預報及各地之風雨等。颱風強度變化包括熱帶氣旋生成、發展及消失整個過程；此處主要是討論侵臺颱風受中央山脈影響下所產生的強度變化，主要依據統計所獲得的結果。

侵臺颱風風力預報

依氣象局統計分析，颱風遇中央山脈產生之典型流場模式有：

1. 沿山流、2. 繞山流、3. 爬山流或 4. 其聯合等。

臺灣各地因颱風位置及氣流進入角不同，可能位於「弱風尾流區（wake zone，平均風速小於 10kt）」或「地形性噴流區（barrier jet zone，平均風速 ≧ 40kts）」。

1959 年 8 月 30 日瓊安（Joan）颱風中心位於臺灣海峽，大規模颱風旋流為來自南方。新竹、桃園因在山脈「背風面」之「尾流區」，故風力小於 5kt，風向多變。反之，東北部的基隆、宜蘭有最大之沿山「噴流」，約在 60kt 以上。梧棲一帶風力亦達 40kt。

依據王時鼎等將臺灣及其四圍海面，以 0.5×0.5 經緯度分成 432 個小區（108×4），而後再分別求出颱風在該各小區時之颱風次數，該地（例如臺北）最大風之比值（%），最小風之比值（%），平均風之比值（%），風力大小之標準誤差等，作成各地颱風風力客觀預報圖，可以提供作為颱風風力客觀預報之參考。

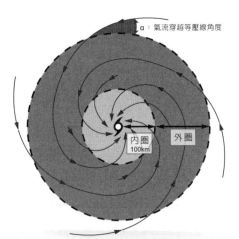

α：氣流穿越等壓線角度

內圈
100km

外圈

颱風內外圈示意圖

「外圈」或稱「外區」，氣流曲率小，風速與風向變化亦小，略呈「準穩定（Quasi-steady）」狀態。「內圈」或稱「內區」，氣流曲率大，水平風切亦大，氣流隨時間變化亦大，即在非穩定（unsteady）狀態。內圈半徑之尺度因亦與山脈邊界之曲率有關，以花蓮、蘇澳一帶之山脈言，約為100公里。即當颱風自東面接近該區時，颱風半徑凡超過100公里均為「外圈」，在100公里以內時，才為「內圈」。

流型 I：沿山流

α 氣流進入角

120°E
25°N

沿山噴流

22°N
122°E

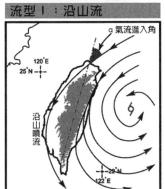

流型 II：繞山流

α 氣流進入角

120°E
25°N

滯流區

弱風尾流區

22°N
122°E

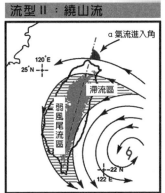

流型 III：爬山流

α 氣流進入角

120°E
25°N

焚風

豪雨

22°N
122°E

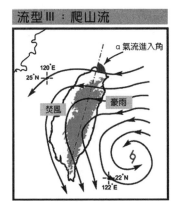

流型 IV：組合流（II + III）

α 氣流進入角

120°E
25°N

22°N
122°E

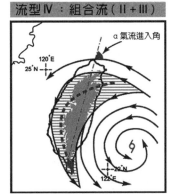

颱風遇山流場之典型模式：沿山流、繞山流、爬山流或其聯合。

侵臺颱風進入臺灣氣流為「東北向」或「西南向」時為「沿山流」模式，阻擋流或稱繞山流模式，非阻擋流模式或稱爬山流模式，上層為爬山流下層為繞山流時稱為組合流模式。

7-16 颱風降雨預報

侵襲臺灣之颱風降雨量預報是最難預報者之一，原因有：

1. 地形雨（orographic rain），適用於颱風之「外圈」。

2. 環流雨（regional circulation rain），適用於距中心 100 公里以內之「內圈」。

3. 中、小尺度型降雨，時間與空間尺度均短，最難掌握。出現於「強颱風」者，多以螺旋狀雨帶（spiral rain band）占優勢；而「弱颱風」者，則多中、小尺度系統降雨。

就 2 ～ 3 小時的降雨量即時預報來說，雷達不失為最佳的工具。但在臺灣由於地形複雜，利用雷達作為預報工具仍受到很大限制，利用雷達作降雨「即時預測」，在目前階段仍難望完全勝任。

2001 年尤特颱風（Typhoon Utor）降雨，離颱風中心約 500 公里處（宜蘭一帶）均可見有豪大雨發生，為標準之「大半徑颱風」地形雨之例。2000 年象神颱風（Typhoon Xangsane），其降雨特徵主要降於臺灣北部與東北部，並釀成水災，乃東北季風與颱風共伴之例。2001 年桃芝颱風（Typhoon Toraji）侵臺期間，各地豪雨約均僅數小時，但竟造成花蓮光復鄉及南投信義鄉等區空前未有之土石流。其降雨原因主要為「內圈」環流之「輻合雨」，並受地形影響所致。

近年氣象局採系集模式颱風定量降水預報法（ensemble typhoon quantitative precipitation forecast, ETQPF），將系集模式的雨量預報作為基準，搭配一組颱風路徑預報以及颱風相關氣象參數作為篩選條件，找出模式颱風中心位置在預報路徑附近，同時模式颱風降水結構與真實颱風相近的個案，重組一颱風降雨預報。氣象局系集區域模式預報系統共 20 組模式輸出，臺灣颱風洪水研究中心數值模式系集預報共 11 組模式輸出，使用 ETQPF 法可以整合各種模式的預報結果，排除決定性預報中颱風路徑偏離較遠的個案，使預報降水更接近實際降水。

ETQPF 法保留氣候法中颱風環流與地形降水高度相關的優點，並使用系集模式資料取代歷史個案，解決氣候法中個案不足的問題。另因系集模式，比歷史個案更能掌握即時綜觀天氣條件，比一般氣候法更有機會可以處理像共伴效應等颱風與綜觀環境交互作用所產生的降水。

臺灣颱風洪水研究中心結合國內大學、氣象局及災害防救中心，自 2010 年起進行定量降雨系集預報，研發定量降雨預報技術，利用系集統計法與機率預報概念，分析颱風路徑與雨量分布，提供做災性雨量的機率預報。

2013 年起水利署整合降雨預報，包含：劇烈天氣監測系統 QPESUMS 定量降雨觀測與預報、WRF 作業區域模式、ETQPF 系集颱風定量降雨預報、STMAS-WRF 降雨預報、WEPS-PM 降雨預報及 QPF 定量降水預報等 6 種降雨預報產品（請參考水利署氣象單位降雨預報資料整合與供應 2013，2014，2015）。

九類侵臺颱風豪大雨類型及其因素

A. 颱風中心過境

B. 颱風內圈環流影響
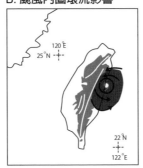

C. 沿山流流型 I （山脈迎風處）
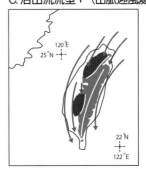

D. 爬山流流型 III
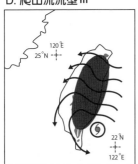

E. 爬山流流型 IV （II與III組合）
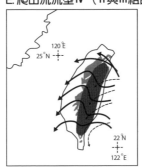

F. 爬山流流型 V （I與III組合）
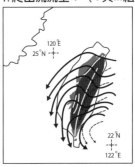

G. 風切線
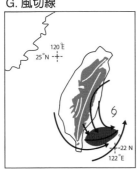

H. 輻合線

I. 與冷高壓氣流共伴
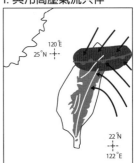

上圖為22次隨機取樣颱風，共44次豪雨例所得九類侵臺颱風之暴雨豪大雨類型。其中A、B為「內圈」中降雨，C～F為「外圈」中之地形雨，G、H為局部環流（副流）雨。圖中粗白線為臺灣各山脈之稜線，影線區標示該雨型之雨區。圖示不同之類型，實際亦為侵臺颱風豪大雨之因素。

7-17 數值模擬

數值預報只是電腦近年在大氣科學上的應用之一，其實從收集氣象資料開始，對資料的校正、分析、繪圖及貯存，多年來已無處不用電腦，目前即使以理論研究氣象的人，也常用電腦求解複雜的微分方程式。雖然任何大氣科學的研究領域，電腦已成了不可或缺的工具，但是近年使用電腦最多的，莫過於以數值模式來模擬大氣中種種現象的研究工作，這種工作稱爲數值模擬（numerical simulation）。

數值模擬的模式與數值預報者類似，模式中所涵蓋的區域作成 3 度空間網格點，再依據所要模擬的現象在不同的模式中做不同的特別處理。如要知道海陸風形成過程、風強度和它對天氣的影響，需先設計一個海陸風模式，範圍至少涵蓋海陸交界和附近一兩百公里地方；按照力學原理與運動方程式，模擬大氣如何逐漸產生海陸風，模擬海陸風結果後，必須與實測資料相印證，才能證實模式的可靠性。

一旦有了可靠的數值模擬模式，除提供海陸風模擬外，如加入汙染空氣的雜質，可研究海陸風對空氣汙染的影響；模式中如加入地形、山脈，即可研究海陸風與山區降雨的關係；數值模擬模式大到可用來研究全球大氣環流、氣候變遷，小到研究雨滴互撞、冰雲形成的雲物理模式。

1976 年 Cray 電腦公司研製出向量電腦，可使用的記憶量高達 76 萬數字，每秒可計算 8 千萬次。向量電腦最適合做一連串類似的計算，就像氣象數值模擬模式中，每一個網格點的計算方法都相同。當時美國大氣科學中心即購買一部供氣象學者使用，並提供大批人力，編寫許多氣象上常用的程式，其中最有用的就是解一般偏微分方程式的副程式及發展一套繪圖用程式。

數值模擬雷雨結構

由於向量電腦的應用大大提升大氣科學數值模擬的能力，從前無法了解的問題乃逐漸揭開謎底。如大氣科學者一直想了解雷雨如何形成及伴隨雷雨產生陣風的原因。1960 年代初期，英國氣象學家布朗寧（Browning）和魯德朗（Ludlum），根據氣象雷達圖，認爲低層潮濕暖空氣由雷雨前方或右前方吹來，進入雷雨前方之積雲，釋放潛熱後急速上升，在高空旋轉並往前方流出。凝結成的水珠就落在從中層右後方吹入雷雨區的乾空氣。水珠在乾空氣中揮發而形成冷空氣，加上水珠的重量，就一起往下降並由後方流出。

由實際經驗知雷雨來臨時，首先會有一陣強風，此即進入雷雨內部氣流。接著可見烏雲密布，爲進入上升氣流區，水汽凝結成雲霧。過一陣子後才下起大雨，可能伴隨強烈下降氣流，而造成強烈陣風。但是雷雨在空中的結構，並無直接資料印證。直到 3 度空間雷雨數值模擬模式發展後，才能把雷雨內部的構造勾畫出來。

英國氣象學家布朗寧和魯德朗
根據氣象雷達及觀測資料獲得雷雨構造概念圖

雷暴移動方向

過衝雲頂

雲砧頂

冷空氣
下降氣流

暖空氣上升氣流

新生雲形成

降雨

陣風鋒面

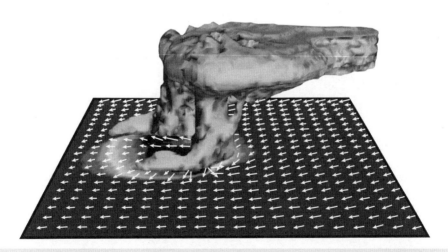

3度空間數值模擬雷雨結果，顯示模式算出雷雨中上升氣流的路徑，與布朗寧和魯德朗兩人的構想極相似。應用 WRF 數值模擬，可進一步研究雷雨如何持久不衰造成大水及雷雨分裂與新生雷雨胞等問題。

第8章
大氣化學

8-1 大氣的化學組成

　　大氣的化學研究包括對流層和平流層大氣中，主要和微量成分的組成、含量、起源和演化等問題。放射性汙染大部分藉由大氣傳播，實際上所有大氣傳播的放射性汙染同位素都叫做氣膠（aerosol），為固體或和液體微粒穩定地懸浮於氣體介質中的小顆粒。一般大小在 0.01 ～ 10μm 之間，可分為自然和人類產生 2 種。

　　氣膠會影響氣候，包括吸收輻射或散射輻射。另外，氣膠可成為凝結核，影響雲的性質。這些微粒附著在灰塵上，形成氣膠狀態，隨空氣中塵埃漂移。如果放射性汙染物進入水系統後就非常危險，尤其進入地下水，以現有科技是難以控制的。

大氣微量氣體

　　地球大氣之中氣層以下大氣組成成分，氮氣體積占 78%，氧氣占 21%。其他為氬、二氧化碳及水氣等微量氣體，在大氣中比正常大氣組成氣體的相對含量要低得多的氣體，通常它們的體積濃度均小於 1%。在自然狀態下，大氣是由混合氣體、水氣和雜質所組成。將水氣和雜質去除後的空氣稱為潔淨空氣。潔淨空氣中的穩定氣體，如氦（含量約 5.2×10^{-6}）、氬（約 1.1×10^{-6}）、氙（約 0.03×10^{-6}）；不穩定氣體如一氧化碳（約 0.02×10^{-6}）、氧化亞氮（小於 0.6×10^{-6}）、臭氧（小於 0.05×10^{-6}）、氨（小於 0.02×10^{-6}）、甲烷（小於 2×10^{-6}）、硫化氫（小於 0.002×10^{-6}）和鹵化物（小於 2×10^{-9}）等均為微量氣體。

　　由於人類活動大量排放各種微量氣體，會造成大氣汙染。如碳氧、氮氧、硫氧和氯氧等化合物以及許多人工合成化學品、有機物等，有些參與生物地球化學循環（如碳、氮、硫、氯的化合物）。微量氣體在對流層中可完全混合而均勻分布；但在平流層中則混合不良，分布不均勻。現在對二氧化碳、甲烷、氧化亞氮、臭氧和氟氯烴等微量氣體在全球的分布、遷移、循環、轉化及其效應較為重視；這是由於它們會破壞臭氧層，發生溫室效應，而導致全球氣候變遷，危及生態系統之故。

潔淨空氣的主要成分

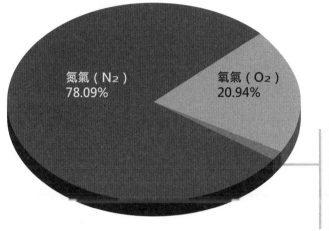

氮氣（N_2）
78.09%

氧氣（O_2）
20.94%

氬氣 0.93%
二氧化碳 0.036%
氖氣 0.0018%
氦氣 0.00052%
甲烷 0.00015%
氪氣 0.00011%
氫氣 0.00005%

潔淨空氣的主要成分為 **78.09%** 的氮，**20.94%** 的氧及 **0.93%** 的氬。這 3 種氣體占大氣總量的 **99.96%**，其他各種氣體總含量小於 **0.1%**，這些微量氣體包括：氖、氦、氪和氙等稀有氣體。在近地層大氣中，前述氣體的含量幾乎是不變的，稱為恆定組成成分。易變的成分是二氧化碳、臭氧等，這些氣體受地區、季節、天氣及人類生活和生產活動的影響。正常情況下，二氧化碳含量在 20 公里以上明顯減少。

乾燥大氣的成分

成分	體積百分比	
氮氣（N_2）	78%	}99%
氧氣（O_2）	21%	
氬氣（Ar）	0.93%	
二氧化碳（CO_2）	0.04%	
其他（Ne, He, H_2）	<0.01%	
以下不包括在乾燥大氣中		
水汽（H_2O）	約 0% ～ 4% 不等	

大氣層能長存於地球表面，全賴地心吸力將這層大氣牢牢吸住。當中 **99%** 的物質集中在地面以上 20 ～ 30 公里範圍內。

8-2 大氣化學研究對象

　　大氣化學是研究大氣組成和大氣化學過程的大氣科學分支，涉及大氣各組成成分的性質和變化、源和匯、化學循環，以及發生在大氣中、大氣同陸地或海洋之間的化學過程。研究對象包括大氣微量氣體、氣膠、大氣輻射性物質和降水化學等；研究的空間涉及對流層和平流層；研究地區包括全球、大區域和局部地區。因此大氣化學主要為研究大氣及其懸浮物的成分，以及其形成、輸送、擴散、累積、轉化與對流大氣中化學成分的迴圈、輸送和清除過程，以及大氣化學如何影響全球氣候變遷等。大氣化學研究因此涉及光化學、大氣擴散理論及微量分析化學等領域。

　　與其他太陽系行星大氣相比，地球大氣是個非常特殊又複雜的化學體系。除了大氣內部的複雜化學變化外，地球大氣化學還受海洋、地圈和生物圈的能量和物質交換過程所控制。大氣組成與化學之相關性，主要是因為大氣和生物之間的相互作用。近年地球大氣組成已被人類活動改變，造成對人類健康、作物和生態系統嚴重傷害。大氣化學乃致力於找出這類問題的原因，以便獲取解決方案，目前已能減輕部分問題，例如酸雨、光化學煙霧和臭氧層破洞等。

大氣化學研究發展情形

　　大氣化學研究始於 19 世紀後半，早期主要研究降水中的微量物質、氣膠、臭氧和微量放射物質。1960 年代開始，人類活動對大氣產生重大影響，造成大氣汙染，大氣化學因而引起廣泛注意。大氣中許多成分只以微量存在，必須採用微量的分析化學技術。由於應用微量分析、實驗室模擬和電子計算機等技術，使大氣化學的研究開始往定量化和模式化發展。尤其在大氣汙染形成的機制、汙染物對平流層臭氧濃度的影響等研究獲得突破。但目前仍存有許多事實和現象不清楚，尤其有關大氣微量成分的源、匯和時空分布，以及它們如何遷移、輸送和全球循環等問題，都需要進一步觀測和研究。

　　無論從組成或從遷移和轉化上看，大氣都是一個複雜的體系，受很多因素的制約，包括：

　　1. 大氣吸收太陽的紫外和可見光輻射，與光化學有極其密切的關係。

　　2. 各種物質進入大氣的情況，或者在大氣中遷移、擴散、混合和反應，隨時隨地都在變化。

　　3. 大氣的成分不但有氣體，而且有懸浮著的固體和液體粒子，它們有的是天然的，有的是人類活動輸入的或者是大氣化學反應產生的。氣膠在大氣的化學過程中具有重要的作用，所以除了研究大氣的均相反應（氣體與氣體之間的反應）外，還要研究大氣的多相反應（氣體與固體或液體之間的反應）和表面效應。

大氣化學與大氣科學及其他領域間的概念圖

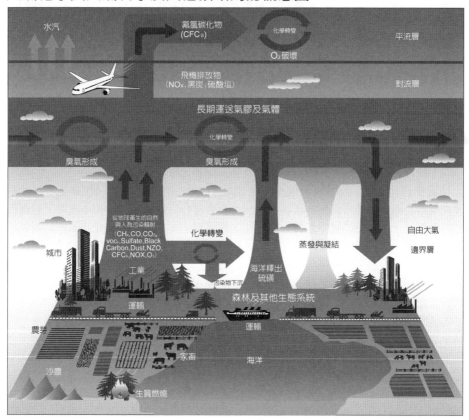

研究大氣及其懸浮物的成分,以及其形成、輸送、擴散、累積、轉化與對流大氣中化學成分的迴圈、輸送和清除過程,以及大氣化學如何影響全球氣候變遷等為研究大氣化學的主要課題。目前地球大氣組成已被人類活動所改變,其中有些改變甚至對人類健康、作物和生態系統等造成相當危害。

8-3 懸浮微粒或氣膠

空氣中存在許多汙染物，其中漂浮在空氣中類似灰塵的粒狀物稱爲懸浮微粒（Particulate matter, PM）。懸浮微粒（亦稱氣膠、氣凝膠、氣懸膠或氣溶膠）是由一團空氣和懸浮於其中的微粒所組成的混合體。氣膠的成分相當多元，可以是塵埃、花粉、冰晶、硫酸結晶及海鹽等，其微觀的特徵也十分複雜，以致於目前科學家對氣膠種類、混合狀態以及氣膠粒子吸濕作用，都尚未充分了解。

氣膠與水氣相互作用的過程相當複雜，從粒子經核化作用的形成，到粒子的吸濕膨脹，以及形成雲滴的活化過程與之後的凝結成長，都涉及水氣含量或濕度。核化一開始經過水氣分子與硫酸或其他易凝結氣體分子隨機碰撞，粒徑超過臨界大小後才能穩定成爲氣膠粒子。穩定氣膠形成後，再經由水氣與其他氣體凝結或碰撞而成長，這樣的過程又與環境大氣的相對濕度有關。由於溶解度的限制，氣膠水溶液還會發生吸濕作用、潮解及脫水等現象。

以下簡介氣膠與水氣之間的交互作用及其對氣膠光學性質的影響：

1. 吸濕作用：當氣膠處在水氣較多的環境下，會有吸濕的效應，也就是水氣會附著在氣膠表面。隨著水汽壓的增加，液滴會膨脹稀釋以增加它的飽和水汽壓，粒徑因此略微增長；等到超過臨界點後，環境相對液滴爲過飽和狀態，因此液滴快速成長，活化成雲滴。因此氣膠粒子因濕度增加，使粒徑變大。不同鹽分含量的粒子其吸濕量亦不同，基本上愈大的粒子吸水量愈多，這樣的過程會改變氣膠粒徑分布，造成不同的輻射效應。因此在同樣氣膠濃度的狀況下，高相對濕度的環境會使大氣的散射截面積較在乾的大氣環境中來得高。

2. 潮解及脫水：不同的氣膠成分會有不同的吸濕活性狀態，當環境濕度逐漸升高時，氣膠粒子並不會立即吸濕成長，必須等到環境溼度大於特定值後，粒子才會突然吸濕成長，稱爲潮解現象，此濕度稱爲潮解點（deliquescence point）。若是環境大氣濕度由高值逐漸降低，粒子會逐漸縮小，但並不會立刻失去水氣，必須等到濕度低於某一定值之後才會突然失去水分，此爲脫水的現象，此濕度稱爲脫水點（dehydration transition point）。

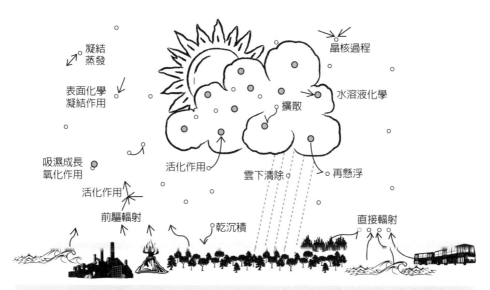

氣膠在大氣中扮演的角色綜合而言，大氣的濕度會影響到氣膠的性質，而氣膠作為凝結核或是對熱量進行反射或散射的過程，也同時改變自身的性質，這些微觀的變化過程相當複雜但是值得深入探討。

火山爆發對地球大氣系統的影響示意圖

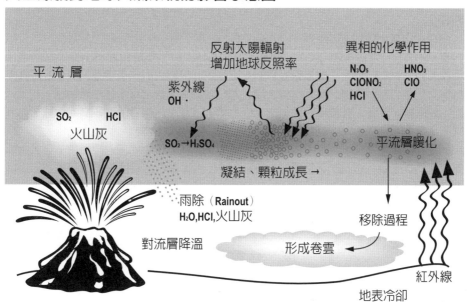

火山爆發的散落物（火山灰）為一次氣膠來源

8-4 氣膠化學

氣膠是液態或固態微粒在空氣中的懸浮體系，它們能作為水滴和冰晶的凝結核、太陽輻射的吸收體和散射體，並參與各種化學循環，是大氣的重要組成成分。霧、煙、霾、靄、微塵和煙霧等，都是天然的或人為造成的大氣氣膠。

氣膠按其來源可分為 2 種：

1. 一次氣膠，以微粒形式直接從發生源進入大氣。

2. 二次氣膠，在大氣中由一次汙染物轉化而生成。可來自被風揚起的細灰和微塵、海水濺沫蒸發成的鹽粒、火山爆發的散落物以及森林燃燒的煙塵等天然源，也可以來自燃燒化石和非化石燃料、交通運輸以及各種工業排放的煙塵等人為源。

氣膠化學主要包括氣膠的化學組成（硫酸鹽氣膠、硝酸鹽氣膠和有機物氣膠）、二次氣膠的形成機制、氣膠的長距離傳輸以及多相反應化學等。長期以來，人們對氣膠只著重於物理性質的研究，自 1970 年代開始，氣膠化學研究傾向多相反應化學，主要包括：

1. **氣體與微粒間的相互作用**。在正常條件下，氣膠微粒對氣體物質的物理和化學的吸附作用，對於氣體濃度基本上沒有影響，但是表面層的吸附，對氣膠的光學性質以及作為水滴成核劑的性質，卻有著顯著影響。

2. **氣體與微粒的轉換**。蒸汽經過成核作用可以形成新的微粒，可以在已有的微粒表面凝聚或和微粒反應，目前多屬定性研究，較缺少定量研究。

3. **多相催化**。在適合光照的條件下，NO 可以被催化氧化為 NO_2。

$PM_{2.5}$

漂浮在空氣中粒徑小於或等於 2.5μm 的粒子稱為 $PM_{2.5}$，通稱細懸浮微粒，單位以微克/立方公尺（$\mu g/m^3$）表示，它的直徑還不到人的頭髮絲粗細的 1/28，這些細小懸浮在空氣中的微粒，主要是由人類活動直接或間接產生的汙染物質，包含溶解性無機與有機化合物、黑碳、水、微量金屬元素化合物等，通常以水溶性無機離子如硫酸鹽、硝酸鹽、銨鹽、有機碳、元素碳（近似黑碳）為主。相對濕度較高的地區，如我國臺灣，$PM_{2.5}$ 微粒容易吸收水氣，高相對濕度時，水成為 $PM_{2.5}$ 微粒中的主要組成，因此潮解成液態水珠，可穿透肺部氣泡，並直接進入血管中隨著血液循環全身，對人體健康造成危害；環境中如有過多的 $PM_{2.5}$ 微粒也會影響能見度，更進一步產生區域性氣候變遷。

大氣環境預報系統

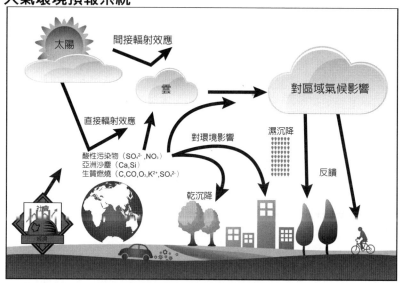

由於人類的社會與經濟活動，造成人為氣膠不斷增加影響大氣環境，目前氣膠化學研究，主要探討大氣汙染物，如酸雨、沙塵暴、生質燃燒、大氣汞傳送過程之物理化學特徵，以及其對區域環境之影響。研究者大多傾向結合觀測與模擬，進行區域環境問題之研究。

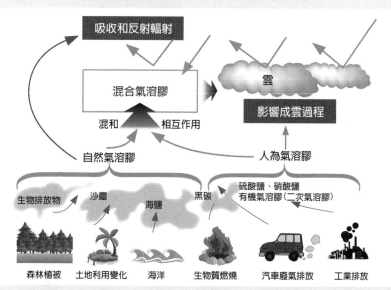

氣膠分為自然氣膠及人為氣膠，兩者都會影響傳輸至地面的太陽輻射、空氣品質、能見度以及氣候，因此氣膠對大氣環境及地球系統能量收支有很大的影響。氣膠粒子一方面可以將太陽光反射回太空，從而冷卻大氣；另方面經由散射、漫射和吸收部分太陽輻射，減少地面長波輻射的外逸，使大氣升溫。

8-5 衛星觀測氣膠

　　大氣氣膠不僅影響全球暖化與氣候變遷，亦危害人體健康，被喻為沉默的殺手，因此空氣品質監測與評估已成為全球關注的重要議題，尤其是近地表的懸浮微粒（PM2.5）；然受限於地面測站位置與數量，具大範圍觀測優勢的衛星遙測便成為最佳選擇，其中最關鍵的技術在於氣膠垂直分布之獲取與汙染成分之辨識，也是現階段全球衛星遙測地表 PM2.5 極待突破之主要限制。如能掌握抵達地球的太陽能量，可為我們提供一種評估未來氣候變化的方法，因此對太陽總體輻射能進行更好的測量，將可為科學家提供精確檢測氣候模型，並了解太陽的長週期變化以及這些變化如何影響地球氣候。聯合國政府間氣候變化專門委員會，認定關於氣候變化預測的主要不確定因素，即氣膠對地球能量平衡的影響。這種懸浮於空氣中的微粒，經由反射和吸收太陽輻射以及改變雲量和降水量，達到影響氣候。

　　美國 NASA 於 2004 年 7 月 15 日發射光環號地球觀測系統衛星（EOS-Aura），衛星上搭載臭氧監測儀（ozone monitoring instrument, OMI），主要探測大氣成分或監測大氣環境、追蹤汙染物的移動和平流層臭氧的情況、了解氣膠與氣候變遷的關係及區域性空氣汙染如何影響全球大氣，同時探測全球大氣化學成分及氣候變遷如何影響區域空氣質量。

　　2011 年 10 月 28 日美國 NASA 發射新一代繞極氣膠衛星 Suomi-NPP，使用低亮度傳感器之可見光紅外顯像輻射觀測儀（visible infrared imaging radiometer, VIIRS），可收集陸地、大氣、冰層和海洋，在可見光和紅外波段的輻射。VIIRS 可用來測量雲量和氣膠特性、火災及地球反照率等。Suomi NPP 搭載的 VIIRS 從約 12,742 公里的高空俯瞰地球表面測量雲量和氣膠，觀測結果顯示目前全球排放可觀的大氣懸浮微粒。

　　2021 年美國紐澤西理工學院（NJIT）在地球物理研究通訊（Geophysical Research Letters）發布的 1 項新研究，測量地球 23 年間的光反射率，發現地球正在變暗中。NJIT 根據南加州大熊湖太陽天文台（BBSO）1998 ～ 2017 年觀測數據，發現該 19 年期間，地球反射到月球的太陽光亮度下降，反射率下降約 0.5%，更驚訝的是與 1998 年相比，2017 ～ 2020 年地球反射率的下降幅度，在 3 年內就降達 0.5%，變暗速度有增快的趨勢。根據 NASA 在近地軌道的衛星數據，進一步發現地球變暗的主因來自地球內部，因為太平洋上空的雲層減少，無法將陽光反射回到太空中。地球現在僅朝太空反射 29.5% 陽光，目前地球每平方公尺反射的光，與 20 年前亮度相比平均大約減少半瓦，海洋吸收太陽光變暖，二氧化碳、甲烷和臭氧等溫室氣體阻止地球的輻射熱散逸到太空中，形成惡性循環。過去科學界認為地球變暖，可能會產生更多雲層達到更高的反射率，有助於平衡氣候系統減緩地球暖化速度，但已證明事與願違，除非地球熱量吸收率下降，否則未來的氣候狀況，會比現在產生更大變化。

衛星搭載臭氧監測儀 (OMI) 探測二氧化硫分布

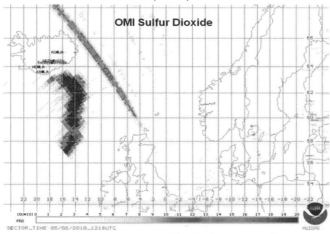

NASA 的 Aura 衛 星 使用 OMI 探測儀，於 2010 年 5 月 6 日 測 量 冰 島 Eyjafjallajökull 火 山 噴 發出的氣膠分布情形。左圖為二氧化硫分布。

2014 年 3 月 1 日，美 國 NASA 公 布 Suomi-NPP 衛星，使用 VIIRS 探測儀，拍攝亞洲上空的霧霾畫面。圖中可以看到，中國華北一帶上空濃厚灰色霧霾層。

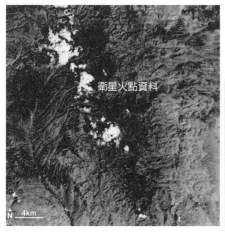

2013 年 8 月 17 日美國加州斯坦尼斯勞斯國家森林，森林內叫世界之環（Rim of the World）的景點，發生「環火（Rim Fire）」森林火災，迅速蔓延至優美勝地國家公園（Yosemite National Park）。Suomi-NPP 衛星使用 VIIRS 探測儀，能夠在夜間從太空觀測到地上火災的燃燒前沿。照片中可以看到，火災燃燒前沿散發出白色的光亮，使其北邊內華達州雷諾市的城市燈火顯得相對暗淡。

8-6 環境破壞與大氣汙染

　　地球大氣組成在近數億年來才漸趨穩定，但隕石撞擊和火山爆發等偶發事件仍會造成小部分大氣成分的變動。惟人類自會用火之後即開始汙染空氣，顯著破壞始於 18 世紀中葉的工業革命；而許多國家為了開拓農地，大規模砍伐或燃燒森林，不但削弱大自然自我清潔能力，燃燒森林所產生的 CO_2、SO_2、氮氧化合物等氣體以及氣懸粒子，也使得空氣汙染更嚴重。

　　氣懸粒子會造成酸雨、散射陽光，並且影響雲霧的形成，對自然生態、地球輻射能量的收支平衡及天氣變化都有影響。世界衛生組織 2013 年 10 月 18 日首度將戶外空氣汙染列為人類致癌主要因素，國際癌症研究中心（IARC）表示，空氣汙染含有氮氧化物、重金屬和懸浮顆粒等有害物質，對人類的影響不僅會導致呼吸、心血管疾病，嚴重的還可能增加罹患肺癌和膀胱癌的風險，成為癌症死亡的首要環境因子。

　　根據 WHO 統計，2010 年全球有 223,000 人死於空氣汙染導致的肺癌。大陸每年則有 5 萬人因為空汙提早死亡，居民壽命減少 18 年，如今空汙正式列為致癌物質，警告快速工業化的大陸和印度地區，民眾自保之道，遇到煙霧最好戴上口罩，空氣惡化減少外出，避免空汙帶來的傷害。

　　國際權威空氣汙染健康研究機構，美國健康效應研究所（health effects institute, HEI）由美國環保署、民間基金會和開發銀行聯合資助所建立。HEI 在 2019 年公布的研究報告指出，在全球所有健康風險因素中，空氣汙染排名第 5，僅次於飲食風險、高血壓、吸菸和空腹高血糖之後，空氣汙染讓人均預期壽命減少 20 個月，目前包括孟加拉、印度、尼泊爾和巴基斯坦在內的南亞部分國家，是世界上空氣汙染最嚴重的地區，這些國家正在經歷自 2010 年以來最嚴重的空氣汙染，相關死亡人數超過 150 萬。

　　對流層空氣汙染物主要包括碳氧化物、硫氧化物、氮氧化物、碳氫化物和氣膠的源、匯和循環；以及汙染物之間的化學反應和對流層空氣汙染形成的化學機制。對流層空氣汙染的化學機制，主要分為下列 2 種類型：

　　1. 二氧化硫（SO_2）的氧化機制：SO_2 是由煤炭、石油等礦物燃料燃燒產生的主要汙染物，其中一部分在大氣中被氧化成硫酸或硫酸鹽氣膠。由於比重大，容易沉降於地面附近，尤其常在山谷或盆地地區匯聚成酸霧，因而造成汙染；或隨著降水形成酸雨。硫酸的為害，遠遠超過 SO_2，引起科學家重視 SO_2 的氧化機制。

　　2. 臭氧（O_3）的形成化學機制：由氮氧化物和碳氫化物，在紫外線輻射作用下，發生光解和一系列氧化反應，生成 O_3 和其他氧化物，如過氧乙醯硝酸酯（peroxyacetic nitric anhydride, PAN）和醛類等。當有芳香胺汙染物存在時，煙霧中能檢出致癌物亞硝胺。

1987 年非洲人為火場全年衛星照片合成圖

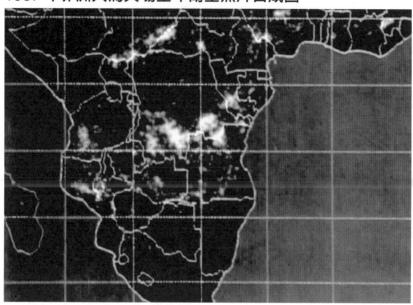

工業區煙囪排放景象

8-7 主要空氣汙染物

我國自 1989 年開始空氣品質採用 PSI 值，它是將實際測得之汙染物濃度，換算為 0 ～ 500 之間的指數，PSI > 100 代表空氣品質不良，對人體健康造成不同程度的負面影響。2016 年起改依行政院環境保護空氣品質指標（air quality index, AQI），乃依據環境保護署設置之一般空氣品質自動測站監測資料，將當日空氣中臭氧（O_3）、細懸浮微粒（$PM_{2.5}$）、懸浮微粒（PM_{10}）、一氧化碳（CO）、二氧化硫（SO_2）及二氧化氮（NO_2）濃度等數值，以其對人體健康的影響程度，分別換算出各汙染物之副指標值，再以當日副指標之最大值為該測站當日之 AQI。主要空氣汙染物說明如下：

懸浮微粒（PM_{10}）

PM_{10} 指粒徑小於 10 微米（μm）之粒子，又稱浮游塵。主要來源包括道路揚塵、車輛排放廢氣、露天燃燒、營建施工及農地耕作等，或由原生性空氣汙染物轉化成之二次汙染物，由於粒徑小，能深入人體肺部深處，如附著其他汙染物，則將加重對呼吸系統之危害。

二氧化硫（SO_2）

SO_2 是最常見的硫氧化物之無色氣體，有強烈刺激性氣味，大氣主要汙染物之一。火山爆發時常噴出此種氣體，在許多工業過程中也會產生 SO_2。由於煤和石油通常都含有硫化合物，因此燃燒時會生成 SO_2。當 SO_2 溶於水，會形成亞硫酸成為酸雨的主要成分。

氮氧化物（NOx）

NOx 主要包括 NO 及 NO_2，係來自燃燒過程中，空氣中氮或燃料中氮化物氧化而成。NO 為無色無味氣體，稍溶於水，燃燒過程生成之 NOx 以 NO 為主要成份，光化學反應中可反應成 NO_2。NO_2 為具刺激味道之赤褐色氣體，易溶於水，與水反應為亞硝酸及硝酸；參與光化學反應，吸收陽光後分解成 NO 及 O_2，在空氣中可氧化成硝酸鹽，為造成酸雨原因之一。

一氧化碳（CO）

CO 為無色無味，較空氣輕之氣體，除由森林火災、甲烷氧化及生物活動等自然現象產生外，主要來自石化等燃料之不完全燃燒產生；由於 CO 對血紅素的親和力比氧氣大得多，因此可能造成人體及動物血液和組織中氧氣過低，而產生中毒現象。

臭氧（O_3）

O_3 係由氮氧化物、反應性碳氫化合物及日光照射後產生之二次汙染物。具強氧化力，對呼吸系統具刺激性，能引起咳嗽、氣喘、頭痛、疲倦及肺部之傷害，特別是對小孩、老人、病人或戶外運動者，同時對於植物有不良影響。

空氣品質指標（AQI）

AQI 指標	O₃ (ppm) 8 小時平均值	O₃ (ppm) 8 小時平均值 [1]	PM₂.₅ (μg/m³) 24 小時平均值	PM₁₀ (μg/m³) 24 小時平均值	CO (ppm) 8 小時平均值	SO₂ (ppb) 小時平均值	NO₂ (ppb) 小時平均值
良好 0～60	0.000-0.0540	-	0.0-15.4	0-54	0-4.4	0-35	0-53
普通 51～100	0.055-0.070	-	15.5-35.4	55-125	4.5-9.4	36-75	54-100
對敏感族群不健康 101～150	0.07-0.085	0.125-0.164	35.5-54.4	126-254	9.5-12.4	76-185	101-360
對所有族群不健康 151～200	0.086-0.105	0.165-0.204	54.4-150.4	255-354	12.5-15.4	186-304[3]	361-649
非常不健康 201～300	0.106-0.200	0.205-0.404	150.5-250.4	355-424	15.5-30.4	305-604[3]	650-1249
危害 301～400	(2)	0.405-0.504	250.4-350.4	425-504	30.5-40.4	605-804[3]	1250-1649
危害 401～500	(2)	0.505-0.604	350.5-500.4	505-604	40.5-50.4	805-1004[3]	1650-2049

1. 一般以臭氧（O₃）8 小時值計算各地區之空氣品質指標（AQI）。但部分地區以臭氧（O₃）小時值計算空氣品質指標（AQI）是更具有預警性，在此情況下，臭氧（O₃）8 小時與臭氧（O₃）1 小時之空氣品質指標（AQI）則皆計算之，取兩者之最大值作為空氣品質指標（AQI）。
2. 空氣品質指標（AQI）301 以上之指標值，是以臭氧（O₃）小時值計算之，不以臭氧（O₃）8 小時值計算之。
3. 空氣品質指標（AQI）200 以上之指標值，是以二氧化硫（SO₂）24 小時值計算之，不以二氧化硫（SO₂）小時值計算之。

修正空氣品質嚴重惡化緊急防制辦法

· 因應 PM₂.₅ 管制，增列 PM₂.₅ 各等級濃度值。
· 依據空氣品質污染程度區分為預警、初級、中級及緊急四等級。

項目		預警	嚴重急化			單位
			初級	中級	緊急	
空氣品質指標 (Air Quality index, AQI)		>100 對敏感族群不良	> 200 非常不良	> 300 有害	> 400 有害	
懸浮微粒 (PM₁₀)	小時平均值	-	-	1050 連續二小時	1250 連續三小時	μg/m³（微克）/ 立方公尺
	二十四小時平均值	126	355	425	505	
細懸浮微粒 (PM₁₀)	二十四小時平均值	35.5	150.5	250.5	350.5	μg/m³（微克）/ 立方公尺
二氧化硫 (SO₂)	小時平均值	76	305 (24 小時平均值)	605 (24 小時平均值)	805 (24 小時平均值)	ppb（體積濃度十億分之一）
二氧化氮 (NO₂)	小時平均值	101	650	1250	1650	ppb（體積濃度十億分之一）
一氧化碳 (CO)	八小時平均值	9.5	15.5	30.5	40.5	ppm（體積濃度百萬分之一）
臭氧 (O₃)	小時平均值	0.125	0.205	0.405	0.505	ppm（體積濃度百萬分之一）

環保署空氣品質保護及噪音管制處 2016 年 11 月 29 日 實施空氣品質指標（air quality index, AQI）超標啓動預警防止空氣品質嚴重惡化

8-8 化學煙霧

化學煙霧（chemical smog）分為硫酸煙霧（sulfurous smog）和光化學煙霧（photochemical smog）二種。硫酸煙霧是二氧化硫或其他硫化物、未燃燒的煤塵，和高濃度的霧塵混合後起化學作用所產生，也稱倫敦型煙霧（London type smog），二氧化硫在空氣中產生的硫酸煙霧是酸雨中主要的酸性成分。光化學煙霧是汽車廢氣中的碳氫化合物和氮氧化物通過光化學反應所形成，也稱洛杉磯型煙霧（Los Angeles-type smog）。

光化學煙霧指大氣中的氮氧化物和碳氫化合物等一次汙染物，及其受紫外線照射後產生以臭氧為主的二次汙染物，所組成的混合汙染物，是一種帶有刺激性的棕紅色煙霧，長期吸入會引起咳嗽和氣喘，濃度達 50ppm 時，人將有死亡危險。因汽車廢氣中含有燃燒不完全的燃料和各種氧化物，其中氮的氧化物啟動形成煙霧的連鎖反應，一氧化氮和氧作用，產生能吸收陽光的二氧化氮，並排出活潑的氧原子，二氧化氮和氧原子再和燃燒不完全的烴類化合，產生讓人不舒服的醛類和硝基過氧乙醯，此二種物質正是化學煙霧傷害人的元凶。

美國西南海岸的洛杉磯，西面臨海，三面環山，早期因金礦、石油和運河的開發，使它很快成為商業與旅遊業都很發達的港口城市。惟自 1940 年代初開始，每年從夏季到早秋，只要是晴朗的日子，城市上空就會出現一種彌漫天空的淺藍色煙霧，使人眼睛發紅、咽喉疼痛、呼吸憋悶、頭昏或頭痛。1943 年以後，煙霧更加肆虐，甚至離城市 100 公里以外，海拔 2,000 公尺高山上的大片杉林也因此枯死，柑橘減產；這就是著名的洛杉磯光化學煙霧汙染事件。

19 世紀的工業革命，倫敦因大量使用煤炭燃料，燃煤後的煙塵與霧混合，滯留地表上，市民吸入煙霧導致呼吸道疾病的患者增加，1950 年代以前的 100 年間倫敦有大約 10 次大規模煙霧事件，其中以 1952 年事件最嚴重。

中國科學院 2013 年 2 月公布中國「大氣灰霾追因與控制」專案研究結果，中國近年的強霧霾事件，是異常天氣造成大氣穩定、人為汙染排放、浮塵和豐富水氣共同作用的結果，為自然和人為因素所共同作用的事件。霧霾中除了含大量危險有機物質外，還有 1940 年代造成逾 800 人死亡的美國洛杉磯化學煙霧中主要成分，以及英國倫敦 1950 年代煙霧事件的汙染物。

2022 年美國國家科學院院刊（proceedings of the national academy of sciences of the United States of America, PNAS）發表，從倫敦煙霧到中國灰霾的持久硫酸鹽生成，指中國灰霾與倫敦煙霧具有相同的化學反應過程，大氣細顆粒物上二氧化氮（NO_2）液相氧化二氧化硫（SO_2），是中國當前灰霾期間硫酸鹽的重要形成機制。

$$SO_2 \xrightarrow{NO_2} SO_2^{2-}$$

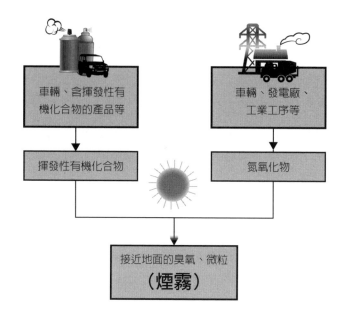

化學煙霧形成機制示意圖

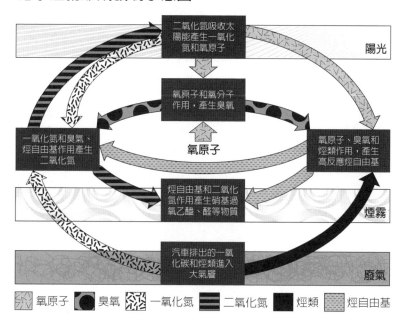

8-9 酸雨

「酸雨（acid rain）」顧名思義指雨是酸的，其正名爲「酸性沉降（acid deposition）」，可分爲「濕沉降（wet deposition）」與「乾沉降（dry deposition）」2 大類。濕沉降指所有氣狀或粒狀汙染物，隨雨、雪、霧或雹等降水型態落到地面者。乾沉降則指不下雨的日子，從空中降下來的落塵所帶的酸性物質。在化學上定義水之 pH（酸鹼）值等於 7 爲中性，小於 7 則爲酸性。大氣中本就存在著一些酸性氣體，如二氧化碳和二氧化硫等，因此自然界的雨水通常也略帶酸性，平均 pH 值≒ 5；一旦空氣汙染物中的酸性物質，致使雨水的 pH 值小於 5 時，便稱爲酸雨。

工業化後人類大量使用燃料，燃燒過程中產生 CO、HC、SO_2、NOx 及懸浮固體物，排放至大氣環境中，經光化學反應生成硫酸、硝酸等酸性物質使得雨水之 pH 值降低，形成酸雨。一般而言 NO_3^- 及 SO_4^{2-} 爲主要的致酸物質，由硫氧化物與氮氧化物轉化而來。Ca^{2+} 及 NH_4^+ 爲主要的中和（致鹼）物質。

酸雨的成因是一種複雜的大氣化學和大氣物理的現象，酸雨中含有多種無機酸和有機酸，絕大部分是硫酸和硝酸。工業生產、民用生活燃燒煤炭排放出來的二氧化硫，燃燒石油以及汽車排放出來的氮氧化物，經過雨滴成長過程，即水氣凝結在硫酸根、硝酸根等凝結核上，發生液相氧化反應，形成硫酸雨滴和硝酸雨滴；又經過雨滴下降過程，即含酸雨滴在下降過程中不斷合併吸附、沖刷其他含酸雨滴和含酸氣體，形成較大雨滴，最後降達地面形成酸雨。

對人類而言，酸雨最大的壞處就是使土壤酸化，會造成礦物質大量流失，除了影響植物成長，鋁離子還會對水中生物有毒害，造成水質汙染，溶解在水中的有毒金屬被水果、蔬菜和動物的組織吸收，因此間接影響人類所需食物的安全。作爲水源的湖泊和地下水酸化後，由於金屬的溶出，就會對飲用者的健康產生有害影響。

酸雨會傷害植物的新生芽葉，從而影響其發育生長；酸雨也會腐蝕建築材料、金屬結構、油漆等。酸雨能輕而易舉將碳酸鹽分解成二氧化碳氣體，造成雕像表面斑駁或脫落。其化學反應方程式爲：

$$CaCO_3 + 2H^+ \rightarrow CO_2 + H_2O + Ca^{2+}$$

因此酸雨除了會腐蝕建築物與石雕之外，也會造成古蹟的毀損，尤其是一些用石灰岩（即碳酸鈣）所建造的。控制酸雨的根本措施是減少二氧化硫和一氧化氮的人爲排放量。

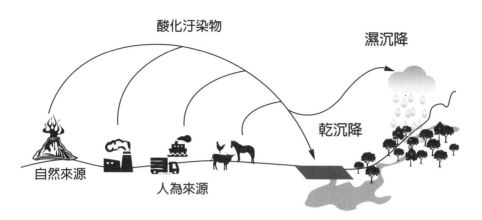

酸化汙染物

濕沉降

乾沉降

自然來源

人為來源

一般酸水化學組成中，主要包括 H^+、Cl^-、NO_3^-、SO_4^{2-}、NH_4^+、K^+、Na^+、Ca^{2+} 及 Mg^{2+} 等 0 種，來源包括自然及人為 2 種，沉降方式分為濕沉降與乾沉降 2 大類

正常的湖泊和森林

被酸化的湖泊和森林

酸雨傷害植物的新生芽葉，從而影響其發育生長。

酸雨腐蝕建築材料、金屬結構、油漆等，古建築、雕塑像也會受到損壞。

8-10 酸雨的採樣與監控

　　造成酸雨的降水汙染物來源約可歸納有：海水飛沫、塵土、農業活動、交通運輸及工業排放等。而降水組成與汙染來源的關係，可分為下列幾個因子：

1. **海鹽因子**：以 Na^+ 為指標，與 Cl^- 與 Mg^{2+} 相關。
2. **塵土因子**：以 Ca^{2+} 為指標，與 K^+ 及 Mg^{2+} 相關。
3. **農業活動因子**：以 NH_4^+ 為指標，有時與 K^+ 相關。
4. **人為汙染**：以 H^+ 為指標，與 SO_4^{2-} 或 NO_3^- 相關。
5. **交通汙染**：以 NO_3^- 為指標。

　　酸雨影響各國，包括環境、經濟甚至政治。如美國四季風向大多盛行由西向東或由南向北吹，使得東北各州雖 SO_2 及 NOx 排放量不多，卻有很高的 SO_4^{2-} 及 NO_3^- 濕沉降量，顯示酸雨的影響是無遠弗屆的。因此為了解各國酸雨的情形，除了應致力於監控各國本身的酸雨外，應用其他各國的酸雨資料亦屬重要。

　　近年來亞洲地區大氣汙染物（含酸性汙染物、亞洲沙塵、生質燃燒、大氣汞等）的長程輸送已受到廣泛注意，每當沙塵暴、生質燃燒或酸雨發生時，均受到民眾普遍重視與關切。如亞洲酸雨隨工業化與經濟成長日漸顯著，致酸因子硫酸鹽與硝酸鹽長程傳送過程中產生之雲雨交互作用、輻射效應等，對局部降水與區域輻射平衡都會有一定的影響。

　　我國位處亞洲大陸東南隅，大氣環流很容易將上游亞洲之汙染物輸送到我國上空。最近幾年我國空氣品質有幾次急遽惡化都與中國沙塵飄移至臺灣附近有關，近幾年來「大氣褐雲（atmospheric brown clouds）」問題亦受到國際上的重視。除因大量使用生質燃燒，導致溫室氣體增加，並加速全球暖化外，霾害產生的煙霧，飄散到大氣中，也直接影響雲內的成分，或直接反射太陽光，因而改變區域氣候特性。

　　為整合降水化學、微量氣體、大氣氣膠、大氣汞、大氣輻射等長期觀測及資料分析，我國於 2006 年啟用鹿林空氣品質監測，推動與美國環保署、太空總署、海洋大氣總署合作，進行技術交流與資料交換，並積極參與國際合作，如聯合國大氣褐雲國際觀測實驗、美國太空總署亞洲生質燃燒國際觀測實驗，以及其他有利我國參與之區域合作實驗等，進行實質監測、資料交換與技術交流。

　　我國各地區空氣品質不良的最嚴重汙染物是氣懸粒子和臭氧，環保署依據儀器所測量各種指標汙染物的濃度，建立空氣汙染指標（AQI），以作為汙染物對健康影響的參考，並依據監測站所測得的數據，每天公布臺灣地區空氣汙染指標日空氣品質指標（日 AQI）。

鹿林山空氣品質監測站

鹿林山測站設有整合降水化學、微量氣體、大氣氣膠、大氣汞、大氣輻射等主要領域相關儀器,除環保署空氣品質測站之標準自動觀測系統包括風向、風速、雨量、溫度、相對濕度、O_3、CO、UVA、UVB、PM_{10}等監測項目外,另有精密 CO 連續監測儀、CFC 連續觀測儀、大氣汞監測儀、太陽輻射計、旋轉輻射儀、能見度儀、酸雨採樣器等監測儀器。

A. 自動觀測系統

B. 酸雨採樣器

C. 旋轉輻射儀

D. 大氣汞監測儀 E. 大氣氣膠 F. 能見度儀 G. 太陽輻射計

圖示鹿林山背景站主要儀器;另有微量氣體／氣膠分析儀置於室內

8-11 平流層化學

平流層臭氧濃度最高

平流層化學（stratospheric chemistry）的中心問題是臭氧的光化學反應。距今 25 ～ 20 億年前，地球大氣層的氣體，主要是以二氧化碳、水氣、氮氣等氣體爲主，後來海洋中藻類大量繁殖，光合作用的結果使得大氣中的氧氣開始增多，氧氣受到紫外線的照射產生臭氧。臭氧是無色、有毒、有刺激味的氣體，在對流層中含量較少，而大氣中約有 90% 的臭氧，存在於離地面約 15 ～ 50 公里間的平流層內，在平流層內離地面約 20 ～ 30 公里處，臭氧濃度最高，稱爲「臭氧層（ozonosphere or ozone layer）」，臭氧層具有吸收太陽光大部分的紫外線，以屏障地球上生物，不受紫外線侵害之功能。

在大氣中氧分子因高能量的輻射而分解爲氧原子，氧原子與另一氧分子結合，即生成臭氧。臭氧又會與氧原子、氯或其他游離性物質反應而分解消失，由於這種反覆不斷的生成和消失，乃能使臭氧含量維持在一定的均衡狀態。惟 1960 年代開始，人類活動對臭氧層的影響，引起人們密切關注。曾經認爲超音速飛機的飛行，將使氮氧化物排入平流層而破壞臭氧，造成地球表面小於 0.3μm 波長的紫外輻射強度增強，引起皮膚癌的增加和農業生產降低。對含氟氯烴類化合物也有類似的擔憂，它們在對流層是化學穩定的，但在平流層可以進行光分解而破壞臭氧。

氟氯碳化物與臭氧層破洞

1970 年荷蘭氣象學家克魯琛（Paul Crutzen）指出，氮氧基（NO 或 NO_2）如何透過催化反應損害臭氧層。1974 年美國科學家馬里奧莫利納（José Mario Molina）及舍伍德羅蘭（Frank Sherwood Rowland）提出氟氯碳化物類物質對臭氧層的傷害理論。後經證實廣泛使用於噴霧推進器、冷媒及發泡等用途的氟氯碳化物（chlorofluorocarbons, CFCs），排放於大氣中會緩慢的移到平流層，經紫外線照射反應分解成氯原子並破壞臭氧。1985 年英國科學家法曼（Joseph C. Farman）發表他在南極近 30 年的臭氧觀測結果，南極的臭氧濃度在幾年之間劇降約 50%。在隨後的兩三年中所蒐集到的許多重要證據，均顯示南極上空的臭氧濃度在破洞發生前後，的確與氯濃度之間呈現「彼消我長」的反對應關係。

1995 年諾貝爾化學獎由克魯琛（P. J. Crutzen）、馬里奧莫利納（M. J. Molina）及舍伍德羅蘭（F. S. Rowland）等 3 位教授共同獲得，由於他們在 1970 年代先後對臭氧層濃度平衡機制研究有突破性的貢獻。因人造氟氯碳化物破壞臭氧層，對地球造成嚴重威脅，如人類皮膚癌和白內障發病率上升，植物生長、農作物和動物都會受到危害。1987 年聯合國通過蒙特婁議定書（Montreal protocol on substances that deplete the ozone layer）國際公約，逐步淘汰消耗臭氧層的化學物質以保護臭氧層，並設立一個多邊基金，爲發展中國家履行義務提供財政和技術援助。

21 世紀初氯氟烴的生產和消費已經停止了，2009 年蒙特婁議定書條約限制的化學品，98% 已被逐步淘汰。但允許實施 6 項修正案，例如使用含氫氟氯烴（HCFCs）和氫氟烴（HFCs）這些替代品，雖對臭氧層有好處，但卻對氣候有害。例如，最常用的含氫氟氯烴的全球變暖潛力幾乎是二氧化碳的 2,000 倍。

臭氧破洞主因

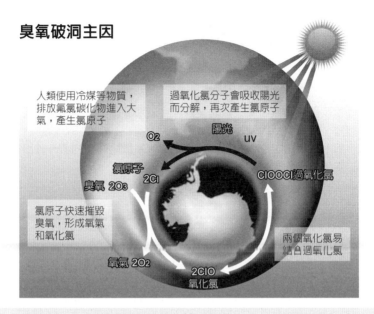

人類使用冷媒等物質，排放氟氯碳化物進入大氣，產生氯原子

過氧化氯分子會吸收陽光而分解，再次產生氯原子

陽光 uv

O2

氯原子 2Cl

臭氧 2O3

ClOOCl 過氧化氯

氯原子快速摧毀臭氧，形成氧氣和氧化氯

兩個氧化氯易結合過氧化氯

氧氣 2O2

2ClO 氧化氯

臭氧被一些游離基催化形成氧氣而消失，主要的游離基有氫氧基、一氧化氮游離基、氯離子和溴離子。其中氫氧基和一氧化氮主要是自然產生的，而氯離子和溴離子則是由於人造物質，如氟氯烴和氟里昂，因為比較穩定，釋放到大氣中後，不會分解，但到平流層後在紫外線的作用下會分解，成為游離狀態。游離的氯和溴原子通過催化作用，會消耗臭氧。

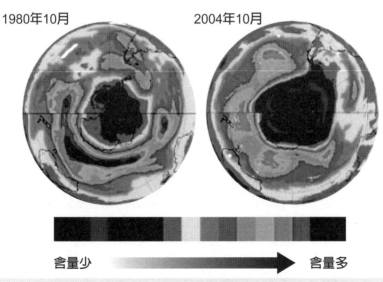

1980年10月   2004年10月

含量少 ➡ 含量多

人造衛星所拍攝 1980 年與 2004 年南極臭氧洞情形比較。由於人類大量使用「氟氯碳化物（CFCs）」的化學物質，破壞臭氧層，使臭氧層出現破洞。

8-12 臭氧層減弱的傷害

臭氧保護層減弱，將無法遏阻紫外線對生物的傷害，生態及人體健康會受到如下傷害：

1. 植物受損及農作物減產，強烈的紫外線會破壞葉綠素、妨礙植物成長，甚至造成遺傳因子突變，果實產量驟減。

2. 破壞生態系統平衡，海中的生物及蝦、蟹無法抵擋強烈的紫外線而死亡，魚類會因缺少賴以為生的食物而無法生存。

3. 免疫系統受抑制，哺乳類動物由於強烈紫外線照射，皮膚癌及白內障將加速危害人體健康。

4. 臭氧層遭破壞增強溫室效應，促使全球暖化與氣候異常更加惡化。

臭氧層破洞的補救

臭氧層遭到破壞會影響到全球生態環境，聯合國環境規劃署於 1985 年簽訂維也納公約；1987 年簽署蒙特婁議定書（Montreal protocol），以強制措施管制各國氯氟烴（chlorofluorocarbon, CFC）之生產及消費；1990 年於英國倫敦召開蒙特婁議定書第二次締約國會議，修訂議定書，擴大管制物質範圍將 CFC、四氯化碳及 1,1,1- 三氯乙烷納入管制，並決議五種 CFC 及三種海龍於 2000 年之前停產。

1992 年於丹麥哥本哈根召開第四次締約國會議中再度擴大管制物質範圍，將氫氟氯碳化物（hydrochlorofluorocarbon, HCFC）、溴氟碳氫化合物（hydrobromofluorocarbons, HBFC）及溴化甲烷納入管制。並決議將管制物質之削減時程大幅提前，自 1994 年 1 月 1 日起除必要用途外禁止生產海龍，自 1996 年 1 月 1 日起將 CFC、四氯化碳、1,1,1- 三氯乙烷、HBFC 等物質消費量削減至零。

1995 年 12 月於奧地利維也納召開第七次締約國會議，決議管制時程修正為第二條國家必須於 2030 年全面廢除 HCFC，但最後 10 年（2020 ～ 2030 年）的 0.5% 消費量限用於使用中之冷凍空調設備維修。而第五條國家必須於 2040 年全面廢除 HCFC，2010 年 1 月 1 日起溴化甲烷生產量及消費量不得超過零。1997 年 9 月於加拿大蒙特婁召開第九次締約國會議決議，將溴化甲烷提前於 2005 年 1 月 1 日起廢除。1999 年 11 月於中國大陸北京召開第十一次締約國會議，決議開始管制 HCFC 生產量，並將溴氯甲烷（Bromochloromethane）納入管制。

蒙特婁議定書成為國際環保公約的典範，至 1999 年 8 月 31 日止，締約國共 170 個國家，已開發國家已全面廢除 CFC、海龍、四氯化碳及 1,1,1- 三氯乙烷，歐盟甚至訂出較蒙特婁議定書更嚴的管制時程；而開發中國家也於 1999 年 7 月 1 日起開始凍結其國內的 CFC 消費量。依據 1998 年臭氧層破壞的科學評估報告指出，1987 年所通過的蒙特婁議定書原案低估了每年破壞臭氧層物質的成長率，因此若沒有通過後續的修正案，要在 2050 年恢復臭氧層原貌是不可能的。

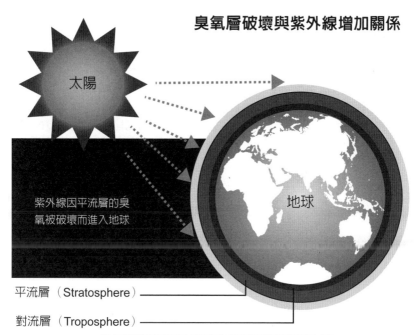

臭氧層破壞與紫外線增加關係

太陽

地球

紫外線因平流層的臭
氧被破壞而進入地球

平流層（Stratosphere）

對流層（Troposphere）

臭氧層變薄紫外線進入地球影響地球生態

NASA 南極臭氧衛星觀測比較

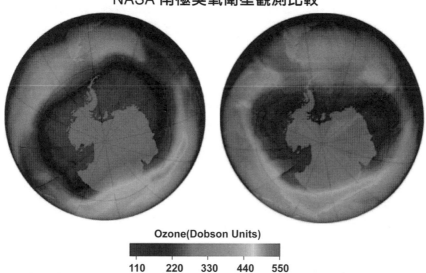

Ozone(Dobson Units)

110   220   330   440   550

左圖：2006 年 9 月 25 日；右圖：2010 年 9 月 12 日。2010 年 9 月 16 日「國際臭氧層保護日」，
聯合國發布「臭氧層耗損科學評估」報告指出，在各國過去 20 餘年努力下，保護地球的臭氧層已
停止損耗，不再變薄，但仍未完全恢復。（Montreal protocol celebrated for ozone success,19
September2010）

8-13 大氣放射性物質化學

　　放射性物質（radioactive materials）指可經由自發性核變化，釋出游離輻射（ionization radiation）之物質。大氣放射性物質的化學，主要包括存在大氣中放射性元素的輻射性質、來源、循環及其對平流層的影響。輻射源指產生或可產生游離輻射之來源，包括放射性物質及可發生游離輻射設備，如 X 射線是由受激發的電子雲射出，而其他的電離輻射（ionising radiation），如熱及光為能量的一種形式，主要是由不穩定原子核在衰變時射出的。

　　自地球誕生以來即存在地殼內，以及因宇宙射線衝擊大氣中某些組成分子，所形成的各種放射性核素（radioactive nuclide），含有這些核素的物質稱為「天然放射性物質（Naturally occurring Radioactive Materials, NORM）」。NORM 遍布整個地球環境內，包括岩石、土壤、空氣、水、動植物、建築材料、食品以及人體內。

　　大氣中的輻射源（radiation sources）包括：

　　1. 宇宙射線。

　　2. 天然存在於地殼或大氣中之天然放射性物質釋出之游離輻射。

　　3. 一般人體組織中所含天然放射性物質釋出之游離輻射。

　　4. 因核子試爆或其他原因造成含放射性物質之落塵，釋出之游離輻射。

　　游離輻射指直接或間接使物質產生游離之電磁輻射或粒子輻射，當原子中的電子，自輻射獲得的能量，超過原子核對它的束縛能量，電子就會離開原為中性的原子而射出，變為一帶正電和一帶負電的離子對（ion pair），稱為游離。若只造成激發作用的輻射，如電子自輻射所獲得的能量，不足以使電子離開原子核的束縛，稱為非游離輻射（non-ionizing radiation）。

　　在地球形成岩漿過程中，結晶構造配合的金屬離子相互結合，形成礦物的一次礦床。含鈾（U-235,U-238）、釷（Th-232）、鐳（Ra-226）的稀有金屬礦物成分，如重砂礦的獨居石、磷釔礦、鋯英石、鈦礦石和磷礦石等，則含有較高的放射性核素濃度，輻射劑量較強。這些礦物經開採後被利用為產業的原物料，並製成各式產品，進入人類生活圈。產品利用其放射性質或產品殘留有放射性的，稱為「放射性消費產品（radioactive consumer product）」。在這些礦物的開採過程和其產業製程中，如果產生含 U-238、Ra-226 或 Th-232 等放射性較高的廢棄物，稱為「天然放射性物質衍生廢棄物（technologically enhanced naturally occurring radioactive material, TENORM）」。

　　非天然放射性物質包括：

　　1. 可產生游離輻射之設備，指核子反應器設施以外用電磁場、原子核反應等設備。

　　2. 放射性廢棄物，指具放射性或受放射性物質汙染之廢棄物，包括最終處置用過之核子燃料。

　　3. 核子反應器及其他物料或機具。

輻射種類一覽表

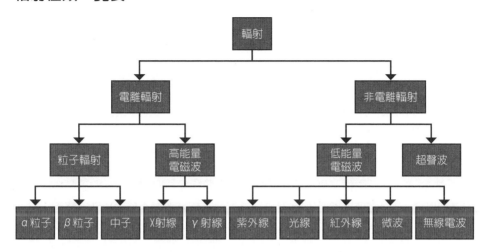

天然放射性物質（NORM）遍布整個地球環境內，包括岩石、土壤、空氣、水、動植物、建築材料、食品以及人體內。因宇宙射線轟擊大氣某些分子而形成的氚（H-3）、鈹-7（Be-7）和碳-14（C-14）等均屬 NORM 的放射性核素內。

右上圖：北投石為含天然放射性物質的天然礦石，會自然釋放天然放射性核素鐳（Ra）及氡（Radon, Rn），氡是鐳元素放射性蛻變所產生的氣體。

8-14 電離輻射的危害

由放射性核素或稱核種（radioactive nuclide）所發出的輻射主要有 α、β 及 γ 等 3 種射線，電離輻射（ionising radiation）包括高速粒子及高能量電磁波，它們的高能量可把其他原子內的電子撞出原子之外，產生帶正電荷的離子及帶負電荷的電子。這種輻射對人體會造成傷害，主要透過 2 種途徑：

1. 煙羽（plume）途徑，即直接吸入放射性核素或受到空氣中或沉降在地上的放射性核素直接照射。

2. 食入途徑，即飲用受放射性物質汙染的水或食用受汙染的食物。

電離輻射對人體的效應，依照射方式可分為：外照射和內照射（external and internal irradiation）兩種。輻射源由體外照射人體稱為外照射，γ、中子、X 等穿透力強的射線，產生外照射的生物學效應強。放射性物質通過各種途徑進入機體，以其輻射能產生生物學效應者稱內照射。內照射的作用主要發生在放射性物質通過途徑和沉積部位的組織器官，但其效應可波及全身。內照射的效應以射程短、電離強的 α、β 射線作用為主。

α 粒子所產生的相對危害性

α 粒子具有較大的質量與較多的電荷，但穿透力較小。能量最大的 α 粒子在空氣中的穿透範圍可達數釐米，仍然無法穿透人體皮膚角質層。因此 α 粒子引起的外照射對人體所產生的傷害相對較輕。惟若 α 粒子進入人體，其能量只積存在較短範圍時，由於 α 粒子被人體器官組織包圍，致該 α 粒子所引起的內照射只侷限於該器官周圍組織，幾乎所有該 α 粒子所釋放的能量全被該器官所吸收，不會分散到更大範圍，對該器官將構成大幅傷害。

β 粒子所產生的相對危害性

β 粒子在空氣中的穿透射程及能量較 α 粒子大，能夠穿入皮膚組織以下數毫米處。相對於 α 粒子，β 粒子對人體造成外照射所引起的傷害較大。但 β 粒子所產生的外照射侷限於表層皮膚組織，其引致的外照射危害較不嚴重。但 β 粒子也會引致內照射的危害，惟較 α 粒子所產生的損害小。這是因 β 粒子的穿透力較 α 粒子大，其所釋放的能量被較大體積的器官組織所吸收，所以由 β 粒子引致的器官損傷也因而相對較小。

γ 射線所產生的相對危害性

γ 射線的穿透力強，即使 γ 源位於很遠位置，仍會對人體造成外照射的危害。當人體暴露於 γ 射線，所有器官和組織很可能都受到照射。因此 α 粒子、β 粒子和 γ 射線相比之下，由 γ 射線所引致的外照射危害最嚴重；γ 射線甚至可穿透人體。因此就內照射而言，由 γ 射線所釋放，並被人體器官某一細小組織所吸收的能量相對較低，因而對該器官引起的傷害也較小。所以，由 γ 射線所引致的內照射危害，不及 α 粒子和 β 粒子所引起的嚴重。

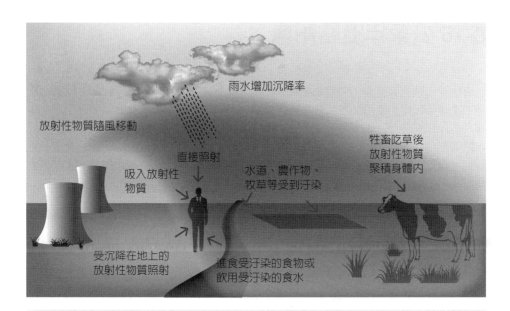

輻射透過 2 種主要途徑影響我們：(1) 直接吸入放射性核素或受到空氣中或沉降在地上的放射性核素直接照射。(2) 飲用受放射性物質汙染的食水或食用受汙染的食物。

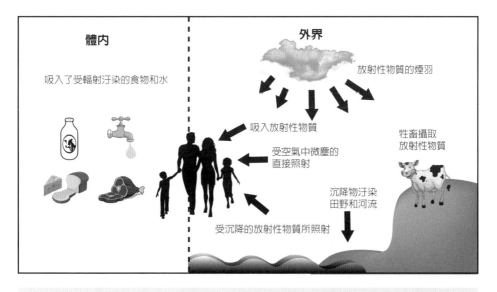

放射性物質可以經由不同途徑影響人體，有些由風或水流輸送到我們的環境、直接照射我們，亦可能隨著呼吸或經由飲食進入我們體內。

8-15 公眾年曝露劑量

　　無論來自天然的宇宙射線，或是岩石、土壤中的的釷、鈾、鉀，即使是非常低的量，也會造成人類基因突變，導致癌症或是畸型，甚至會影響到下一代。人類在採礦、精煉、產業製程中和使用其產品時，可能曝露在天然放射性物質的輻射。國際原子能總署（international atomic energy agency, IAEA）為維護環境安全和公眾健康，規定公眾年曝露劑量（public annual effective dose）限值為 1 毫西弗（1mSv/yr），並建議天然放射性核素的豁免（exemption）標準之基本安全單位為貝克 / 克（Bq/g）。凡處理或持有天然放射性物質所造成的曝露，低於年曝露劑量限值及其核素活度濃度（activity concentration）低於該標準者可豁免管制。

　　不同核素放出的輻射種類及能量不同，即使活度相同，對物質造成的破壞程度也可能不一樣。輻射對物質能造成多大破壞，需視該物質吸收多少輻射能量，這種吸收劑量（absorbed dose）的單位為戈雷（Gray, Gy），即 1 公斤物質吸收 1 焦耳能量。然而輻射有 α、β、γ、X 射線、高能質子及高能中子等，人體組織吸收不同輻射所受的傷害不一樣，不同部位對輻射的敏感度也不相同。人體承受輻射劑量以有效劑量（effective dose）表示，單位為西弗（Sievert, Sv）。若 β、γ、X 射線照射到全身，人體各組織的吸收劑量平均之後，1Sv 大約為 1Gy（其他種類輻射造成的有效劑量需經過換算）。

　　Sv 是輻射劑量（radiation dose）的國際單位，用來量度輻射對人體健康的影響，當中考慮到不同種類及能量的輻射、受影響的組織或器官、以及輻射物質停留在人體的時間等因素。在一個指定的生物（或人體）組織，1 西弗的輻射吸收劑量當量，所產生的生物效應，與 1Gy 的高能量 X 射線相同。照一張胸部 X 光片的劑量大約是 $10 \sim 50$ 微西弗（μSv）。

　　2011 年 3 月 11 日日本東北地區發生芮氏規模 9.0 的強震，重創福島、岩手及宮城等地，並引發高達 37.9 公尺的海嘯，造成罹難和失蹤人數超過 24,500 人，也造成福島第一核電廠 3 個反應爐爐心熔毀，福島及部分地區土壤、作物都受到輻射汙染。IAEA 署長在 2022 年 5 月 18 日抵達日本，針對排放核廢水的計畫進行評估。同一天日本核監管機構，批准在 2023 年春天要開始排放核廢水計畫，但附近國家都很擔心會汙染到海洋資源。根據日本東電公司（Tepco）福島含氚廢水排放設備規劃，Tepco 將設置設備汲取海水以稀釋廢水，排放時的氚濃度低於每公升 1,500 貝克；並規劃設置排水管線，將稀釋後的廢水引導至離岸 1 公里外海域水下 12 公尺處排放。

　　為掌握日本即將排放含氚廢水流向、濃度，以及對臺灣的影響，我國原能會將建立監測台灣海域海水的氚輻射變化趨勢，研發相關監測技術及預警系統以作為因應。

一般游離輻射劑量比較圖

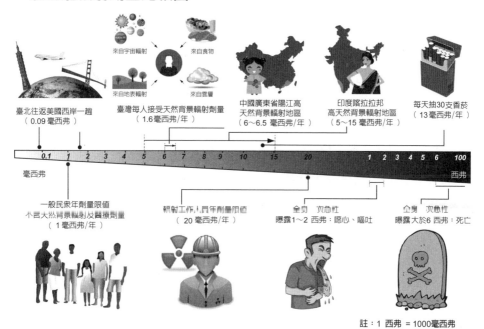

臺北往返美國西岸一趟
（0.09 毫西弗）

來自宇宙輻射　來自食物
來自地表輻射　來自雲層

臺灣每人接受天然背景輻射劑量
（1.6毫西弗/年）

中國廣東省陽江高
天然背景輻射地區
（6～6.5 毫西弗/年）

印度喀拉拉邦
高天然背景輻射地區
（5～15 毫西弗/年）

每天抽30支香菸
（13毫西弗/年）

0.1　1　2　3　4　5　6　7　8　9　10　15　20　　1　2　3　4　5　6　100

毫西弗　　　　　　　　　　　　　　　　　　　　　　　　　　西弗

一般民眾年劑量限值
不含大然背景輻射及醫療劑量
（1 毫西弗/年）

輻射工作人員年劑量限值
（20 毫西弗/年）

全身　次急性
曝露1～2 西弗：噁心、嘔吐

全身　次急性
曝露大於6 西弗：死亡

註：1 西弗 ＝ 1000毫西弗

常見的放射性核素所放出的輻射

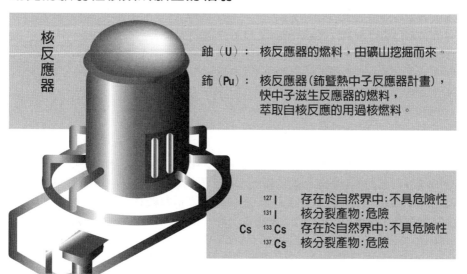

核反應器

鈾（U）：核反應器的燃料，由礦山挖掘而來。

鈽（Pu）：核反應器（鈽暨熱中子反應器計畫），
快中子滋生反應器的燃料，
萃取自核反應的用過核燃料。

I　127 I　存在於自然界中：不具危險性
　131 I　核分裂產物：危險
Cs　133 Cs　存在於自然界中：不具危險性
　137 Cs　核分裂產物：危險

8-16 放射性物質的輻射性汙染

　　放射性物質包含：(1) 鈾（U）以核反應器燃料聞名。(2) 鈽（Pu）是核反應器運轉後產生的核分裂產物，具有高放射性與化學毒性，是相當危險的物質，因能做為快中子滋生反應器的核燃料而成為明日之星。(3) 碘（I）存在於海藻等物體中，海藻內含碘「I-127」，並不具有放射性。而會危害生物體是碘「I-131」，屬於核分裂產物，具有放射性。(4) 存在於天然界的銫（Cs）是 Cs-133，不具危險性。但核分裂後會產生具有放射性、十分危險的 Cs-137。在 U-235 的核分裂反應中，除了會產生 I-131 以外，同時也會產生大量的 Cs-137，因此 Cs-137 便成為核分裂產物是否外洩的偵測指標。

　　放射性物質的輻射性汙染，主要是指人們生活中接觸、使用和食用某些具有輻射性元素的物質，和人為因素發生的放射性輻射、排放使生活環境發生變化、擾亂和破壞人類生活環境的汙染。由輻射性物質電離輻射作用於人體，所引起的疾病，就是醫學上所稱的「輻射病」。人體如受內外輻射劑量較重，會表現出疲勞、惡心、頭昏、失眠、嘔吐、皮膚發紅水腫、脫皮、起水泡、潰瘍、內臟出血、白血病、腹瀉、指甲紫黑及組織壞死等症狀；有時還會增加癌症、畸變及遺傳性病變發生率，影響幾代人的健康。

核電廠汙染（nuclear power pollution）危害

　　核電廠的發電原理是以中子撞擊 U-235 或 Pu-239 等放射性元素，造成核分裂並放出熱能，將水加熱為蒸汽以推動汽機發電。核電廠的環境影響途徑，包括放射性廢氣排放之輻射及放射性廢水排放之輻射。

　　放射性廢氣排放影響包括：

1. 沉降於地表之放射性核素所造成之體外劑量。
2. 吸入含放射性核素空氣造成之體內劑量。
3. 攝食含放射性核素農牧產品造成之體內劑量。
4. 懸浮於空氣中的放射性核素所造成之體外劑量。

　　放射性廢水排放影響，則包括：

1. 累積於岸沙的放射性核素所造成之體外劑量。
2. 於含有放射性核素海水中游泳或划船所造成之體外劑量。
3. 攝食含放射性核素海產（魚類、無脊椎類及海藻）所造成之體內劑量。

　　1986 年 4 月 26 日烏克蘭鄰近的車諾比電廠第四號反應爐發生連續爆炸引發大火，降下的輻射塵超過 200 顆廣島原子彈，約 200 人遭輻射重度汙染，32 人在 3 個月內喪生，疏散數十萬居民，遭汙染人數達數十萬，稱為「車諾比事件」。

　　2011 年 3 月 11 日在日本宮城縣東方外海發生 9 級地震引起大海嘯，並造成福島第一核電廠一系列設備損毀、爐心熔毀及輻射釋放等，主要的外洩物如 I-131、Cs-134、Cs-137 及鍶 -90（即 Sr-90）等半衰期較長的核素，導致全世界都測量到微量輻射性物質，大量放射性同位素釋入太平洋，稱為「福島核災」。學者發現動植物在核災之後出現基因受損、基因突變和族群數量下降等現象。

核能電廠的環境影響途徑

空氣接觸　雲層照射
直接輻射
地表輻射　畜牧產品
岸沙沉積　農作物
海水接觸　海產

環境　攝食

311大地震發生後，福島第一核電廠3座運行中的反應堆即時自動停機，廠內供電系統亦立即停止；但地震同時破壞了核電廠周邊的電力供應網絡，緊急發電機室亦遭接踵而來的大海嘯淹沒，損毀了後備柴油發電機，令核電廠的供電完全中斷，核反應堆的冷卻系統因此癱瘓，導致1、2、3號核反應堆持續升溫及過熱，使反應堆內發生堆芯熔毀的嚴重情況，並積聚大量氫氣，引起爆炸和核洩漏。福島核災釋放大量輻射，至今汙染情況仍然嚴重。

第9章
氣候學

9-1 地球的氣候系統

天氣（weather）和氣候（climate）的區別

　　一地短時間大氣變化，稱為天氣；而一地長時期天氣的平均狀態，則稱為氣候。如說今天陽光普照，和風送暖是個好天氣，不會說今天的氣候很好。氣候是指某一地方多年來天氣的平均狀況，以冷、暖、乾及濕等這些變量來衡量，包括溫度、濕度、氣壓、風力、降水量及眾多其他氣象要素，在長時期及特定區域內的統計數據。如諺語：「竹風蘭雨」，乃指新竹多風、而宜蘭多雨，是形容兩地多年平均狀態，故為氣候而不是天氣。

　　地球氣候具有多重時間尺度的特性，為了解它變化較緩慢的部分，因此必須作某種篩選，以過濾氣候系統中變化較快的部分；世界氣象組織採用 30 年計算氣候特性，因此各國每隔 30 年就必須公布當地氣候統計量。許多氣候變遷研究，因此常以 1951～1980 年的平均氣候狀態做為參考，探討氣候變化。

地球的氣候系統（climate system）

　　地球氣候系統包含大氣、海洋及陸地等 3 大分量，因此氣候變化的表徵雖呈現在大氣變數（如溫度及降水）上，它實際上是上述 3 大氣候分量交互作用產生的結果。如再細分且考慮生物的影響，地球氣候系統乃由：

　　大氣圈（atmosphere）、**水圈**（hydrosphere）、**冰雪圈**（cryosphere）、**岩石圈**（lithosphere）**和生物圈**（biosphere）**等 5 大圈所構成。**

　　大氣圈變化最快，對人類生活影響最大，不但受到其他 4 圈的影響，也受人類活動所影響。其他 4 圈對人類的影響，也是透過大氣圈，所以大氣圈是氣候系統核心。大氣圈的厚度大約有 100～120 公里，大氣圈和圈外太空之間並沒有明確的界線。

　　水圈是由地球上的水所組成，包含海洋、湖泊、江河、地表以及地下水。海洋和陸表的水透過蒸發或蒸散轉變為水氣進入大氣，水氣在大氣中形成雲、雨及雪等之後，有一部分降落地面，一部分留在陸上或流入海洋，還有一部分則滲入地下成為地下水或地下徑流，這種週而復始的變化稱為水循環。

　　岩石圈是指固體地球的表層部分，範圍從地表到 100 公里深處，在軟流圈以上，包括地殼和一小部分上部地涵物質。岩石圈由冷而堅硬的岩石所構成，會受軟流圈帶動，產生漂移，造成地殼變動，岩石圈透過陸面過程影響大氣。

　　冰雪圈是指在地表上，水以固態形式出現的地區，包括海冰、湖冰、河冰、積雪、冰河、冰帽及冰蓋。地球上水分總量的 2.6% 為淡水，其中 80% 為冰雪，即地球上的冰雪圈。

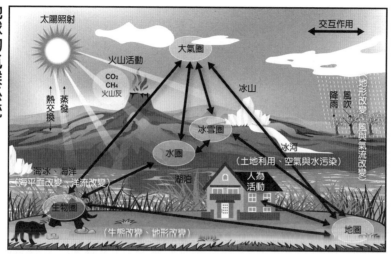

地球氣候系統包含大氣圈、水圈、冰雪圈、地圈及生物圈。因此大氣、水、冰雪、土壤和生物，構成整體地球的氣候系統。同時，太陽的照射和人類的活動，也影響著氣候的變動。

近年各種極端的氣候事件正在不斷的破紀錄發生中，異常氣候恐成為新氣候常態。2005 年美國颶風卡崔娜（Hurricane Katrina）、2008 年緬甸的納爾吉斯氣旋（Cyclone Nargis）、2010 年巴基斯坦的洪災，亞馬遜河流域、澳大利亞及東非的乾旱，2003 年歐洲的熱浪和 2010 年俄羅斯的熱浪，以及北極海冰的縮減。這些變化都顯示出地球氣候已經日益變得危險。

9-2 氣候學研究領域

　　大氣科學領域中，研究長期天氣平均狀態者，稱爲氣候學（climatology），主要爲關注多年甚至千年天氣事件的週期性，以及與大氣條件相關的長期天氣平均模式。氣候學家的研究包括：局地或區域或全球自然氣候、導致氣候變化的自然和人爲因素。其所關注的氣候現象，包括大氣邊界層、環流模式、熱力傳輸、海氣相互作用和地貌、大氣化學組成和物理結構。

地球氣候變化史（冰期、間冰期、小冰期）

　　自 46 億年前地球誕生後，地球的氣候機器就不停地運轉著，期間冷暖氣候多次交替出現，並已歷經 35 次冰期。如果將過去 100 萬年大氣溫度變化的曲線放大，我們發現尚有許多振幅較小的溫度變化。過去一百萬年的前 50 萬年氣溫偏低，後 50 萬年的氣候則較爲暖和。10 幾萬年前爲間冰期，氣溫比 20 世紀初的氣溫還高；最近一次冰期的鼎盛時期約發生於 1 萬 8 千年前，目前的氣候屬於脫離冰期之後較爲溫暖的時期。

　　自從脫離上一個冰期之後，地球大氣溫度雖明顯上升，但還是具有冷暖交替現象，溫度變化差達 4～5℃之多。目前的氣候並非最暖期，例如 6～4 千年前的氣候，就比目前還要暖和；過去 1 萬年中，經歷了 4 次冷暖交替變化。

近千年來的氣候變化

　　西元 1000 年初始，歐洲的氣候比後來的小冰河期暖和許多。有些地區，溫暖的氣候甚至可回朔至 4～5 世紀。許多古籍的記錄、古代耕地遺跡、建築物、樹輪等皆留下蛛絲馬跡，成爲後代科學家重建古氣候的依據。紀錄資料顯示，此期間歐洲氣候十分溫和，豐收不斷，甚少饑荒。

　　冰島人在西元 982 年首次抵達格陵蘭，之後更往西航行至加拿大。在冰島及格陵蘭甚至有穀類作物收成，而且漁獲頗豐。冰島的古籍記載一件英勇事蹟：在西元 985～1000 年間，有人泳渡格陵蘭峽灣帶回一隻成羊。依據人類體能估計，即使是長泳選手，當時的海水溫度最低也必須在 10℃以上，才能完成該項壯舉。該峽灣的現代海溫甚少高過 6℃，顯示當時的氣候可能比現代溫暖許多。

　　當時歐洲大陸的葡萄園開墾範圍，比目前還往北推約 500 公里，英格蘭目前仍存在許多中世紀葡萄園遺跡，就是最好的證據。但是，類似的溫暖氣候並未在當時的中國、日本一帶發生。依據中國古氣候學家的估計，隋朝到北宋期間的中國氣候比 20 世紀來得暖和，但是到了北宋太宗中期（西元 10 世紀），氣溫迅速下降，進入長達數百年之久的冷候期。漢代以前，黃河流域溫暖多雨，仍有稻、竹等植物；南宋時，氣候較寒冷而且乾旱，稻、竹等已不多見。時至今日，依然如此。中國古籍確切地記載氣候變化，如唐太宗本紀記載：貞觀 23 年（西元 649 年）高宗即位，冬無雪。

過去 8 億年冷暖氣候的大循環（megacycle）

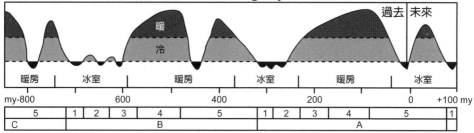

地球寒冷冰期與溫暖間冰期不斷循環示意圖　　　　　　　　　（來源：Van Andel, 1994）

過去百萬年以來的氣候變化

A. 過去百萬年

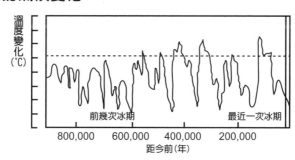

B. 過去一萬年

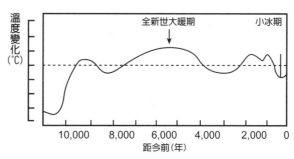

C. 過去一千年的
氣溫變化

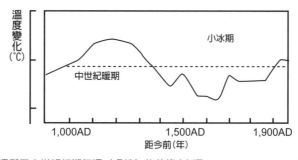

實線為各年代氣溫與二十世紀初期氣溫（虛線）的差值（來源：Folland et al, 1990）

9-3 氣候形成因素

氣候的形成主要是由於熱量的變化而引起的，因而氣候形成因素，主要有以下 3 個：

1. **太陽輻射因素**：太陽輻射是地面和大氣熱能的來源，地面熱量收支差額是影響氣候形成的重要原因。對於整個地球而言，地面熱量的收支差額為零，但對於不同地區，地面所接受的熱量存在差異，因而會對氣候的形成產生影響。同時，地面接受熱量後，與大氣不斷進行熱量交換，熱量平衡過程中的各分量對於氣候形成也有重要影響。

2. **地理因素**：地理因素對氣候形成的影響表現在地理緯度、海陸分布、地形和洋流上，而地理因素對氣候形成的影響歸根究底還是可以歸結到太陽輻射因素上。

3. **下墊面（underlying surface）因子**：與大氣下層直接接觸的地球表面大氣圈，以地球的水陸表面為其下界，稱為大氣層的下墊面。下墊面因子包括：洋流、地面植被、下墊面對太陽輻射的吸收和反射、折射及散射等。

造成氣候差異的主要因素

假設地球為表面光滑而質地均勻的球體，則緯度成為影響氣候的最主要因素，同一緯度地區，氣候情況應該是很相似的。但實際上，地球有高山、有平地、有海洋、有陸地、有森林及荒漠，這些差異都會影響全球氣候差異。其他影響氣候因素，如高度、坡向、風向、地形、陸地同海水差異及與海水距離等等。

因此造成各地氣候差異的主要因素，包括下列 6 項：

1. **緯度**：緯度高低影響各地太陽入射角的大小、晝夜的長短、四季的變化以及太陽輻射量的多寡。

2. **地勢**：地勢高低可使氣候發生變化，同緯度地區之高山和平地的氣候完全不同。

3. **距海遠近**：海洋可以調節氣候，距海近易受海洋影響，氣候較溫濕。大陸內部地區，氣溫變化較大，且雨量較少。

4. **盛行風方向**：海洋的影響是否能夠深入內陸，需視盛行風的方向而定。如果盛行風由海洋吹向陸地，且能深入內陸，海洋的影響即可達到內陸。如西風帶內，大陸西岸的盛行風多由海洋吹向陸地，東岸多由陸地吹向海洋，因此大陸西岸的氣溫日變化和年變化均較東岸為小，雨量則較東岸為多。

5. **洋流**：接近暖流的海岸，氣候溫和多雨，如西歐；接近寒流的海岸，氣候寒冷多霧，如加拿大東岸。

6. **植物**：地面有植物保護，如森林，該地氣溫變化會趨緩和，且較濕潤；如果地面完全裸露如沙漠，該地氣溫變化必甚劇烈。

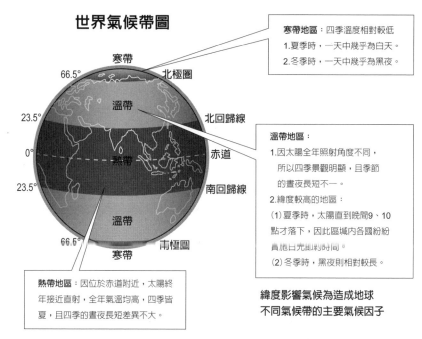

世界氣候帶圖

寒帶地區：四季溫度相對較低
1.夏季時，一天中幾乎為白天。
2.冬季時，一天中幾乎為黑夜。

66.5° 寒帶 北極圈
溫帶
23.5° 北回歸線
0° 赤道
熱帶
23.5° 南回歸線
溫帶
66.5° 南極圈
寒帶

溫帶地區：
1.因太陽全年照射角度不同，所以四季景觀明顯，且季節的晝夜長短不一。
2.緯度較高的地區：
(1)夏季時，太陽直到晚間9、10點才落下，因此區內各國紛紛實施日光節約時間。
(2)冬季時，黑夜則相對較長。

熱帶地區：因位於赤道附近，太陽終年接近直射，全年氣溫均高，四季皆夏，且四季的晝夜長短差異不大。

緯度影響氣候為造成地球不同氣候帶的主要氣候因子

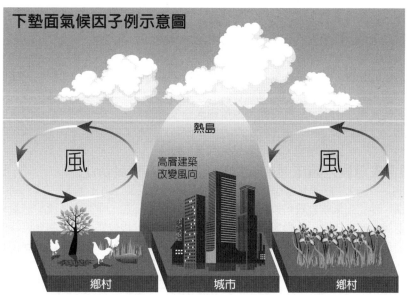

下墊面氣候因子例示意圖

熱島
風
高層建築改變風向
風
鄉村 城市 鄉村

城市熱島效應可以說就是城市化發展，所導致下墊面氣候因子明顯改變後的結果，使城市內的氣溫高於外圍郊區。一般廣闊郊外地區氣溫變化很小，但到了城區部分則明顯出現高溫，如突出海面的島嶼，所以就被形象地稱為熱島效應。夏季時，有些熱島效應城市氣溫，可能比郊區高出6℃，甚至更高。中國最大熱島北京，曾出現與郊區最大溫差達9.6℃，上海與郊區最大溫差曾達6.8℃。

9-4 氣候分類法

地球表面受緯度、高度及海陸分布等因素影響，世界氣候分布至爲複雜。希臘哲學家帕曼尼德斯（Parmenides）於西元前 500 年，即基於太陽對各緯度之不同日射，將全球區分爲 5 個氣候帶：赤道熱帶、南北溫帶、兩極寒帶。目前較普遍使用的 4 種氣候分類法（climatic classification）如下：

柯本氣候分類法（Köppen climate classification）

20 世紀初期，德國氣象學家柯本（W. Köppen），以溫度和雨量的臨界數值爲標準，天然植物爲氣候指標，畫分世界氣候爲 5 大類、11 個基本型。A 類爲熱帶多雨氣候，含熱帶雨林（Af）及熱帶莽原（Aw）型。B 類爲乾燥氣候，含沙漠（Bw）及草原（BS）型。C 類爲中溫濕潤氣候，含夏乾溫暖（Cs）、冬乾溫暖（Cw）及常濕溫暖（Cf）型。D 類爲低溫濕潤氣候，含常濕寒冷（Df）、冬乾寒冷（Dw）型。E 類爲極地氣候，含苔原（ET）及冰冠（EF）型。此法因體系完整，應用方便因此被廣泛採用。

桑士偉氣候分類法（Thornthwaite climate classification）

美國氣候學家桑士偉（W. Thornthwaite）於 1948 年提出，以可蒸散量（potential evapotranspiration）與降雨量作爲基礎之氣候分類法，並特別注意蒸發量，以推算有效降水和有效溫度，求取有效降水指數和有效溫度指數，配以季節變化定出類型，一般多應用於農業氣候區分。

斯查勒氣候分類法（Strahler climate classification）

斯查勒氣候分類法是一種動力氣候分類法，1969 年斯查勒（A. N. Strahler）認爲天氣是氣候的基礎，而天氣特徵和變化又受氣團鋒面氣旋和反氣旋所支配。因此他首先根據氣團源地、分布，鋒的位置和它們的季節變化，將全球分爲 3 大氣候帶，再按桑斯偉氣候分類原則中，計算可能蒸散量和水分平衡的方法，用年總可能蒸散量、土壤缺水量、土壤儲水量和土壤多餘水量等項來確定氣候帶，將全球分爲 3 個氣候帶，13 個氣候型和若干氣候副型，高地氣候則另列一類。

阿里索夫氣候分類法（Alisof climatic classification）

1936～1949 年蘇聯氣候學家阿利索夫提出以盛行氣團爲主、海陸位置爲輔的氣候分類法。他認爲氣候性質可以反映大氣環流、下墊面特性、洋流與氣流的熱量和水分的輸送等氣候形成因子的影響，是一個比較好的指標。根據盛行氣團和氣候鋒的位置及其季節變化，將全球氣候劃分爲赤道帶、熱帶、溫帶、極帶 4 個基本氣候帶和副赤道帶、副熱帶、副極帶 3 個過渡氣候帶。除赤道帶外，其他各帶南、北半球各有一個帶。基本氣候帶終年盛行一種氣團，過渡氣候帶盛行的氣團隨季節而變化。除赤道帶外，其他氣候帶再分爲若干氣候型，如大陸型和海洋型、大陸東岸型和大陸西岸型。前兩型是海陸性質差異引起的，後兩型是環流條件不同形成的。

全球氣候分布圖

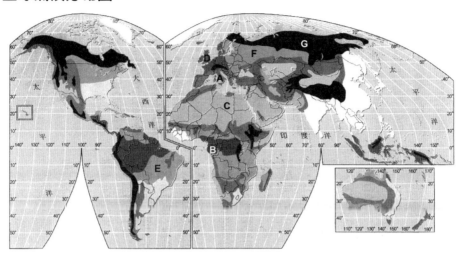

柯本氣候分類法之全球氣候分布圖：A為溫帶地中海型氣候、B為熱帶雨林氣候、C為熱帶沙漠氣候、D為溫帶海洋性氣候、E為熱帶莽原氣候、F為溫帶大陸性氣候、G為寒帶氣候。

阿里索夫氣候帶分類法

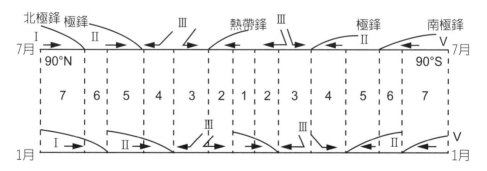

1 赤道帶，2 副熱赤道帶，3 熱帶，4 副熱帶
5 溫帶，6 副極帶，7極帶

根據盛行氣團和氣候鋒的位置及其季節變化，將全球劃分為赤道帶、熱帶、溫帶、極帶4個基本氣候帶和副赤道帶、副熱帶、副極帶3個過渡氣候帶。

9-5 地球能量的收支平衡

太陽與地球的輻射

　　所謂輻射就是熱量的一種傳遞形式，物體本身溫度的高低決定其輻射波長的長短。太陽向地球放射的輻射稱短波輻射（short wave radiation），地球受熱後向外放射的輻射稱為長波輻射（long wave radiation）。地表面的實際平均溫度約為 300 K，對流層大氣的平均溫度約為 250K。在這樣的溫度條件下，地面和大氣的輻射能主要集中在 3 ～ 120μm 的波長範圍內，均為肉眼所不能看見的紅外輻射（infrared radiation），這比太陽輻射的波長要長得多。因此，氣象學上把地面和大氣的輻射稱為長波輻射。

　　太陽輻射能是地球大氣的主要來源，其主要波長為 0.17 ～ 4μm，此波譜段的能量約占太陽輻射總能量的 99%，因此太陽輻射屬於短波輻射。太陽輻射能量多集中在可見光波段，此外還包括紅外線和紫外線。地球的反照率為 0.31，也就是太陽輻射能約有 31% 被反射回太空；雲是最重要的反射體，其餘則是被地表、空氣和氣懸粒子所反射。大氣約吸收 20% 的太陽輻射能；地表則吸收約 49%。

全球地表能量收支

　　地球的大氣層頂吸收來自太陽輻射的能量平均為 342W/m²，當中有 107W/m² 被雲、大氣中空氣分子與地表上高反射率的部分，如雪地或者人為建築物，反射或散射到太空中，所以 342W/m² 當中只有 235W/m² 能夠進入地球表面（168W/m²）與地球大氣層（67W/m²）。當物體吸收能量則溫度自然會升高，根據量子物理，溫度高的物體輻射波長較短，且物體只要有熱量就會向外輻射能量。

　　由地表向外輻射紅外線平均能量為 390W/m²，但地表明明只吸收 168W/m² 的太陽輻射能量，怎麼能夠輻射 390W/m²，多餘的能量從何而來？主要是由於大氣中的溫室效應氣體（greenhouse gases），能夠吸收阻擋 90% 來自地表與大氣中的紅外線輻射。所以來自太陽輻射 67W/m² 加上溫室氣體吸收來自地表的紅外線輻射一起加熱地球大氣層。大氣被加熱之後，也會輻射紅外線，其中 165W/m² 向太空輻射；雲則向太空輻射 30W/m²，但其中約 324W/m² 則向地表進行輻射，這就解釋為什麼地表能夠輻射 390W/m² 紅外線。

　　由太陽來到地球的能量 49% 被地表吸收（因為 168/342=49%），這些能量以不同的形式送到大氣中，一部分是蒸發過程（evaporation=78W/m²），一部分是熱傳導（thermal=24W/m²）。

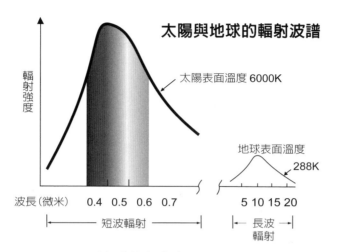

太陽與地球的輻射波譜

輻射強度

太陽表面溫度 6000K

地球表面溫度
288K

波長（微米）　0.4　0.5　0.6　0.7　　5 10 15 20

短波輻射　　　　　　　　長波輻射

地球的輻射能量收支

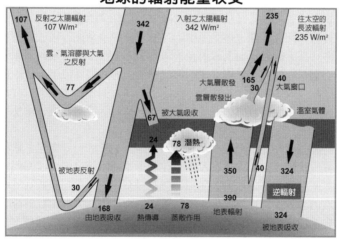

107 反射之太陽輻射 107 W/m²　342　入射之太陽輻射 342 W/m²　235　往太空的長波輻射 235 W/m²

雲、氣溶膠與大氣之反射

77

大氣層散發
雲層散發出　165　40 大氣窗口
30　　　溫室氣體

67 被大氣吸收

24　78 潛熱　350　40　324

被地表反射

30　　　　　　逆輻射

168 由地表吸收　24 熱傳導　78 蒸散作用　390 地表輻射　324 被地表吸收

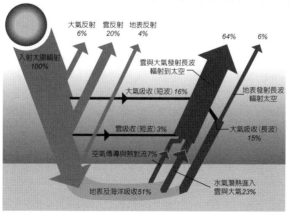

大氣反射 6%　雲反射 20%　地表反射 4%　64%　6%

入射太陽輻射 100%

雲與大氣發射長波輻射到太空

大氣吸收(短波) 16%

地表發射長波輻射太空

雲吸收(短波) 3%

大氣吸收(長波) 15%

空氣傳導與熱對流 7%

地表及海洋吸收 51%　水氣潛熱進入雲與大氣 23%

全球地表能量的年平均收支圖。太陽輻射能量主要集中在可見光波段，地球的反照率為 0.31，也就是太陽輻射能約有 31% 被反射回太空；雲是最重要的反射體，其餘則是被地表、空氣和氣懸粒子所反射。大氣約吸收 20% 的太陽輻射能；地表則吸收約 49%。
上圖：以輻射能表示。
左圖：以百分比表示。

9-6 輻射平衡溫度與溫室效應

地球的能量主要來自太陽,而太陽的能量是以短波輻射方式穿越大氣層,部分回太空,在長期平均下,地球向外輻射能與所接收的太陽輻射能,兩者處於平衡狀態,此種情況下之地表溫度應為 − 18℃,稱為輻射平衡溫度。但部分輻射會被大氣對流層的氣體吸收,並使部分能量再進入地球表面,造成地表均溫比輻射平衡時高出 33℃,這種自然界反射和吸收太陽輻射的作用,稱為大氣的溫室效應(greenhouse effect)。

其實大氣的溫室效應,對地球上的人們是有利的,如沒有溫室效應,地表的平均溫度應為 − 18℃,地球便成為一個寒冷的世界。因為有了溫室效應的作用,使得地表的平均溫度得以增加到約 15℃,許多生物得以存活,人類才有一個舒適美麗的生活環境。

溫室氣體與溫室效應

地球的溫度決定於太陽照射地表的熱量與地球向外輻射的熱量兩者平衡的結果。波長較短的太陽輻射能通過大氣層被地球表面吸收,地球會產生熱輻射,向四周放射出波長較長的紅外線,此紅外線會被大氣中的二氧化碳、水蒸氣等吸收,這些氣體在吸熱之後,將其中一部分的熱量向上輻射至大氣層上方,另一部分則向下輻射再回到地球表面,此向下輻射回地表的熱與太陽照射的熱能,導致地球溫度上升。而大氣中的吸熱氣體,能使波長較短的太陽能通過,而達到地球表面,卻不能使二次輻射的光熱通過而散失,因此大氣層就有如溫室的玻璃外殼,具有保溫的功能,致使地球表面溫度上升。

地球最重要的溫室氣體是水氣和二氧化碳,其他大氣中的一些微量氣體如:甲烷、氧化亞氮、氫氟碳化物、全氟碳化物及六氟化硫等不能阻擋太陽短波輻射,所以這些氣體增加後不會使地球表面接收的太陽短波輻射量減少,且具有吸收紅外線的能力。溫室氣體會吸收地表發出的紅外線輻射,同時也會向四面八方發出紅外線,因此有一部分的能量又會被地表吸收;也就是有大量的能量在大氣與地表間循環、重複使用,造成地表能保有較高的氣溫。溫室氣體的增加導致地表長波輻射,穿透大氣層向宇宙的輻射率減少,為了維持輻射平衡,地表不得不升高溫度,即增加地表向上總輻射量來維持輻射平衡。

18 世紀中葉開始的工業革命,改變人類舊有的農業生活,帶動經濟發展,提升人類的生活水準。不過因為過度開發地球上的天然資源,大量燃燒化石燃料,以及為取得更多耕地,大規模砍伐森林。人類的這些活動使得全球二氧化碳跟甲烷濃度持續增加,2021 年二氧化碳濃度達到 414.3ppm,比 2020 年增加約 2.4ppm,比工業時代前的 280ppm 增加了 48%;且在過去兩年甲烷濃度暴增,石油、天然氣開採生產、濕地耕作等都會造成甲烷排放增加,導致全球溫度不斷上升,據 IPCC 估計到 21 世紀末,全球氣溫將比 2000 年增加 1 ∼ 3.5℃。

京都議定書明訂管制的 6 種溫室氣體為

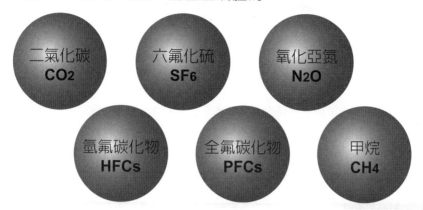

京都議定書與美國環境保護署 2009 年裁定影響全球暖化的 6 種溫室氣體。其中 CO_2 因人類大量使用石化燃料而大幅增加，為造成全球暖化最主要的氣體。

大氣中 CO_2 含量

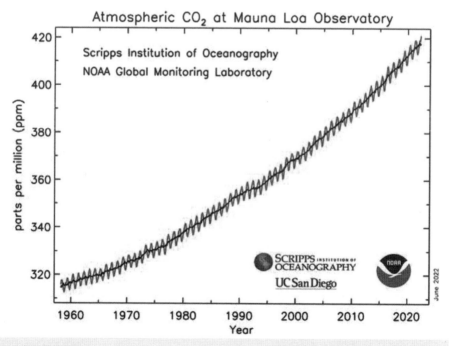

夏威夷島冒納羅亞火山（Mouna Loa）上大氣中二氧化碳濃度的變化（1958 年由 Dave Keeling 開始觀測）。

9-7 影響氣候變化的自然因素

影響氣候的因子不勝枚舉，如太陽輻射量的改變、火山爆發、板塊漂移及地形變動等都會影響氣候，但是大氣對其並無回饋作用，即無交互作用，其影響屬於外在因素；而大氣成分的變化、地表狀態的變化、海洋、雲及大氣內部動力等則屬於內在因素，因素之間會產生互相影響，可能造成正或負回饋（positive or negative feedback）。而人類的活動更成為一項影響氣候的因素。歷史上人類的活動曾改變區域氣候，也曾因為氣候變動發生浩劫。自從工業革命以來，人類對自然界的影響程度更是史無前例，已成為重要影響氣候的人為因素！

影響氣候變化的自然外在因素（extrinsic factors）

日地關係

太陽輻射是驅動大氣環流的主要能量來源，太陽與地球之間的距離、太陽輻射入射角等不斷的改變，因此地球所吸收的太陽輻射量也隨之改變。

主要的影響因素有 3：1. 地球公轉軌道的偏心率變化、2. 黃赤交角變化、3. 歲差。

地球公轉軌道的偏心率（eccentricity）變化

地球以接近圓形的橢圓形軌道繞太陽公轉，目前的偏心率為 0.018，在過去 500 萬年中，偏心率變化範圍為 0.000483 ～ 0.060791，週期約為 100,000 年。偏心率大小影響太陽輻射入射地球的年累積量：偏心率愈大（小），年輻射量愈小（大），惟造成的變化不大，約為 0.014% ～ 0.12%。

黃赤交角（obliquity）的變動

黃赤交角為地球自轉軸與黃道面法線之間夾角，介於 22° ～ 24.5° 之間（目前為 23.5°），變動週期為 40,000 年。黃赤交角的變動，不會影響地球攔截太陽輻射的總量。如果角度較大，則一年中太陽直射可達的緯度較高，形成夏季太陽輻射量較大，冬季較小。季節變化也因此變大，四季更明顯。相反的，如果角度較小，則季節變化較小，四季較不明顯。

地球自轉軸一直在移動，其路徑宛如圓錐體，繞完一圈約 22,000 年。目前，地球經過近日點時為 1 月，經過遠日點時為 7 月。1 月時雖日地距離較近，但是太陽直射南半球，因此是北半球的冬季。約 11,000 年之後，地球經過近日點時為 7 月，經過遠日點時為 1 月。那時的 7 月，太陽直射北半球。因此 11,000 年後，北半球夏季接收到的太陽輻射量會比目前多，冬季時則較少。

地球公轉軌道的變化

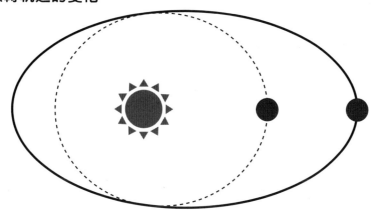

地球軌道從幾近圓形（點線）到橢圓軌道（實線）再回到圓形約需 100,000 年（並非實際比例繪圖）

地球自轉軸路徑宛如圓錐體，繞一圈約 22,000 年。目前，地球經過近日點時為 1 月，經過遠日點時為 7 月。1 月時太陽直射南半球，因此是北半球的冬季。約 11,000 年之後，地球經過近日點時為 7 月太陽直射北半球。因此 11,000 年後，北半球夏季接收到的太陽輻射量會比目前多，冬季時則較少。

黃赤交角的變化及進動（Ahrens,1991）

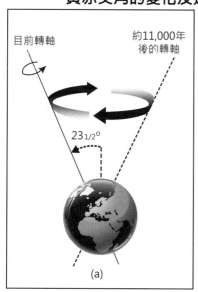

(a)

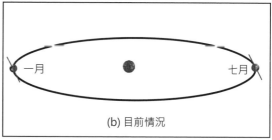

(b) 目前情況

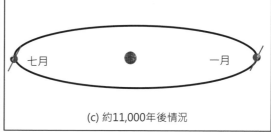

(c) 約11,000年後情況

9-8 歲差

　　米盧廷米蘭科維奇（Milankovitch）是一位塞爾維亞土木工程師及地球物理學家，他對地球科學的兩大貢獻為：

　　1. 關於地球日照學說，該學說指出太陽系各行星氣候特徵。

　　2. 解釋地球氣候變遷是因為地球和太陽相對位置的變化，可解釋過去地球冰河時期的發生時間，並可預測地球未來氣候變化。他從數學理論改變地球離心率、轉軸傾角及歲差（或稱旋進或進動），以確定地球氣候模式。歲差（precession）是自轉物體之自轉軸又繞著另一軸旋轉的現象，這種變化物理學上稱為進動，在天文學上，稱為「歲差現象」。地球自轉軸的方向相對於恆星的變化稱為歲差，週期大約是 26,000 年。

　　米蘭科維奇指出因日地關係的變化，乃造成冰期與間冰期交替出現。冰期形成的主因是夏季太陽輻射量變弱，不足以溶化前一冬季留下的冰雪，使冰雪覆蓋區逐年往低緯度區擴展。較廣的冰雪覆蓋區反射較多的太陽輻射，地表吸收的太陽輻射變少，冰雪溶化量因此更形減少。此一「冰反照率機制（ice-albedo or snow-albedo feedback）」產生的正回饋，使得冰雪覆蓋區逐年擴大。

　　冰期發展的日地關係，為較小的黃赤交角及位於遠日點的夏季。因此高緯地區夏季所接收的太陽輻射量最小。相反的，如果是較大的黃赤交角及位於近日點的夏季，高緯地區夏季所接收的太陽輻射量最大，因此適合間冰期的發展。日地關係不只影響冰期及間冰期，在 12,000 ～ 5,000 年前間，黃赤交角比目前大 1°，而且地球經過近日點時北半球為夏季，因此北半球在夏季接收到的太陽輻射較多。當時的季節變化較明顯，季風也可能因此較強。在非洲及亞洲，現代許多乾涸的湖泊，在當時都充滿了水。

　　米蘭科維奇學說雖然可以解釋許多冰期及間冰期的發生，卻也有許多現象無法解釋。如太陽系自形成後一直運行著，但目前並無證據顯示在 27 億年以前，曾有大範圍冰河存在過。畢竟影響氣候因子甚多且複雜，各個子系統之間的交互作用產生的影響，有時可能比日地關係的影響還大。

　　地球自轉軸也會轉動，但一直維持一個傾斜的角度。結果，地球自轉軸的指向緩慢的沿著一個巨大的圓弧移動，繞一圈大約要 25800 年。歲差現象使得地球公轉週期（恆星年）與季節週期（回歸年）有一點差距。恆星年指地球公轉 360° 所需時間，約 365.256354 平太陽日；回歸年指地球兩次經過春分所需時間，約 365.24219 平太陽日；中國則以地球兩次經過冬至所需時間。

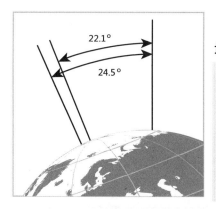

地軸傾斜的範圍在 22.1 ～ 24.5°

左圖：地軸傾斜的範圍在 22.1 ～ 24.5°。
下圖：歲差運動。
地球轉軸傾角是地球的轉軸相對於軌道平面的角度，角度變化範圍是 2.4°，從傾斜 22.1° 變化至 24.5°，週期約 41,000 年。當傾角增加時，日照在季節週期上的振幅也增加；在兩個半球的夏季都會接收到更多的太陽輻射通量，而冬季的輻射通量減少。

米蘭科維奇繪製的地球公轉軌道與自轉軸運動圖

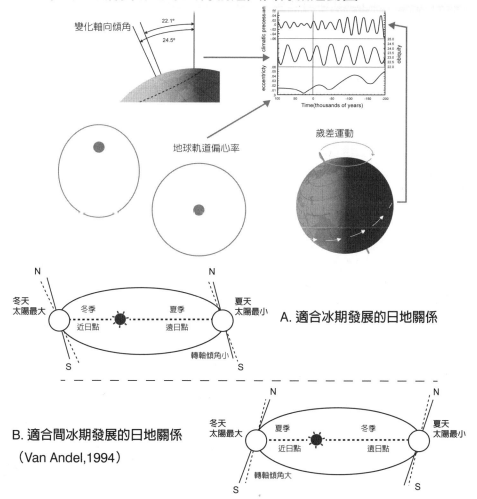

9-9 太陽黑子與太空天氣

　　氣候學家不斷在尋找具週期性或準週期性的氣候變化，如果氣候變化具有週期性，人類就可輕易預報未來的氣候，科學家很自然的就聯想到太陽黑子。太陽表面溫度約 6,000℃，而太陽黑子處僅約 4,000℃，由於偏離可見光範圍形成深色區，因此稱爲太陽黑子。

　　最早太陽黑子科學記錄爲中國西漢河平元年（西元前 28 年），太陽黑子數自 13 世紀開始逐漸下降，其中有 3 個極小期，即沃爾夫（Wolf minimum, 1282 ～ 1342）、史波勒（Sporer minimum, 1450 ～ 1534）及蒙德（Maunder minimum, 1645 ～ 1715），3 者恰好都發生於小冰河期。因太陽黑子數少代表太陽比較不活躍，有些科學家因此認爲地球氣候的冷暖與太陽黑子活躍與否有關。過去 300 年太陽黑子數目的變化，具有明顯的週期性，如 11 年、22 年、80 ～ 100 年。

　　太陽黑子數連帶影響太陽激烈磁場活動，黑子群聚集處容易引發太陽閃焰或日冕噴發，從太陽表面發射巨量的帶電粒子流，若正好射向地球，就可能產生太陽風暴破壞地球上的衛星通信設備，嚴重者甚至網際網路基礎設施也可能在短時間內全面癱瘓。1989 年就曾因爲太陽磁暴導致加拿大魁北克供電受損，600 萬人無電可用。

　　美國於 2015 年發射深太空氣候觀測衛星（deep space climate observatory, DSCOVR），開始觀測從太陽連續吹出的帶電粒子，即太陽風（solar wind），用以監測太陽的活動，提供太空天氣（space weather）預測。太空天氣指地表 80 公里以上太空環境變化，包含電離層電子濃度及地球磁層變化等。2014 年我國發射福衛 3 號後，中央氣象局即和學界共同發展太空天氣監測和預報，接著福衛 7 號於 2018 年發射，因此強化我國在太空天氣預報之發展。國際民航組織（ICAO）於 2018 年將太空天氣預報納入民航標準作業，航機起飛前須參考太空天氣預報，以避開劇烈太空天氣。

　　天文館根據觀測太陽黑子逾 70 年資料，統計發現從 2020 年底開始出現大量黑子群，2021 年 9 月創下 5 年來歷史新高，顯示太陽活動逐漸進入強週期階段。然而科學家仍無法理解太陽黑子如何影響地表氣候，因爲太陽黑子活躍時，太陽輻射所增強的部分都屬於極短波段，如紫外線、X 及 α 射線，因此所增加的能量不多，當這些輻射進入大氣時，且立即爲高層大氣吸收，實際能達地面的輻射量並不大。太陽輻射如果減少 1%，地表平均溫度約減少 1 ～ 2℃。由衛星觀測資料顯示在過去幾十年中，從太陽黑子數最少的 1985 年到最多的 1980 及 1990 年，太陽輻射約增加 1.5 W/m^2，相當於總輻射量的 0.1%。依此估計，上述的微量輻射變化對地表溫度變化的影響應該小於 0.1℃。我們並不知道於前述 3 個太陽黑子數極小值期，太陽輻射量比目前少多少？減少的量是否足以影響氣候？目前並無充分證據證實太陽黑子數與氣候變化的直接關係，即使高層大氣結構受太陽黑子數影響而有所變化，也未有任何理論可以解釋高層大氣溫度的變化，會影響到地表附近的氣候。

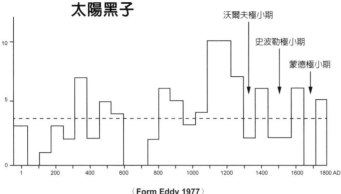

太陽黑子

沃爾夫極小期
史波勒極小期
蒙德極小期

（Form Eddy 1977）

觀察黑子數在 19 世紀之前隨時間的變化，發現自 13 世紀開始，太陽黑子數逐漸下降，其中有 3 個低值期，亦即沃爾夫極小湖、史波勒極小湖以及蒙德極小湖。此 3 個低值期恰好發生於小冰河期，而且太陽黑子數少代表太陽比較不活躍，釋放出的能量減少。有些科學家因此認為地球氣候的冷暖與太陽黑子活躍與否有關。

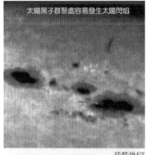

太陽黑子群聚處容易發生太陽閃焰

17:37:19 UT

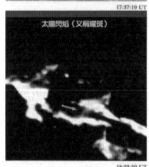

太陽閃焰（又稱耀斑）

18:23:59 UT

太陽黑子群聚處或暗紋附近，易發生太陽閃焰。太空中充滿了各種有礙人類健康的輻射線，大多數直接來自發光的太陽，少數能量高、穿透力強的輻射線，則是來自太陽閃焰以及遠方新星爆炸或超新星爆炸，所遺留下來的輻射線。所幸地球人類受到層層保護；最外層的磁層，替我們擋掉一批能量雖不高，但數量可觀的輻射線高能粒子，在地球磁層中形成著名的「范愛倫輻射帶」。接著電離層幫我們吸收掉大量的 X 光與伽瑪射線，其次是臭氧層幫我們吸收紫外光。最後就是最下層，密度很高的中性大氣，替我們擋掉那些漏網之魚的高能輻射線粒子。在太空中沒有這些重重的保護，太空人的衣服，設計上就是要擋掉一部分的輻射傷害，可是當太陽閃焰發生時，這些太空衣還有多少保護作用，就不太容易估計了。

太陽黑子數過去與未來

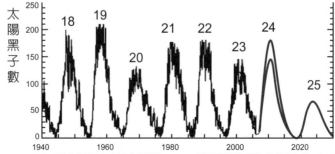

太陽黑子數

18 19 20 21 22 23 24 25

1940 ～ 2005 年太陽黑子數變化與第 24、25 週期循環預測（NASA Earth Observatory）

9-10 板塊漂移與地形變化

　　2 億年前，地球表面只有一個超級大陸，由於當時海底擴張，各陸塊開始漂移分離，最後形成目前的分布狀況。如印度原與非洲相連，分離之後持續往北移動，約 4,000 萬年前開始與亞洲接觸，至今已經向北推移大約 2,000 公里。據估計目前仍持續以每年 5 公分的速率向北移，而喜瑪拉雅山則持續升高。

　　海陸分布及地形高低對氣候有很大的影響，如季風主要因海陸分布產生的加熱不均勻所形成。利用大氣環流模式模擬季風時，可以發現青藏高原，因可加強上升氣流與降水，因此使季風加強，使區域間的氣候差異變大，青藏高原西側及北側變得較乾燥，而高緯地區則變得較冷。

　　地球板塊漂移（plate movement）不斷地改變海陸分布狀態，目前大部分陸地集中在北半球，尤其在 30 °N ～ 60 °N 之間。因此北半球中緯度冬季氣溫比南半球偏冷，且年溫差大許多。目前海陸分布如重新調整，例如將陸地集中到赤道地區時，則北半球中緯地區的年溫差勢必降低，且溫度將升高。

　　海陸分布也影響海洋環流，間接影響氣候。例如原來相連的南美洲與南極洲大約在 3,000 萬年前分開，兩者之間於是形成了繞南極的洋流，原本來自熱帶的洋流被截斷，無法繼續將由熱帶地區帶來的熱能傳送至南極大陸附近海域。由於缺乏海洋調節氣候，南極大陸氣溫因此下降，致冰河逐漸形成。而有些科學家認為，繞南極洋流的出現尚不足以讓北半球進入冷期，而是亞洲南部青藏高原隆起，才使得北半球在約 500 萬年前，開始有大量的冰河出現。

　　青藏高原平均海拔超過 4,000 公尺，最高達 8,800 公尺，形成全球獨一無二的「第三極（寒旱高極）」。隨著全球暖化，青藏高原也愈來愈增溫、濕潤。由於其獨特的地理環境，成為全球氣候變化的預警或敏感區。近 30 年來，青藏高原地區增溫，明顯較早於中國其他地區及全球，平均每 10 年升溫 0.60℃，升溫幅度為全球平均升溫幅度的兩倍，也是過去 2,000 年來最溫暖的時段。隨之而來的便是永凍土融化、冰川退縮，湖泊和濕地面積擴大。

　　青藏高原因其獨特的自然地域格局和豐富多樣的生態系統，被中國視為國家生態安全屏障。首先，青藏高原豐富的水量對中國未來水資源安全和能源安全，擔負重要的保障作用；而且它由東往西橫跨共 9 個自然地帶，是全球生物多樣性最為豐富的地區之一，成為全球生物多樣性重點保護地區之一；再者，青藏高原主要生態系統在碳循環中均表現為碳固定大於碳釋放，成為重要的碳匯，影響著區域氣候變化。

過去 3 億年海陸分布演變

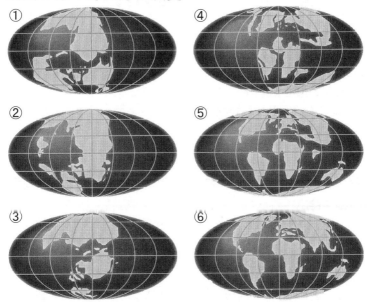

① 3.2 億年前、② 2.5 億年前、③ 1.35 億年前、④ 1 億年前 、⑤ 4,500 萬年前、⑥目前（Graedal and Crutzen,1995）

北美西部及亞洲南部高地隆起對氣候的影響

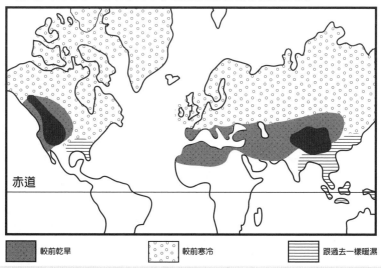

圖中的氣候變化為氣候模式模擬結果，比較高地隆起之前及之後的氣溫與雨量變化 （Van Andel, 1994）。

9-11 火山噴發與全球低溫事件

　　火山爆發噴出的二氧化硫如果進入平流層，將逐漸形成含硫的懸浮微粒，經數月後，懸浮微粒雲（aerosol cloud）的影響達到最高點。懸浮微粒反射太陽輻射，但也同時吸收地球的長波輻射。由於它吸收紅外線的效率較高，因此含懸浮微粒的平流層（約 20～25 公里）溫度會升高。

　　懸浮微粒影響對流層的氣候較為複雜，小顆粒（半徑小於 1μm）反射太陽輻射的能力較強，因此產生冷卻作用；大顆粒（半徑大於 2μm），則吸收地球長波輻射的能力較強，因此具有增溫作用。但是大顆粒受地心引力影響，幾個月之後，幾乎全部掉落至地表。因此火山爆發數月後，只剩下較小的懸浮微粒留在平流層。這些懸浮微粒可能停留在平流層達數年之久，不斷的將太陽輻射反射回太空，淨效應為冷卻作用，使地表溫度下降。

　　根據歷史記載，火山爆發之後，某些地區的氣候會發生明顯變化，如 1815 年印尼坦博拉（Tambora）火山爆發，噴發柱高達 43 公里，達到平流層。爆發後 2 年內，太陽、月亮甚至星星的光度都明顯降低，並造成全球氣候異常。遠在美國及歐洲氣候也深受影響，美國紐約州竟下了一場六月雪。隔年被稱為「沒有夏天」的一年。

　　同時期，亞洲地區也出現異常氣候，如我國新竹及苗栗在 1815 年 12 月曾結霜達 1 吋厚，彰化在 1816 年 12 月有結冰現象。1816 及 1817 年中國農業收成亦因惡劣氣候而顯著減少。科學家雖難以確定這些現象，是否與 1815 年火山爆發有直接關係，但無庸置疑的是，該火山爆發之後，世界上許多地區確實發生異常的氣候。但 1810～1820 年整整 10 年間，溫度皆出現偏低的現象，顯然並非純火山爆發所影響。因為溫度下降在先，火山爆發在後。同樣的，印尼巴里島阿貢（Gunung Agung）火山於 1963 年爆發，全球平均氣溫在之後的 2 年明顯下降；但是，早在 50 年代末，較長期的全球降溫趨勢就已經開始。

　　1991 年 6 月菲律賓的皮納土波（Pinatubo）火山爆發，也造成全球溫度下降長達 2 年之久。原已節節上升的溫度，在 1991 年之後止升回跌，直到 1994 年才恢復上升的趨勢。估計 1991 年皮納吐波火山爆發，造成 4W/m² 的輻射冷卻，使北半球溫度下降 0.5℃。在短期之內，造成的影響，遠比工業革命以來溫室氣體增加，造成的溫室效應（2.5W/m²）還要劇烈。

　　火山噴發後的全球降溫程度和火山爆發指數（volcanic explosivity index, VEI）成正比，1815 年發生在印度的坦博拉火山噴發，是過去千年最大火山活動之一，VEI（1～8 級）達到 7 級。該次火山噴發造成約 71,000 人死亡，其中 11,000～12,000 人的死亡是直接因火山噴發造成的，其餘則是死於火山造成的饑荒和疾病。該次火山噴發的影響遍及全球，噴發後次年即 1816 年非常冷，歐洲、北美歷史上稱這一年為無夏之年或者饑荒之年。當年 6 月紐約地區依然有降雪；7～8 月在賓夕法尼亞州西北地區湖裡和河裡依然仍有冰塊；8 月 20～21 日，南至弗吉尼亞州依然有霜凍現象。而歐洲的低溫、暴雨也讓農作物大面積減產。同年中國史書記錄嘉慶年間饑荒，南方多處出現異常雨雪天氣，如農曆 7 月，安徽、江西出現飛雪，臺灣新竹冰堅寸餘；雲南農曆 8 月天氣忽然寒冷如冬。

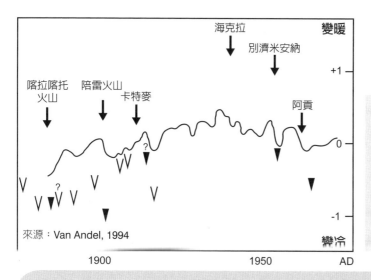

來源：Van Andel, 1994

＋ 知識補充站

近百年來較大的火山爆發與北半球平均溫度的關係：火山爆發可能影響氣候，但並非每次火山爆發都會如此。火山爆發對氣候影響的程度，決定於停留在平流層的懸浮微粒含量。因停留在平流層中的懸浮微粒受重力牽引，會逐漸沉降到對流層後消失，它停留在大氣層的時間至多2～3年，因此，單一火山爆發對氣候的影響只是短暫幾年。

菲律賓皮納土坡火山 1991 年爆發，可說是 20 世紀最大的一次，造成全球平均氣溫下降，北半球溫度下降約 0.5℃。

9-12 火山噴出物對地球氣候的影響

　　火山爆發能夠把大量的氣體及灰塵噴至高空，噴發柱頂最高可達 50 公里高空，深入平流層。火山噴出物可分為固態、液態與氣態：

　　固態：以火山碎屑物為主，火山碎屑依其大小可分為：火山塵、火山灰、火山礫、火山塊、火山彈。火山塵的固體粒子若被噴至平流層後，約可飄浮達 1 年以上，甚至長達 10 年，其散射太陽輻射的能力，比散射地面的長波輻射強約 30 倍，且塵埃反射太陽輻射的作用，比大氣分子強得多，一方面使陽光在抵達地表和被吸收前反射回太空，因而使地表降溫；另方面，這些塵埃吸收地表輻射，使地表輻射能量不易回太空，因而使地表增溫。雖然火山塵有使氣溫增溫及冷卻的雙重作用，但冷卻較增溫作用顯著，因此一次大型火山噴發後，會使地表稍微變冷。至於火山塵造成的氣候異常程度，則視火山塵所達高度、粒子大小及化學成份而有所不同。

　　液態：火山爆發之熔岩漿，主要由氧、矽、鋁、鐵、鈣、鎂、鈉和鉀等所組成。

　　氣態：主要成分為水蒸氣、二氧化碳，也含有源自於岩漿的二氧化硫、硫化氫、氫氣、甲烷及含硫化物，也含有微量氣體例如氦氣和氫氣等多種氣體，若火山氣體含大量二氧化硫時，因其化學性很活躍，當被噴至平流層後，會經由光化反應形成硫酸霧。而亞硫酸氣體或硫化氫一旦和水蒸氣化合，便形成比火山灰更細的硫酸鹽氣懸粒子，可長期飄浮在大氣中，因而可減少噴發所在半球約 20 ～ 30% 的太陽輻射。

　　火山噴出物中真正影響氣候的是含硫氣體噴入平流層，這些酸性氣體被氧化成硫酸鹽氣溶膠，隨大氣環流在全球範圍進行擴散，生命週期可長達數年，透過阻擋太陽輻射，產生陽傘效應（umbrella effect）或稱微粒效應，反射更多的陽光使地表冷卻。自 1950 年以來有 3 次大規模低緯度火山噴發，即 1963 年阿貢火山噴發約 800 萬噸、1982 年埃爾奇瓊火山噴發約 700 萬噸、1991 年皮納圖博火山噴發約 2000 萬噸二氧化硫進入平流層，這 3 次火山噴發均造成之後 1 ～ 2 年的全球氣候異常。

　　除了造成全球氣溫降低外，火山噴發還能夠使全球很多地區帶來顯著的降雨變化。在歷史上多次高強度大範圍乾旱事件均與火山噴發有所關聯。火山噴發後，由於地表溫度降低，造成水汽減少，因而全球平均降雨減少。全球陸地按照降水多寡大致可劃分為季風區和乾旱區，如果熱帶火山噴發導致季風區降雨減少，那麼水汽凝結降雨所釋放的熱量會減少，因而導致大氣波動的異常活動，透過與高空氣流相互作用，共同導致乾旱區出現異常的上升運動，最終凝結成雨，導致乾旱區降雨增加。研究發現火山爆發能夠對季風活動產生顯著影響，包括亞澳季風區、美洲季風區和非洲季風區等在內的全球季風區，在火山噴發後的 1 ～ 2 年內，都會產生不同程度的旱澇異常，例如印度北部的乾旱事件有增多現象。

火山噴出物

火山噴發碎屑種類 / 粒徑	
名稱	粒徑
Blocks/Bombs（火山塊）	>64 mm
Lapilli（火山礫）	<64 mm
Volcanic Ash（火山灰）	<2 mm
Volcanic Dust（火山煙塵） （Fine Volcanic Ash）	<0.063 mm

火山噴出物可分為固態、液態與氣態。固態以火山碎屑物（火山塊及火山礫）為主，液態為岩漿與水，氣態主要含有 H_2O、CO_2 及 SO_2 等多種成分之蒸氣。

火山爆發對地球 ── 大氣系統的影響示意圖

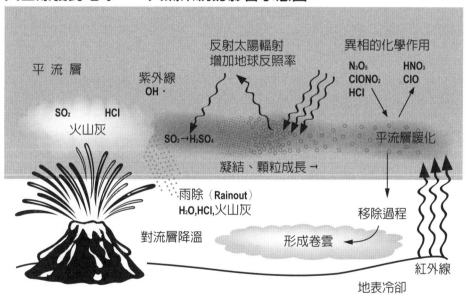

火山噴出物在平流層上時，因反射太陽輻射能，因此會增加地球反照率，可能造成平流層暖化、對流層降溫及地表冷卻等作用而影響大氣系統。

9-13 大氣氣體成分的變化

　　大氣成分通常指組成大氣的各種氣體和微粒，包括地球大氣層的各種氣體、氣溶膠、雲和降水等。大氣成分尤其氣體成分，如溫室氣體，在地球大氣系統的輻射收支、能量轉換及水循環等過程中，扮演著非常重要角色，更與全球氣候變化直接相關。

　　地球史上大氣成分的演化，於最初地球形成時，原始大氣成分為氫和氦，因為地表岩漿的加熱與太陽風的壓力而散失。至大約 44 億年前，地表開始冷卻，火山活動開始將地球內部的氣體向外噴發，形成水氣、二氧化碳、氨氣及少量氮氣所組成的大氣，濃密的大氣約有今天的 100 倍，由於水氣凝結，大氣變成以二氧化碳及氮氣為主。其後，二氧化碳因除碳作用而減少，並於 33 億年前由生物作用產生氧氣；氧化作用、生物作用及太陽的光解作用則持續將氨分解為氮，於是漸漸形成今日以氮、氧為主的大氣組成，且因有自然溫室氣體如二氧化碳及水氣等的存在，使地球成為適於生物生存的環境。

　　但自工業革命始，人造溫室氣體（如 CO_2、CH_4、CFCS、HCFCS 及 N_2O 等）快速增加，顯著影響全球暖化與氣候變遷的可能性。人造溫室氣體一旦進入大氣，可停留約 10 年（CH_4）、幾十年甚至一、二百年（CO_2），其影響是久遠的。且工業革命以來，溫室氣體增加的同時，大氣中的懸浮微粒也在增加，它對大氣則具有冷卻作用。懸浮微粒的特性是停留在大氣的時間不長，約只有 1～2 個星期，其影響範圍只是區域性的。目前科學家對溫室氣體與懸浮微粒的淨輻射作用量，雖已有相當的了解，但還難掌握其如何改變大氣環流與地球氣候的淨效應。

　　近年來由於我國與東亞地區國家的工業及經濟快速發展，國內主要都會區的空氣品質受到明顯衝擊，其中又以大氣氣膠（或稱懸浮微粒）及臭氧的汙染情況最為嚴重。由於我國所在地理位置的關係，在東北季風期間，受長程輸送的亞洲沙塵及空氣汙染物的影響格外顯著；而春季期間，也是東南亞生質燃燒盛行的季節，其瞬間所排放出大量的氣態汙染物及懸浮微粒，對於區域環境及區域氣候也有著深遠的影響，特別是我國也位於東南亞主要生質燃燒區的下風處，因此所受影響不容忽視。

地球歷史上大氣中氧氣含量變化

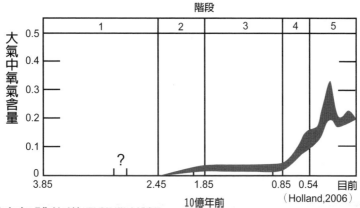

（Holland,2006）

各種溫室氣體的增溫效應比較

氣體別	溫室效應（以二氧化碳作為基準）
二氧化碳（CO$_2$）	1
甲烷（CH$_4$）	21
氮氧化合物（N$_2$O）	310
氟氯碳化物（CFCs）	140～11,700
全氟碳化物（PFCs）	6,500～9,200
六氟化硫（SF$_6$）	23,900

（聯合國政府間氣候變化專門委員會，IPCC）

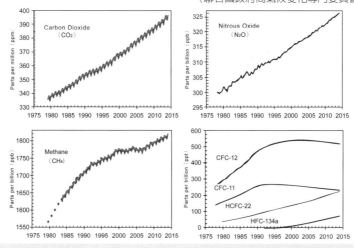

工業革命後，人造溫室氣體（如 CO$_2$、CH$_4$、CFCs、HCFCs 及 N$_2$O 等）快速增加，顯著影響全球暖化與氣候變遷的可能性。

9-14 地表狀態的變化

地表狀態變化會影響地表吸收的太陽輻射量、大氣與陸地之間交換潛熱及可感熱之通量。如沙漠及冰雪覆蓋區比綠地反射較多的太陽輻射，因此吸收較少的太陽輻射。又如乾燥地表由於含水量少，吸收的太陽輻射大多直接用來提高地表溫度，相對的也提供較少潛熱通量到大氣中，顯示地表狀態變化會改變能量收支狀況及區域的水循環。

地表狀態與氣候的相互關係表現最明顯的是在沙漠邊緣地區，如撒哈拉沙漠南緣的薩赫勒（Sahel）。這些地區的水循環系統非常脆弱，很容易受到氣候變化及人為影響的干擾，使得乾旱更加嚴重，形成沙漠化（desertification）。如某種氣候變化使得半乾旱地區雨量減少，或者因為過度放牧，植被覆蓋面積因此而縮小。在此種情況下，至少有 2 種狀況可能會發生：

1. 地表反照率變大，吸收太陽輻射量減少，地表溫度因此下降，對流不易形成，降水因而減少，植被覆蓋面積更加縮小。

2. 植被覆蓋面積縮小，逕流量增加，而土壤含水量則減少，地表吸收的太陽輻射多用來直接加熱地表，地表溫度因此上升，可能更不適合植物生長。因植被減少，葉蒸（植物表面的蒸發作用）因此也減少，地表提供大氣的水汽量降低，降水量因此下降。

科學家在亞馬遜河流域進行大規模實驗，發現熱帶雨林樹根平均深達 4 公尺，鄰近牧草地植物的根部深度只有 1.5～2 公尺，且前者樹葉面積比後者大許多。如果砍伐熱帶雨林變成經濟產值較高的牧場，不只破壞森林涵養水分的功能，且減少蒸發量達約 1/3。兩者都將破壞當地的水循環系統，進一步改變地表溫度及大氣環流。據估計如果砍除南美熱帶雨林，地表溫度將上升 3℃，而且降水減少 1mm/day，相當於每年減少 365 公釐，為全球平均降水量的 1/3 強。降水減少勢必進一步影響當地植被及生態環境。另外，砍伐熱帶雨林，也會減少森林的二氧化碳吸收量，大氣中二氧化碳含量因此累積的更快，間接加強全球暖化的程度。

撒哈拉沙漠以南薩赫勒地區氣候變動劇烈

一般對非洲的印象是氣候乾燥，除剛果盆地的熱帶雨林外，大部分地區都是乾燥的莽原和沙漠，撒哈拉沙漠就是地球上沙漠的代名詞，範圍覆蓋北非、東非、西非和中非十多個國家，總面積比美國 50 州加起來還要大！薩赫勒地區為撒哈拉沙漠南邊之帶狀熱帶大草原區，其年降水量變動非常劇烈，且自 1970 年代開始面臨乾燥化的問題，曾創下數年毫無降雨的極乾旱記錄，部分地區因而逐漸形成沙漠。當地的地貌隨著季節也有巨大的變化，同一地點，乾季的景色和雨季來臨時的風景，會讓人覺得是不同的國家。雨季期間，大地綠意盎然，到處都成了小湖泊，農作、畜牧也欣欣向榮，跟一般對非洲的刻板印象截然不同。在中非和西非的法語區，雨季有一個專屬的字「hivernage」，在他們的字彙中，不存在春夏秋冬，而是乾季和雨季。

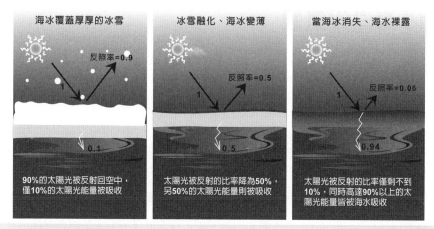

如果大量的人為溫室氣體被排入大氣中，而產生過多的溫室效應，使地球的冰雪圈開始融化、萎縮，冰雪圈維持地球氣候的平衡狀態就會產生改變。

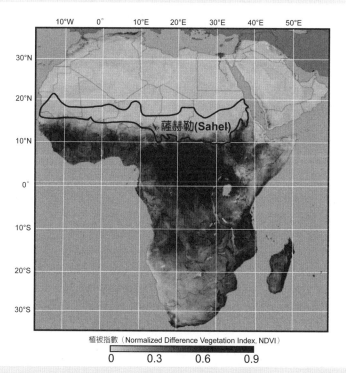

植被指數（Normalized Difference Vegetation Index, NDVI）

衛星圖所顯示之非洲大陸薩赫勒地區，近年該區植被覆蓋面積大量縮小，淨流量增加，土壤含水量則減少，地表吸收的太陽輻射多用來直接加熱地表，因此地表溫度快速上升，更不適合植物生長，已成為非洲氣候變動的最前線。圖中深黑色表植物密布區，淺黑色區表植物較疏，灰色表裸地。

9-15 海洋與氣候

海洋是大氣中水氣的主要來源，也是水循環的主要驅動者，更是大氣所需能量的主要來源之一。海洋不只是調節氣候，降低高緯度地區的季節變化幅度，更與大氣交互作用，影響短期氣候變化，如聖嬰現象或南方震盪，甚至影響長期氣候變化，如影響溫鹽環流的變化。

地球上的熱平衡過程可以視為一個低效率的引擎，低緯度地區是熱源、而高緯度地區則為冷源、海洋扮演如鍋爐、太陽則為燃料、水如同熱媒，工作結果呈現風與海流等現象。大氣中最重要的南北熱交換過程是透過季風、溫帶氣旋與熱帶風暴等來完成；而海洋則經由大規模之海洋環流系統來達成。

海洋對氣候變化扮演著穩定作用的角色，主要因海洋有「熱慣性（thermal inertia）」。這是因為：(1) 水的比熱大、(2) 光線可穿入很深、(3) 水的混合很快以及 (4) 水具有相變化，潛熱很大。水的比熱約為土壤的 5 倍，因此加入或移出同樣的熱量，土壤就比水反應快 5 倍，故地表容易產生溫差大。而土壤透光性又差，日照熱能乃集中於地表，但水中則可穿透相當厚的水層，故地表增溫快。表層降溫時，水會產生對流，故溫差不大。

由於表層海水與大氣間的相互作用，在熱帶地區受強烈日照促成增暖以及蒸發，因此表層海水溫度及鹽度均較高；中緯度地區之表面海水特性，固然隨季節變化甚大，但仍比深層海水暖而且輕；高緯度地區海水本就很冷，冬季表層水溫更低，海水密度增大因此沉降，經與當地深層海水混合後，成為深層海水之來源。

例如每年一月左右，流經臺灣周圍海域的洋流，有中國沿岸南下的寒流，以及北上的黑潮暖流。黑潮是太平洋洋流的一環，也是全球第二大洋流，從菲律賓開始，穿過臺灣東部海域，黑潮年平均水溫約攝氏 24 至 26 度，冬季約為 18 至 24 度，夏季甚至可達 22 至 30 度。由於黑潮的水色明顯較周邊的海水深，所以才有「黑」潮之稱。以同緯度的廈門及蘇澳兩地來做比較，有黑潮流經的蘇澳，一月的月均溫高達 16.1℃；而有中國沿岸寒流流經的廈門，一月的月均溫卻僅有 12.5℃，天氣較為寒冷許多，明顯可見海洋影響各地氣候。

全球洋流系統

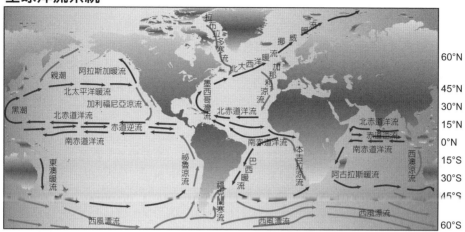

由於表層海水與大氣交互作用，低緯地區因強烈日照增暖與蒸發，造成表層海水溫度及鹽度均較高，成為暖流之來源；高緯地區海水密度大因此沉降，經與當地深層海水混合後，成為深層海水及寒流之來源。「赤道－極地」方向的海水溫度、鹽度差異最大，因此溫鹽環流主要呈南北向洋流。北大西洋表面密度較高的冷水自高緯度區下沉，在深海處緩慢向南流，可調節高低緯度間所受太陽輻射量的差異，對氣候影響深遠。

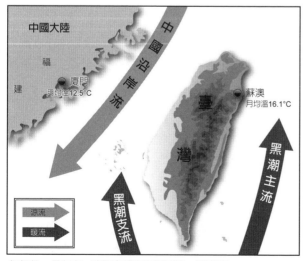

中國廈門及臺灣蘇澳兩地雖緯度相同，但蘇澳一月的月均溫高達16.1℃；而有寒流流經的廈門，一月的月均溫卻僅有12.5℃，顯見海洋能影響各地氣候。

每年於一月左右，流經臺灣周圍海域的2股洋流：
(1) 沿中國海岸南下之寒流；(2) 自巴士海峽北上的黑潮暖流。

9-16 聖嬰／南方震盪與全球氣候

　　南美洲的秘魯和厄瓜多爾緊臨東太平洋，這一帶的漁民，很早就發現每年 12 月左右，風變弱了，平常溫度偏低的海水溫度逐漸升高，水中的浮游生物跟著減少，沒浮游生物可吃，魚也減少了，漁民趁著空檔保養漁船、漁具，等到這個由北而來的暖洋流離開了，再繼續出海捕魚。由於這個暖洋流都在聖誕節前後報到，漁民們為它取名為「El Niño」，它在西班牙文中有「幼年基督」和「男孩」的雙重意思，因此我們把它譯成「聖嬰」現象。

　　聖嬰對當地漁民來說，原本是每年都會發生的正常現象，大約持續兩、三個月；不過漁民也發現，每隔幾年，暖洋流持續的時間特別長，溫度很高，範圍也特別大。這種海洋持續性的異常增溫，給秘魯帶來豐沛甚至過多的雨水。原本沿海沙漠，在幾個星期之中，長滿綠油油的植物，變成美麗的花園。

　　科學家原以為聖嬰只是影響南美洲太平洋沿岸區域的現象，直到 1957 ～ 1958 年的聖嬰出現後，才改變看法。海洋學家觀測這次的聖嬰現象，發現海水增溫的情形，從東太平洋到西太平洋綿延數千公里。科學家借秘魯等地漁民的說法，把這種每隔數年發生在赤道東太平洋海水異常增溫、影響全球氣候的現象，通稱為「聖嬰」現象。

　　既然赤道太平洋有時會變暖，當然也有可能會變冷，而且可能會變得特別冷，與聖嬰現象相反，對全球氣候的影響也相反。科學家為這種現象取名為「La Niña」，和聖嬰現象意思相反，西班牙文是「女孩」的意思，我國有直譯為「拉尼娜」或「女嬰」，目前統一譯為「反聖嬰」現象。

　　南方振盪（El Niño-Southern Oscillation, ENSO）指東太平洋赤道區域海面溫度和西太平洋赤道區域的海面氣壓變動，這 2 種變動是相互關聯的，當東太平洋為暖洋階段，即聖嬰時伴隨著西太平洋的高海面氣壓；而當東太平洋在變冷階段，即反聖嬰時會伴隨著西太平洋的低海面氣壓。這種氣候類型變動的極端時期，即聖嬰或反聖嬰事件，會在世界廣大地區引起極端天氣，如洪水和乾旱，特別是太平洋沿岸國家，所受影響最大。

　　聖嬰現象發生時，東太平洋海水增溫加熱大氣使其膨脹上升，地面氣壓因此降低，西太平洋則海水降溫、空氣變冷收縮下沉，使得地面氣壓增高，從而形成東太平洋氣壓降低，西太平洋氣壓增加的變化型態；對全球天氣和氣候形式及相關危害具有重大影響，並讓全球溫度變得更暖，但反聖嬰現象卻剛好相反。世界氣象組織 2020 年 10 月 29 日表示，太平洋已形成「中等到強」的反聖嬰現象，盡管有降溫效應，但在氣候變遷推動下，現在出現反聖嬰年甚至比過去出現聖嬰更暖；2020 年反聖嬰現象，造成秘魯、波利維亞和阿根廷等都經歷嚴重乾旱。

　　臺灣位西太平洋沿岸副熱帶地區，現聖嬰年時冬季偏暖春季多雨，而夏季颱風侵襲機率降低。反聖嬰年時，冬季偏冷，春季少雨，而夏季颱風侵襲機率增高。2020 年反聖嬰年颱風生成總數明顯偏少，且都巧妙地迴避臺灣，在臺灣創下史上最熱的梅雨季，全台 5、6 月均溫達 28.2℃，締造 1947 年有記錄以來新高，臺北市 6 月高溫甚至飆到 38.9℃，創下我國設站以來，最高溫記錄。2021 年持續反聖嬰現象，美國國家海洋暨大氣總署指出，2021 年全球受到「反聖嬰現象」影響，出現寒冬以及嚴重乾旱的情形。

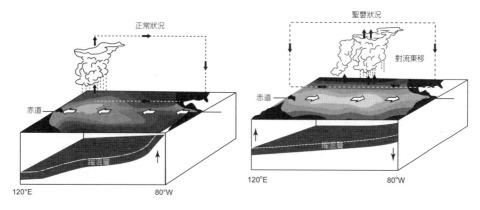

正常狀況 聖嬰狀況

正常狀況（1990年12月） 聖嬰（1997年12月）

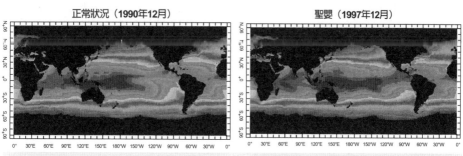

正常及聖嬰現象之太平洋大氣環流模式比較：太平洋平時赤道風將溫水向西吹、冷水沿南美洲海岸上湧；聖嬰現象時溫水向南美洲吹送，冷水不再上湧而使海洋變暖；注意此時太平洋東西氣壓亦隨之變動，即所謂南方震盪。

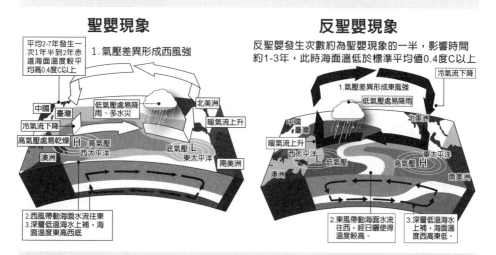

當聖嬰現象發生時，熱帶東太平洋地區發生豪雨及水災之機會增高，而熱帶西太平洋上空之空氣下沉，降雨機降低，因此在印尼、菲律賓、澳洲北部會出現乾旱現象。聖嬰現象發生頻率大約每2～7年發生一次，而從開始到衰退階段，前後時間可達1.5～2年。

9-17 雲及懸浮微粒對氣候的影響

　　太陽輻射在穿越大氣層的過程中，有 20% 被雲反射回外太空，由此可知，雲在地球輻射平衡過程中扮演重要角色。雲同時具有反射太陽輻射及吸收地球輻射的功能，前者產生冷卻作用，後者爲加熱作用。雖然雲與輻射之間的關係十分複雜，大體而言，高雲吸收地球輻射的能力較強，低雲則是反射太陽輻射的能力較強。因此較多的高雲將使地表增溫，較多的低雲則使地表降溫。

　　雲的厚度即稠密度，會影響雲的明暗度，我們可由明暗度的變化來看雲對地表熱輻射的影響。從地表看濃厚的低層雲能阻擋與反射更多的太陽短波輻射，如此可用於加熱地表和大氣的太陽能就少了，因此低層雲對地球溫度而言乃扮演降溫的角色。

　　雲的頂端通常較地表冷得多，高空的低溫雲通常很單薄且不具什麼反射能力，如果其下方爲晴空，它們會讓絕大部分的太陽輻射進入大氣層，然而地表的長波輻射仍不易穿過雲而發散至太空，很多能量因而被吸收並發散回地球，而增加地表和大氣層的溫度。因此，高處稀薄的雲層就有所謂的保暖效應。

　　至於濃厚的對流性雲如雷雨雲，則既不造成暖化也不冷卻，因爲此種雲雖然有很廣泛的長波輻射吸收能力，但它也對太陽短波輻射有較高的反照率，兩相抵消，效應反而近乎平衡。這樣看來，雲種的分布與雲量都會對大氣能量的均衡產生很大的影響，欲瞭解氣候當然不能忽略此一重要變因。

　　IPCC（2001,2007）指出，各種氣候模式對人爲輻射強迫作用的估算，最大不確定性來自懸浮微粒（PM），特別是 PM 與雲的交互作用，人爲物質中 PM 是最主要的反溫室效應物質，尤其硫酸根 PM 所造成的冷卻作用不可忽略。值得注意的是，溫室氣體的全球分布相當均勻，但 PM 的分布則集中在人口眾多與高度開發的陸地上，故其局部效應遠遠高於溫室氣體。PM 會影響傳輸至地面的太陽輻射、空氣品質、能見度以及氣候，因此 PM 對大氣環境及地球系統能量收支有很大的影響，不同種類的PM 其光學及輻射特性也有相當的差異，高吸收特性的 PM 會加熱大氣系統，如生質燃燒所產生的煙塵；低吸收特性的 PM 則冷卻大氣系統，如沙塵暴所造成的揚沙。因此 PM 的吸收特性，是影響全球暖化及氣候變遷重要因子之一。

　　可靠的氣候模式需準確了解雲層所扮演的腳色，自 2021 年 9 月起瑞士洛桑聯邦理工學院的大氣過程及其影響實驗室（laboratory of atmospheric processes and their impacts, LAPI）與環境遙測實驗室（environmental remote sensing laboratory, LTE）共同攜手進行大規模大氣監測，於伯羅奔尼撒半島（Peloponnese peninsula）的荷米斯山脈（Mt. Helmos）進行密集觀測實驗。該實驗乃著重於觀測各種空氣中懸浮粒子（或稱氣膠）各項物理與化學性質，例如粒子大小、數量、化學成分、密度、光學特性甚至生物含量等。水氣需在氣膠上凝結才能形成雲，沒有氣膠天空中將很難形成雲。而雲的類型取決於氣膠的數量和其大小、化學特性等；透過觀察空氣中粒子和雲特性的變化，可知雲像一層面紗般覆蓋著地表，反射大量陽光；但另方面，雲也阻擋地球對外的長波輻射減低地球的散熱作用，影響地球整體輻射收支。了解雲的形成過程即可提升氣候系統與全球暖化的認知，也能更加了解地區的降水及水文循環，對生態系統和農業的淡水供應有直接影響。

雲的輻射效應示意圖

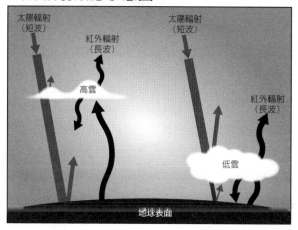

雲覆蓋地球約 2/3 面積，且對輻射有強烈的吸收、反射或放射作用，對氣候系統的輻射收支有重要影響。雲與輻射之間的反饋機制約可分為 2 類：1. 地表溫度隨地面吸收太陽輻射增多而升高，促使地面蒸發加劇，導致大氣中水汽含量增加，使雲得到發展，雲量增加將減少氣候系統獲得的太陽輻射，因而具有降溫作用。2. 雲能有效吸收雲下地表和大氣放射的長波輻射，發揮保溫作用，減少熱量損失，使雲下大氣層溫度增加。

自然與人為懸浮微粒（氣膠）的效應示意圖

二氧化碳（CO_2）是影響氣候變遷最重要的驅動者，其次為黑炭。 細懸浮微粒（$PM_{2.5}$）的成分中就有黑炭的存在，黑炭在雪堆上會增強對太陽光的吸收，造成極區冰雪加速融化；若懸浮在大氣中時會吸收太陽光，造成大氣增溫；許多懸浮微粒具有雲凝結核的特性，可以增加小雲滴的數量，而且進一步增加雲的反照率。影響氣候最大的懸浮微粒的直徑大約在 0.1 ～ 1μm 之間。

9-18 大氣內部動力與氣候模式

大氣為非線性（nonlinear processes）流體，60 年代初美國氣象學家洛侖茲（Edward・Lorenz）研究一個只含 3 個變數的非線性動力系統時，發現只要初始條件些微不同，該系統可能進入完全不同的「氣候」狀態。任何氣候變化過程中的些微變化，都可能使氣候變化趨勢大逆轉，如變暖的過程中突然溫度驟降至另一個較冷的氣候。這就是所謂的蝴蝶效應（butterfly effect），雖初始條件的極小偏差，可能引起結果的極大差異。因此長期天氣預報往往因一點點微小的因素，造成難以預測的嚴重後果。如果地球氣候系統屬於這類的非線性系統，則準確的氣候預測將是人類永遠無法達成的工作。

人類的各種活動改變了大氣成分、地表狀況、地形分布甚至雲類與雲量的分布，可能導致區域甚至全球氣候變遷。與自然超長時間尺度及變化的振幅相比，這些人為的影響或許微不足道，然以生物的生命時間尺度言，人為影響是否已造成非自然的氣候變化，或是否會大幅改變未來氣候？可惜人類對氣候變遷理解尚嫌不足，我們需要更加深入探討人為影響全球氣候變遷的課題。

氣候模式（climate model）

全球氣候模式建基於基本物理定律，以數學方程式來描述大氣、海洋、冰及地表之間的熱能和物質交換；模擬氣候系統之氣圈、水圈、陸圈、冰圈及生物圈的變化以及各子系統間的交互作用物理過程。氣圈的大氣環流模式（general circulation model, GCM），包括溫室氣體及懸浮微粒對長波和短波輻射影響的模組。模擬時基於計算考量，使用有限差分法（finite-difference method）代替微分，即用空氣塊代替空氣質點，把全球大氣在水平方向分成許多網格，垂直方向上分成數層。IPCC 已分別於 1990、1995、2001、2007、2014 及 2021 年共發布 6 次評估報告，使用之氣候模式由人氣環流模式改為地球系統模式與區域高解析度模式，模擬變數加入全球社會經濟情境（scenarios）。

目前全球已有 37 個地球系統模式，模擬未來 100 年在各種不同溫室氣體排放情境下的預測，模擬結果由勞倫茲伯克萊實驗室（Lawrence Berkeley national laboratory, LBNL）綜整後，成為 IPCC 報告的依據。我國氣候變遷實驗室由中研院於 2011 年發展的臺灣地球系統模式（Taiwan earth system model, TaiESM），建置於國家網路與高速計算中心的高速電腦，進行從全球到臺灣城鄉尺度的一系列氣候變遷模擬，推估在全球暖化影響下，侵台颱風、豪雨、午後雷陣雨、乾旱及熱浪等劇烈天氣現象的未來變遷趨勢，模擬結果首次加入 IPCC AR6 綜整。

AR6 指出自工業革命後，人類活動產生的溫室氣體至今已令全球地表溫度升溫約 1.1℃，報告綜整 5 種不同溫室氣體排放的模擬情境：(1) 極低排放減緩情境、(2) 低排放減緩情境、(3) 中度排放情境、(4) 高排放情境及 (5) 極高排放情境。總結在所有模擬情景下，全球升溫在未來 20 年內仍會達到 1.5℃，除非人類在幾十年內能大幅減少二氧化碳及其它溫室氣體的排放，否則將在 21 世紀時超過《巴黎協定》所訂定的減碳目標 1.5℃。近期地球氣候系統的變遷是數千年來前所未有的，持續的全球暖化，將會升高熱帶氣旋、熱浪、豪雨以及部分地區農業與生態乾旱的發生頻率與強度。

全球氣候模式的概念圖

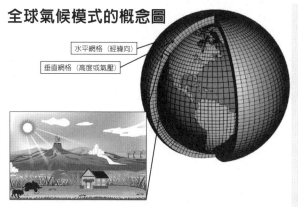

水平網格（經緯向）

垂直網格（高度或氣壓）

氣候模式是由描述物理、流體運動和化學的基本定律的微分方程組所構成的系統。大氣模式在每個網格上計算風、熱傳輸、輻射、相對濕度、地表水文及評估與相鄰網格間的相互作用。獲得諾貝爾物理學獎的真鍋淑郎研究的「氣候模型」，即應用電腦模擬地球上物理現象的技術。1958 年赴美的真鍋首先與美國國家海洋和大氣管理局地球物理流體動力學實驗室（GFDL），開發一維模型，作為研究氣候機制的「實驗裝置」使用。如果大氣中的二氧化碳等溫室氣體濃度提高，這些氣體將吸收和釋放紅外線導致氣溫上升。氣候模型已成為 IPCC 預測全球暖化及其對策效果等闡述人類未來計畫所使用的工具。

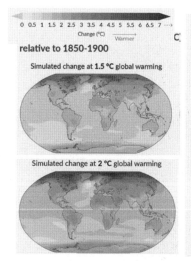

IPCC AR6 綜整全球氣候模式模擬結果，警告全球升溫 1.5°C 時將導致嚴重且幾個世紀不可逆的後果，不幸這種暖化將可能在 2030 年就會出現，較 AR5 模擬所預測，提早約 10 年到達，5 種不同溫室氣體排放的模擬情境中，前兩者假設極低以及低排放減緩情境

We really have no other choice but to embrace one of the two more ambitious scenarios. The window is closing. We have very little time to act.

The first two scenarios assume that most fossil fuels will no longer be used, which implies deep socio-cultural, technological, economic, and political transformations.The first would imply a drastic reduction in global emissions at an accelerated rate, which, given the current state of mobilization, makes its economic, social and political probability null.The second warming scenario – below 2°C of warming – assumes the commitment of effective, ambitious, and coordinated climate policies in terms of restricting the use of fossil fuels, especially during this decade.

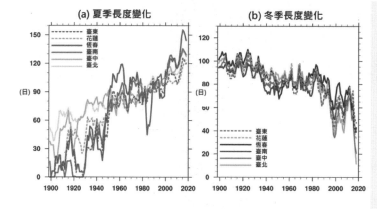

根據臺灣氣候變遷推估資訊與調適知識平台（TCCIP）分析，臺灣年均溫在過去 110 年間上升約 1.6°C，而近半世紀有升溫加速的趨勢。氣候變遷更使得臺灣的四季分布出現明顯的變化。21 世紀初的夏季長度，增加到約 120 ～ 150 天，近年來的冬季，則縮短到 20 ～ 40 天。雖然未來臺灣年總降雨量呈現增加的趨勢，但與此同時，年最大連續不降雨日數也會變多，旱澇加劇的情況可能會更加頻繁。

第10章
氣候異常與氣候災害

10-1 我們所居住的地球發出哀嚎

　　異常氣候衝擊已成全球關切議題，根據我國的氣候觀測記錄與近年發生的災難，同樣顯示異常氣候的日益嚴重。2013 年 7 月 25 日上海飆到 40.9℃，刷新 1873 年有氣象記錄以來 140 年的記錄；8 月 1 日全中國有 1/3 的面積被高溫籠罩，其中南方有 43 個縣市，最高氣溫超過 40℃，四川民眾一個泳池竟塞進逾 15,000 人；父親節 8 月 8 日當天，臺北市下午氣溫飆至 39.3℃，創下自 1896 年台北氣象站設站以來歷史新高。

　　2003 年一場長期熱浪就在西歐各地奪走 7 萬條人命，死者大多是法國人。不過德國智庫看守（Germanwatch）最新報告過去 20 年來，風暴、洪水和熱浪等氣候相關災難引發的死亡人數不斷上升，有近 50 萬人死於與極端天氣事件有關的自然災害。全球最窮地區受創還是最嚴重，如波多黎各、緬甸和海地受災最深。該智庫發布 2018 年全球氣候風險指數（global climate risk index, GCRI），指極端氣候侵襲多數國家，如日本該年經歷雨災、熱浪及 25 年來最強颱風飛燕（Jebi），導致數百人死亡，全國災損金額超過 350 億美元。2018 年 9 月 15 日超級強颱風山竹（Mangkhut）在菲律賓呂宋島造成 59 人死亡，9 月 16 日挾帶強風豪雨肆虐香港澳門、中國廣東省。

　　英國援助團體（christian aid ministries, CAM）指出，2019 年全球發生 7 起造成至少 100 億美元損失，也是史上第二熱，天災與氣候異常密不可分。英國衛報（Guardian）報導，2019 年歷經極端氣候衝擊，從非洲南部到北美洲、澳洲、亞洲及歐洲等洪水與暴風雨在各地造成很大災難，惟對貧窮國家造成的金融損失，常無法估計。

　　CAM 報告也指出 2021 年中 10 次最昂貴的氣候大災難，共造成 1,700 億美元以上的災損，比 2020 年高出 200 億美元，總額遽增 13%，且這 10 大災難也造成至少 1,075 人死亡。2021 年最昂貴的一場災難，為侵襲美國東部並造成約 650 億美元災損的颶風艾達（Ida）。其次是同年 7 月發生在德國和比利時的洪災，損失達 430 億美元；同年 7 月重創中國河南省的水災估計損失達 176 億美元。2021 年一些具破壞性的極端氣候事件，更重創許多較貧窮國家。保險業龍頭怡安集團（Aon Corporation）也指出，2021 年是有史以來第六次天然災損超過 1,000 億美元的一年，而這六次都是發生在 2011 年之後，過去五年有四年的災損超過 1,000 億美元，顯示全球氣候大災難損失愈來愈龐大。

1880 ～ 2020 年期間全球平均溫度排名最熱前 7 名年分比較圖

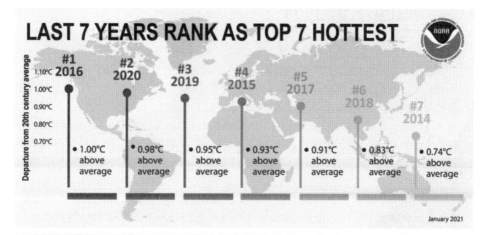

根據美國 NOAA 發布數據，歷史上排名前 7 個最熱的年份，依與 20 世紀平均溫差值大小排序，依序為：2016、2020、 2019、2015、2017、2018 及 2014，2016 年為 1880 年以來最熱的一年。2016 年的地表加海洋表面平均溫度，較 20 世紀均溫 13.9℃高出 1.00℃，前 10 名都屬於 21 世紀者，2020 年次高較 2016 年最高溫年（1880 ～ 2020）僅差 0.02℃。（NOAA NCEI/ Barbara Ambrose）

2020 年 1 ～ 12 月全球陸地與海洋平均溫差分布圖

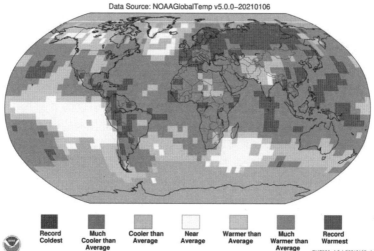

2020 年 1 ～ 12 月全球地表加海洋表面平均溫度百分位數（percentiles）分布圖，2020 年平均溫度較 20 世紀全球均溫（13.9℃）高出 0.98℃，與 1880 ～ 2020 間最高溫記錄 2016 年僅差 0.02℃些微差距。（NOAA global temprature）

10-2 全球暖化跡證──北極冰床逐漸消失、海面水位上升

　　北極地區包括整個北冰洋及格陵蘭、加拿大、美國阿拉斯加州、俄羅斯、挪威、瑞典、芬蘭和冰島等 8 個國家的部分地區，主要由廣大冰原覆蓋的北冰洋和其周圍凍土地帶所組成。北極地區 2018 年夏季異常溫暖，格陵蘭以北常年結凍的海域，出現史上首次海冰崩解，黑爾海姆冰河（Helheim glacier）也斷裂一大塊，形成巨大的漂浮冰山。德國紐倫堡大學極地專家特頓博士（Dr. Jenny Turton）表示，自 1980 年以來，當地氣溫已升高 3℃，2019 年和 2020 年夏季溫度仍不斷創新高。而丹麥暨格陵蘭地質調查局（geological survey of Denmark and Greenland, GEUS）的冰川氣候學者博克斯（Jason Box）則表示，自從格陵蘭西北部的彼得曼冰川（Petermann glacier）在 2010 年與 2011 年間損失大量面積後，79N 就成為北極最大的冰架，該冰川在 2019 年就已經出現嚴重裂痕，一直到 2020 年 9 月衛星畫面顯示，格陵蘭世紀最長 79N 冰川有一大塊脫離，面積大約有 110 km2 徹底崩解，成為海面上漂浮的無數冰山。

　　據美國科技新聞（computer network, CNET）報導，位於格陵蘭東北部的旺德爾海（Wandel sea）最後冰區（last ice area），為格陵蘭島和加拿大以北的一片海冰，被認為是北極地區抵禦氣候變化的最後堡壘，即使在氣候變化導致地球溫度升高的情況下，預計也會保持冰凍。這是一個重要的生態區，為北極熊、海鷗和海象等依賴冰雪的生命，也是北極區原住民避難所，但可能比先前認為的更易受到氣候變化的影響。

　　2019 年整個北極海冰濃度是有記錄以來的第二低，隨著氣候變化的加速，冰層不斷變薄，一些氣候模型預測到 2040 年，北極地區總體上將只剩下很少的冰，最後冰區有可能成為防止萎縮的避難所。在現有的碳排放條件下，12 個北極熊亞群在未來 80 年都將遭到毀滅性打擊，即使我們遵循並勉強實現《巴黎協議》的目標，將全球平均氣溫較前工業化時期上升幅度控制在協議目標 2℃，大量北極熊仍然會死亡，最終也會面臨滅絕，無非就是時間推遲了一些而已。

北極暖化造成海面水位上升

　　21 世紀初始，北極海冰每年融化和凍結的模式產生很大改變，2007 年 9 月海冰面積為 1979 年有衛星觀測以來的最小面積，甚至低於 1979 ～ 2000 年夏天覆蓋面積的 34%，造成從北極海周邊的冰河流入更多的淡水，因而北極海的海面上升值在全球各海域中排列第一，且海水一面吸取陽光，一面從太平洋與大西洋流進來溫暖的海水，北極海的海水溫度上升速率更加快速，並因而產生熱膨脹效應，對於北極海的海面上升會有促進作用。全球平均海平面在 1901 ～ 1971 年的平均上升速度為每年 1.3 mm，自 2006 ～ 2018 年增加至每年 3.7 mm。海平面受全球暖化影響上升，主要原因有二：1. 海水受熱膨脹，2. 冰川、冰帽以及格陵蘭和南極洲的冰蓋融化流入海洋，隨著氣候變化而加速上升。

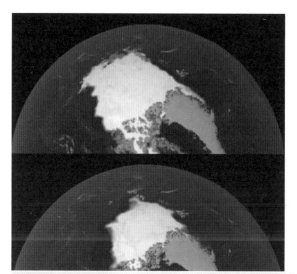 

左圖：上部是 1979 年的海冰覆蓋率，下部是 2019 年的海冰覆蓋率。（圖 NASA）

右圖：研究指出北極地區的暖化速度是整個地球平均的兩倍，導致當地大量海冰融化，最後冰區被認為是北極地區抵禦氣候變化的最後堡壘。這是一個重要的生態區，為北極熊、海鷗和海象等依賴冰雪的生命，以及北極地區的原住民提供了一個避難所。

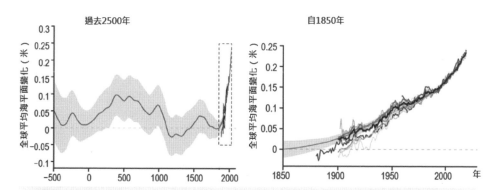

海平面受全球暖化影響上升，主要原因有二：1. 海水受熱膨脹，2. 冰川、冰帽以及格陵蘭和南極洲的冰蓋融化後流入海洋，令海平面上升。全球平均海平面在 1901 ～ 1971 年的平均上升速度為每年 1.3 mm，自 2006 ～ 2018 年增加至每年 3.7 mm。自 1900 年以來，全球平均海平面的上升速度較過去最少 3,000 年內任何一個世紀都要快。上圖為多個數據集顯示的全球平均海平面變化（圖片 / IPCC AR6）。

10-3 全球暖化跡證 —— 南極大陸末日冰河加速融化

　　依據 IPCC 第 4 次評估報告南極大陸冰床（ice sheet）溫度相當低，並不會產生大範圍表面溶解的現象，然而大氣中水氣一旦增加，降雪量也會隨著增加，因而預測冰床的質量會增加。但從人造衛星測得 2002 ～ 2005 年資料，顯示南極大陸平均每年有 152 km³ 的冰流失。自 2005 年 1 月開始，西南極區的冰川有幾處觀測到融冰的現象。融冰地方當時的氣溫有些甚至較年均溫高出 5℃ 之多，同時也觀測到冰河的流速加快。冰河本身則出現後退現象，而冰河的厚度也以每年約 1.6 m 的速度變薄。美國 NASA 衛星於 2005 年夏天在南極大陸西側的羅斯海（Ross Sea）與華盛頓角（Cape Washing），觀測到南極冰融現象。

　　美國科羅拉多大學科學家表示，冰雪融化的水會滲入冰架（ice shelf）深層，造成冰架內部物理結構不穩定，從而會造成更大規模的冰架崩裂。由於全球變暖，南極洲內陸 2005 年 1 月的最高氣溫居然達到 5℃，更不可思議的是，在某些海拔約 1,828 公尺，且常年溫度保持在 0℃ 以下的永凍層居然也出現了較大面積的融化現象。2007 年 5 月 15 日美國 NASA 發布，衛星發現南極大陸冰雪大面積融化，是近 30 年來最嚴重的，融化面積相當於加利福尼亞州大小。較早之前科學家認為南極大陸的暖化現象比北極要慢得多，近幾年發生的只是冰架崩裂，大面積冰雪融化則出乎科學家的意料。

　　科學家自 2010 年起，在阿蒙森海（Amundsen sea）設置觀察站，密切觀察海水的流動。結果發現溫暖海水持續性流向冰川，不再如同過去電腦預測的只有季節性。2014 年 5 月 12 日美國 NASA 和加州大學聯合分析 1992 ～ 2011 年的衛星資料及 40 年來對南極的觀測數據，確認南極大陸西部的松島（Pine island）、史威茲（Thwaites）、海恩斯（Haynes）、教宗（Pope）、史密斯（Smith）與柯勒（Kohler）等 6 條冰河，已因海水溫度升高而退縮。一旦冰河融化，會導致海平面在未來數世紀大幅上升，因為這些冰河冰量，能讓海平面上升多達 1.2 公尺。美國《科學》雜誌 2014 年 5 月 12 日刊登研究報告亦稱，南極洲西部的史威茲冰河（Thwaites glacier）是地球最寬的冰川，有「末日冰河」（Doomsday glacier）之稱，正在快速融化，根據衛星研究顯示，史威茲冰河的融化速度比 1990 年代要快得多，導致全球每年海平面上升約 4%。南極洲「史威茲冰河」英國和美國研究團隊研究指出，史威茲冰河頂部和底部都出現了巨大裂痕，非常有可能在 5 年或更短的時間內瓦解分離加速融化。2021 年 12 月 18 日英國《衛報》發表氣候暖化報導，指冰層消融速度愈來愈快，科學家們擔心全球將面臨海平面上升 0.5 公尺，造成更多災難性影響。

　　2022 年 6 月緬因大學（University of Maine）與英國南極調查所（British Antarctic survey）的研究人員測量當地海平面變化的速率，發現「史威茲冰河」正以過去 5,500 年來從未見過的速率消退。英國倫敦帝國學院（Imperial College London）地球科學與工程系魯德（Dylan Rood）博士說：「雖然這些脆弱的冰河在過去幾千年相對穩定，但這些冰河當前消退速率正在加快，並且已經導致全球海平面上升。」

2018 年《Nature（自然）》發表研究，由 42 個國際組織的 80 多位研究員共同發布，根據 24 顆衛星對南極冰蓋數據分析，發現南極冰川融化速度正在加劇，過去 5 年海平面上升 3 mm，2012 ～ 2017 年期間，南極冰蓋每年都損失 2,190 億噸冰，融冰速度是 2012 年之前的 3 倍。1992 ～ 2017 年期間南極冰蓋損失，致使全球海平面上升 7.6 mm，其中增長 40% 都發生在過去 5 年間，其中暖海水沖擊下的西南極洲冰層融化最劇烈。

南極洲「史威茲冰河」（Thwaites glacier）是地球上最寬闊的冰川，有「末日冰河」（Doomsday glacier）之稱，緬因大學（university of Maine）與英國南極調查所（British antarctic survey）的研究人員測量當地海平面變化的速率，發現「史威茲冰河」正以過去 5,500 年來從未見過的速率消退，並警告可能導致未來幾世紀全球海平面上升高達 3.4 m。（圖／每日郵報）

10-4 全球暖化跡證——各地山脈冰河後退，並出現融凍泥流威脅

喜馬拉雅山脈之冰河嚴重後退

喜馬拉雅山脈的冰河綿延 2,400 公里，涵蓋巴基斯坦、印度、中國、尼泊爾及不丹等地區。除兩極外，喜馬拉雅山脈所擁有的冰是地球上最多的，是亞洲 7 大河川的水源，包括恆河、印度河、雅魯藏布江、湄公河、長江、黃河、鄂畢河、葉尼塞河、勒那河及黑龍江，是下游 13 億人口的命脈。

2021 年英國列斯大學（university of Leeds）研究喜馬拉雅山 14,798 條冰川，並以衛星圖像等推斷過去的冰川界線，發現這些冰川在過去數百年，較小冰河時期（Little Ice Age）消融約 30%，面積由約 28,000 km² ，縮小至約 19,600 km² ，冰量相當於 390 ～ 586 km³ 。研究人員 Jonathan Carrivick 表示：「這種融冰加速僅見於過去數十年，與人類造成的氣候變化不謀而合。」

根據聯合國調查，光是尼泊爾境內，就有 20 個冰河湖；這些冰河湖在 40 年前，其實都是一條條的冰河，因氣溫上升而消失，冰河湖誕生，也增加淹沒下游附近村落的土石流危機。青藏高原更常出現融凍泥流（solifluxion）而造成另一種威脅，融凍泥流顧名思義就是由於凍土融化而形成的災難，因爲多年凍土下部處於凍結狀態，而近地表地面的凍土在夏季消融，在山坡上融化的表層土壤便沿凍土上部附近的冰層面向下滑動，從而產生泥流。融凍泥流在青藏高原出現，預示著另一種威脅，即凍土消融。在全球暖化下，向來寒冷的青藏高原氣候近些年也在加速變暖，多年凍土融化得非常劇烈，融凍泥流現象也變得愈來愈多。青藏高原這樣生態非常脆弱的地區，凍土融化和冰川消融不僅導致生態系統崩潰，還可能導致數億人賴以生存的亞洲水塔（Asian water tower），尤其印度、巴基斯坦、中國等地可能因供水減少，進而引發國際局勢改變與危機！

2021 年 2 月 7 日，印度北部北安查爾邦（Uttarakhand）南達德維冰川（Nanda Devi glacier）發生冰川斷裂後沖毀大壩，道里根加河（Dhauli Ganga）發生大規模洪水，泥岩石沖毀下游村莊，造成嚴重傷亡，至少 150 人罹難。

中國青海三江源冰川位阿尼瑪卿雪山，擁有 40 多條冰川，屬於海拔 4,000 m 以上的青藏高原腹地，總面積達 316,000km² ，孕育著長江總水量的 1/4、黃河總水量的 1/2 和瀾滄江總水量 15%，原被譽爲「中華水塔」，由於冰川退縮、湖泊驟減，造成黃河源區河流水域面積減少，正成爲中國土地荒漠化最嚴重的地區之一。雲南玉龍雪山冰川是歐亞大陸雪山中距離赤道最近的海洋型冰川區，19 條冰川已有 4 條已消失。甘肅省「中國最美」的夢柯冰川，雪線不斷退縮、冰河縮小。部分科學家預測，在冰川完全消失前，許多沿海地區將近 20 億人口的亞洲民眾，將陷入缺水危機，並爲爭奪水資源而爆發爭奪戰。

根據 2019 年 6 月英國《衛報》報導，科學家證實喜馬拉雅冰川融化的速度已經超越大家的預測，在過去的 40 年融化速度至少增加一倍，每年約 80 億噸冰消失，且不一定會再有新的雪覆蓋，而較低的冰川每年則縮小 5 公尺，目前已消失 1/4 以上，而冰川如此迅速的消逝將可能為數十億的人口用水帶來極大的改變。哥倫比亞大學地球觀測站邁馬爾（Joshua Maurer）表示，喜馬拉雅山融解速度已是歷年來最快，將帶來部分人的飲水問題。對照 40 年前的衛星圖與現代的狀況，在本世紀結束前至少會有 1/3 的冰川消失，如果沒有改善行動，恐怕會有 2/3 消失！圖為喜馬拉雅山群的冰川開始大量融化。（圖／CFP）

2021 年 2 月 7 日印度北部北安查爾邦冰川斷裂造成山洪暴發，洪水夾帶泥石岩塊漫入下游村莊，沿河許多房屋遭損毀，造成嚴重傷亡至少 150 人罹難，圖為洪水沖入村莊的影片截圖。（圖／美聯社）

10-5 全球暖化跡證——北極永凍土逐漸融化，將進一步催化溫室氣體效應

由於北半球高緯地區氣溫上升，西伯利亞或阿拉斯加等地區、包圍北極的凍土（苔原）地帶及其南方的針葉林帶，近年發現有大範圍地區永凍土（Permafrost or permafrost soil）開始融化。整個凍土地帶，夏天時只有表層（活動層）會融化，其下方仍維持永凍土層。近年受氣溫上升影響活動層漸往下延伸，針葉林帶成為氣溫上升緩衝帶，雖地表溫度上升不多，但最近受全球暖化與乾燥化雙重影響，因而一再發生多起森林大火，而災區形成裸地後，地表溫度就會快速上升，永凍土層因而大量被融化。

2005 年美國阿拉斯加大學科學家凱蒂華特（Katey Walte）表示，她的研究團隊發現西伯利亞東部的永凍土開始融化，甲烷氣泡從泥沼中源源湧出，使附近地表，即使在隆冬也難以結凍。俄國托木斯克國立大學（Tomsk State University）科學家基爾波丁（Sergei Kirpotin）和英國牛津大學科學家瑪肯德（Judith Marquand）也發現西伯利亞西部一片 1 萬多年前形成、面積約 100 萬平方公里的永凍土，最近開始融化，變成佈滿泥沼和淺湖的破碎地形，有些泥沼和淺湖的直徑甚至超過 1 公里。當地氣溫 40 年來平均上升 3℃，變暖情況較任何其他地區還要嚴重。這片有萬年歷史的永凍土蘊藏著 700 億噸甲烷，是全球陸地表面蘊藏量的 1/4。

2013 年聯合國氣候變遷小組（IPCC AR5）報告顯示，自 1980 年代初期以來，大多區域的永凍土層溫度都增加，例如阿拉斯加北部在 1980 年代初期至 2000 年代中期已增溫 3℃，俄羅斯北部在 1971 ～ 2010 年已增溫 2℃。永凍土層中存有大量凍結狀態的溫室氣體甲烷，且埋有大量植物，腐爛分解後會釋放出大量的溫室氣體，永凍土中所貯存的碳素，約占所有土壤貯存量的 30%，一但永凍土融解，可能會導致大量的甲烷或 CO_2 釋出，因此永凍土的融化，可能成為進　步催化溫室氣體效應的要因。

根據 2021 年自然氣候變化（nature climate change）雜誌報告，科學家已經在深層永凍土內發現 100 多種微生物，且部分種類具有抗藥性，因此擔心永凍土融化後，這些被禁錮在永凍土內上千年的病毒、細菌可能會對人類造成危害。事實上，觀察者研究基金會（observer research foundation, ORF）稱，2016 年西伯利亞就曾發現一匹埋藏在永凍土 70 多年、感染炭疽病而死的馴鹿屍體，因為永凍土融化而暴露，造成 1 名兒童及數名成年人受到感染。

除此之外，北極永凍土實際上也儲存著大量溫室氣體，包括二氧化碳與甲烷，以及砷、汞與鎳等天然有毒重金屬，一旦永凍土融化，除了溫室氣體被釋放到大氣中，會造成全球暖化失控外，有毒重金屬也可能被釋放到環境中，造成海洋資源、土地大量汙染。

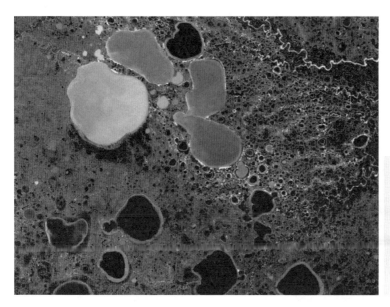

西伯利亞北部永
凍土融解後所造
成 的 湖 ， 這 些
湖水來自於地下
永凍土溶解後，
地下水流出到
地面所形成的
（NASA）。

阿拉斯加正在融化的永凍土

根據 2012 年 6 月登載《自然 - 地球科學》雜誌研究論文，科學家經使用地面和空中觀測，發現約 15 萬個甲烷洩漏點，主要分布在正在融化的冰川和永凍土一帶。北極大陸架融化導致海底的永久凍結帶也隨之融化，釋放出儲存在海床中的甲烷，規模超過任何地面觀測到的甲烷洩露；在深水區，甲烷氧化成二氧化碳，而後鑽出海面。在較淺的東西伯利亞北極大陸架，甲烷直接逸出到大氣層；隨著更多冰川和永凍土融化，洩露的甲烷數量也將隨之增多，進而對氣候產生更大影響。

10-6 全球各地熱浪益發頻繁，北極暖化、噴流遷移，也是發生熱浪主因

2003 年歐洲被破紀錄的熱浪襲擊，該年歐洲自 3 月以後氣溫偏高，到了 8 月時以法國或德國爲異常高溫中心，持續時間長達 2 週。法國因此熱浪死亡人數達 14,800 人，2003 年 7～8 月期間，約訥省歐塞爾有 7 天氣溫破紀錄超過 40℃。比利時、捷克、德國、葡萄牙、西班牙、瑞士、荷蘭及英國共計死亡 3,500 人，因高溫及森林火災等所釀成自然生態的損失更無從估計。由資料推估，此次熱浪屬於 9,000 年才能發生一次之頻率。

2010 年夏天俄羅斯因高壓盤踞而氣溫飆高，莫斯科因而山林野火及周邊的泥煤沼田燃燒，空氣中的 CO_2 懸浮微粒超標 5、6 倍，迫使大批莫斯科居民逃離。山林大火引發的霾害，讓市民幾乎無處可逃，莫斯科市府臨時成立 123 個收容中心，據慕尼黑再保險公司報告，俄羅斯因熱浪襲擊和森林火災造成 56,000 人死亡。印度新德里 4 月 17 日最高氣溫達 44℃，創下 52 年以來 4 月份最高氣溫，僅 2010 年 4 月印度全國至少就有 80 人死於異常高溫天氣。

2014 年 1 月南半球的澳洲南部受到致命熱浪侵襲，一星期內共造成 203 人死亡，不只人類難過，動物更是撐不下去，在昆士蘭省境內，就出現「蝙蝠雨」，數以萬計的蝙蝠從天空中掉落地面死亡，當地皇家愛護動物協會估計，可能有近 10 萬隻蝙蝠死亡。

2021 年 7 月 2 日加拿大和美國西北部地區連日受到熱浪侵襲，多地氣溫直逼 50℃，突破歷史最高溫記錄，並造成美國加拿大數百人死亡。加拿大和美國西北地區的氣候一向溫和，當地住宅大多沒有冷氣空調，突如其來的極端高溫導致許多人喪命，尤其對年長者、嬰幼兒和慢性病患者特別危險。

2022 年夏天歐洲和美國遭遇嚴重熱浪侵襲，英國首度測到超過 40℃，歐洲多國則分別出現逾 45℃；而且法國、西班牙、葡萄牙、義大利及希臘等都傳野火。隨著席捲法國的熱浪達到頂點，全國 64 個不同地區分別破記錄高溫，其中大多在西大西洋沿岸，法國西南部城市比斯卡爾羅斯（Biscarrosse）氣溫達到 42.6℃。2022 年 7 月 19 日聯合國世界氣象組織秘書長塔拉斯（Petteri Taalas）在日內瓦舉行的記者會上說：「熱浪變得愈來愈頻繁，這種負面趨勢將持續下去，至少到 2060 年代。」全球熱浪愈趨頻繁，除人類燃燒化石燃料導致氣候變遷，北極暖化、噴射氣流遷移、熱蓋或熱穹（heat dome）現象也都是發生熱浪主因。北極正以較全球快 3～4 倍速度暖化，意味著高緯與近赤道地區氣溫差距縮小，導致北極噴射氣流型式變動，因而造成諸如熱浪、洪水等極端天氣事件頻發。熱帶太平洋地區前一個冬季海水溫度由西至東急遽變化，是發生熱穹現象主因。

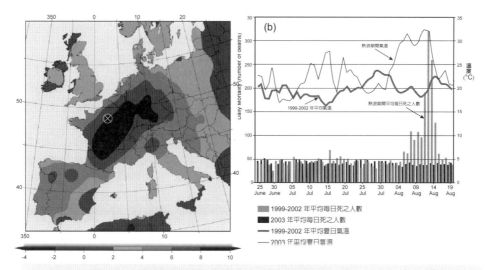

左：2003 年 8 月 1～14 日歐洲平均氣溫與年平均氣溫之差值。深黑色部分表示高於年平均值 8℃以上之區域。⊕點為巴黎所在位置（日本氣象廳「2005 年異常氣象報告」）。

右：細實線為 2003 年 6 月 25 日～8 月 19 日間巴黎平均氣溫，粗黑線為 1999～2002 年間平均氣溫。淺灰色棒圖表示同時期巴黎每天平均死亡人數，深黑色棒圖表示 2003 年同時期巴黎每天死亡人數。從 8 月開始，死亡人數急速增加原因，與熱浪破記錄之因素有關。（IPCC 第 4 次評估報告書）

噴射氣流與 2010 年夏天極端天氣關係

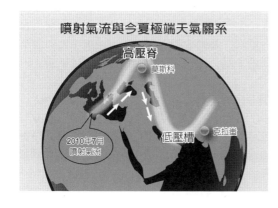

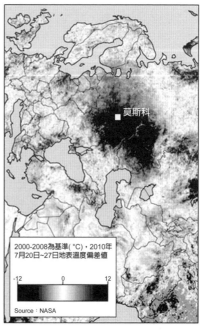

衛星圖顯示俄羅斯莫斯科上空受到高壓阻塞造成噴流異常與異常高溫
（NASA/BBC 網站 / 聯合報）

10-7 侵襲各地風災增強

美國國家海洋暨大氣總署（NOAA）2014 年 11 月 20 日公布，2014 年 1～10 月全球平均氣溫為 14.78℃，比 20 世紀的平均氣溫高 0.68℃，是從 1880 年有觀測紀錄以來最高的。而 2014 年 6 月全球海洋表面溫度也盤升到 1880 年以來的最高溫，比 20 世紀平均 16.4℃ 高出 0.59℃，打破 2005 年創下的紀錄。由於地球暖化氣溫上升，因而增加大氣中的水氣含量，伴隨風災所帶來的降水量也隨著增加。過去 30 年來熱帶低壓發生海域之海面溫度約已上升 0.5℃，使各地風災的強度增強，最大風速或降水強度增強的可能性也因此升高。

以 2005 年 8 月卡崔娜颶風為例，颶風發生當時，墨西哥灣的海面溫度較常年高出 0.8℃，因此卡崔娜颶風在墨西哥灣能夠急速發展。卡崔娜颶風登陸，肆虐美國路易斯安納州紐奧良市，堤防潰堤全市 80% 淹水，死亡人數超過 1,000 人，成為美國有史以來最凶惡的颶風災害之一，風速達到每小時 145 英哩的颶風重創路易斯安那、密西西比和阿拉巴馬等 3 州，災區重建工作比 911 恐怖襲擊還要艱鉅。

美國是 2007 年以前全球人均排碳量最高的國家，也是唯一未簽署《京都議定書》的工業大國；前總統布希甚至不承認全球氣候變遷是人類活動造成的。而歐巴馬政府於 2009 年 6 月 16 日在公開一份氣候變化評估報告時，終於同意目前全球氣候變遷是人為因素導致的，並已影響到了美國人的日常生活。

2009 年 8 月 8 日颱風「莫拉克」重創南臺灣，高雄縣夏瑪鄉小林村滅村，全臺灣死亡人數 678 餘人。2010 年 10 月 17～22 日受梅姬颱風及東北季風雙重影響，帶來強大豪雨重創宜蘭，蘇澳公路 109～116 公里間多處路基坍方，造成宜蘭縣總計有 12 人死亡；蘇花公路 114～116 公里路段，共有 3 車 26 人失聯。

2012 年 10 月 29 日又有颶風「桑迪」重創美國，但卻橫掃美國東部海岸，使紐約市 37.5 萬人撤離，皇后區遭到洪水侵襲，還遭遇火災，至少 24 棟被燒毀，衝擊美國 1/5 人口，給美國的電力、交通、金融、能源、基礎設施等帶來巨大損失；美國股市則 27 年來首次因氣候關係而停市。「桑迪」是一個很罕見的混合型「超級風暴」，在風暴外圍另有北極寒流所包圍。

2011 年 12 月，颱風瓦西（Washi）侵襲菲律賓南部民答那峨島，造成 1,268 人死亡；2012 年 12 月，又有強烈颱風寶發（Bopha）再次橫掃民答那峨島，引發洪澇和山崩，將近 1,901 人喪生或失蹤。菲律賓民答那峨島接連 2 年遭遇罕見多颱重創，依據歷史資料，少有颱風通過民答那峨島。接著超級颱風「海燕」於 2013 年 11 月 8 日襲擊菲律賓中部，狂風暴雨與巨浪重創雷伊泰和薩馬兩島，導致上萬人死亡。依據歷史資料，少有颱風通過民答那峨島。

2021 年最昂貴的一場災難，為侵襲美國東部並造成約 650 億美元災損的颶風艾達（Ida）。其次是同年 7 月發生在德國和比利時的洪災，損失達 430 億美元；同年 7 月重創中國河南省的水災估計損失達 176 億美元。2021 年 12 月 10 日晚間北美大平原發生大型龍捲風災害，單在肯塔基州就約 70 人死亡；12 月已非龍捲風季節，還形成致災性嚴重的龍捲風相當罕見，且這起龍捲風初步研判是 40 多年來首個橫跨阿肯色、密蘇里、伊利諾及肯塔基等 4 州，移動距離達 250 mil 的龍捲風。

2005 年 8 月 30 日卡崔娜颶風在美國路易斯安納州紐奧良市造成 80% 地區淹水重創美南三州，是美國有史以來最嚴重的一次天災（Getty Images）。

數十個龍捲風夜襲美國，至少80死

2021 年 12 月約 30 個威力強大的龍捲風 10～11 日侵襲美國 6 州，東南部肯塔基州災情尤其慘重，逾 70 人不幸喪命。臺灣颱風論壇指出，只要墨西哥灣暖空氣與北方冷空氣交會，就可能產生龍捲風等劇烈天氣。（左圖：臺灣颱風論壇；右圖：法新社）；就在約 10 年前，2011 年 4 月 22～28 日之間，約有多達 300 個龍捲風襲擊美國東南部，造成至少 354 人死亡。單 4 月 27 日 5 個州就有約 314 人喪生。阿拉巴馬州約 250 人喪生。田納西州、密西西比州、喬治亞州、阿肯色州和維吉尼亞州也都受到影響。

10-8 噴射氣流及極地渦旋與極端氣候

　　極地渦旋（polar vortex）爲長期存在於兩極對流層中層至平流層間，以低壓爲中心的渦旋，中心下方接近地面處則爲高壓，當極地渦旋增強並向南擴展時，冷空氣便會南下影響中緯度地區。環繞極地渦旋周遭常出現強烈而以逆時針方向吹拂的西風，即所謂的西風帶高空噴流（jet stream），風速常大於 200 公里 / 小時。科學家以北極震蕩指數（arctic oscillation index, AOI）來衡量北極氣壓的變化；極地渦旋是否南移與北極震蕩指數有密切關聯。

　　高空噴流往西行時若先向北行再南下的稱爲「脊」，而向南行後再北上的稱爲「槽」。在「脊」的地方容易發展「阻塞高壓（blocking high）」，也就是停滯不動的高壓，而在「槽」區則容易形成低壓區，大氣對流旺盛，容易降雨，高壓帶則大氣較穩定。

　　2010 年 7 ～ 8 月噴流向南彎曲幅度大，中西歐上空有噴流低壓槽，而俄羅斯一帶則爲高壓脊，南下巴基斯坦又形成低壓槽，所以中西歐、巴基斯坦及印度等國家因長時間位低壓區容易降雨而造成嚴重水患，俄羅斯則因高壓長期盤據使氣溫飆高；同期間巴基斯坦洪災，導致至少 1,802 人死亡，災情比 2004 年的南亞大海嘯還要慘重。而俄羅斯則因熱浪襲擊和森林火災產生的有毒煙霧，導致莫斯科 56,000 人死亡。

　　2013 年冬天西風帶噴射氣流也變得比以往彎曲，而且噴流之槽與脊長時間停在同一位置，因噴流槽位美國南部，北極寒氣可長驅南下，令美國東部和英國，接連受風暴吹襲，西部卻一直被乾暖空氣籠罩，令加州大旱。阿拉斯加和北歐這些原本冰天雪地的地方，2013 年冬季氣溫卻比往年暖和，舉辦冬奧的俄羅斯索契，更暖得令部分滑雪選手穿短袖衫參加比賽。

　　2014 年 1 月初「極地渦旋」席捲美國中西部與東北部，部分地區溫度降到 –51℃，許多州積雪厚達 30 公分。極地地區常有的「霜凍地震（frost quake）」，罕見地發生在加拿大多倫多與安大略等地，居民不斷聽到隆隆作響的冰震現象，亦即氣溫突然下降，導致地下水結冰、土地和岩石爆裂，隨之釋放的爆炸能量造成巨大聲響和地面震動。

　　美國 NOAA 於 2017 年發布的氣候科學特別報告（climate science special report）顯示，人類確實造成氣候變遷，而且已經對地球造成影響。但 2018 年美國總統川普始終否認氣候變遷，因此退出《巴黎氣候協定》。

　　影響噴射氣流強弱其中一個因素，是北極冷空氣與南方地區暖空氣間的溫差；根據 2020 年 9 月 19 日挪威氣象數據，過去 30 年來挪威的朗伊爾城，位處北緯 78 度，距離北極點只有 1,300 km，是世界上距離北極最近的城市，朗伊爾城冬季平均氣溫上升 10℃，北極的快速升溫可能改變噴射氣流，增加歐洲、亞洲和北美的洪水和熱浪等極端天氣事件。根據 2021 年 12 月 6 日發表在自然通訊（naturem comunications）研究報告表示，北極冰蓋升溫融化，雨水將取代雪成爲北極最常見的降水型態。人類排放溫室氣體造成的氣候變遷，加上大氣層中的噴射氣流變化異常，是近年極端氣候的主因。

北極震盪

比平常更暖　　　比正常更冷　　●　比平常更多雨

負相位　北極圈比平時更高的氣壓，令高緯度地區大氣層西風更弱

西風轉弱令寒冷的北極風來到更南緯度，令美國冬天更冷

北歐及亞洲受北極冷空氣吹襲。

較高氣壓

較底氣壓

弱信風

受大西洋中部氣壓偏低及歐洲北部弱西風影響，地中海地區形成風暴。

正相位　北極圈比平時更低的氣壓，令高緯度地區大氣層西風更強

強勁的西風令寒冷的北極風停留在北方，令美國的冬天較暖。

較高氣壓

較底氣壓

強信風

大西洋中部出現高於正常水平的氣壓，令強勁的西風將溫暖空氣和暴雨推向北歐。

更強的信風吹襲亞熱帶地區。

全球氣候異常，北美和日本北海道，2014 年 1 月都曾出現 − 30、− 40°C低溫，有科學家警告，太陽黑子數量及活動頻率，是百年來最低值，未來 40 年內，有 10 〜 20% 的可能機率，重回 17 世紀的「小冰河期」，不過只以「太陽活動頻率」作為考量，並不夠全面性，且極端氣候問題確實存在，應重新思考該如何應對未來的氣候異常。

北半球極端天氣成因

氣象學家相信，北極寒氣與北半球較南地區和暖空氣的溫差縮小，令噴射氣流減弱。

北極寒氣

噴射氣流

乾暖空氣

減弱的噴射氣流，移動路線變得更曲，近期讓北極寒氣可南下至美國南部，雪災頻頻；西部加州卻一直被乾暖空氣籠罩而大旱，而且移動路線留在同一位置不變，令美國東部、英國和日本的惡劣天氣比以往持久。

資料來源：英國（獨立報）/美國有線新聞網絡

2014 年 1 月北半球許多地方出現異常天氣，是因為主宰北半球天氣的噴射氣流變弱變曲。大氣對流層頂有數條環繞地球的噴射氣流，以波浪長蛇形狀由西吹到東，北半球主要的一條，分隔北極寒氣和中緯度地區的較和暖空氣，影響北半球溫帶和寒帶地區各地的天氣系統形成。

10-9 氣候災難更加頻繁

依據 2010 年聯合國國際減災策略組織（United Nations International Strategy for Disaster Reduction）調查報告，2000～2009 年罹難的 78 萬人中，地震雖是最致命的天然災害，有 60% 是因地震與相關災難如海嘯而喪命，但影響人數最多的則是氣候災難（climate plague），過去 10 年受災的 20 億人中，44% 的人受洪水衝擊、30% 則因乾旱而受苦，地震實際影響的人數只有 4%；10 年期間因天災而造成的經濟損失，約高達 9,600 億美元。

全球再保險業龍頭「慕尼黑再保險集團（Munich Re）」統計，2001～2010 年期間，全球每年平均天災發生 790 次，造成經濟損失 1,130 億美元，保險損失 350 億美元。2010 年全球共有 950 起天然災害，造成 295,000 人喪生與 1,300 億美元的經濟損失。這是該集團自 1980 年發布此類統計以來，天災發生件數與死亡人數第 2 高的一年。天災喪生人數最多的年分在 1983 年，達 30 萬人，主因是衣索比亞饑荒。海地 2010 年遭受毀滅性的大地震，喪生人數超過 22 萬人，在過去 100 年裡，只有 1976 年中國發生唐山大地震時死亡 24.2 萬人，超過這個數字。2011 年發生 820 起天災事故，造成經濟損失 3,800 億美元，保險損失更高達 1,050 億美元，可謂為史上天災損失最為慘重的一年。

2013 年世界經濟論壇（world economic forum, WEF）發布全球風險報告指出，未來 10 年最可能發生的 5 大風險中，其一即為溫室氣體排放增加，從上述近期氣候災難所造成的損失來看，並不難理解。夏威夷大學卡米羅莫拉（Camilo Mora）及瑞安朗文（Ryan Longman）等科學家於 2013 年 10 月 10 日在自然（nature）期刊發出警訊，預測 2020 年全球氣候模式將徹底改變。這場氣候劇變已逐漸發生中，影響規模多達數十億人，而且變化將是不可逆的災難（irreversible catastrophe）。由於人類活動不斷釋出大量溫室氣體，使全球氣候變得空前極端，過去破記錄的高溫將成為未來的新低溫；有些物種能適應，有些會因此遷徙，許多物種則會滅亡。熱帶地區將首當其衝，因為熱帶地區的歷史氣溫範圍很狹窄，氣候變遷就算只改變氣溫 1℃，對在穩定氣候中演化的動植物來說，都嫌太多。

依據聯合國 2022 年 4 月 25 日發布報告指出，人類活動正導致愈來愈多災難發生，過去 20 年來全球每年發生 350～500 起中大型災難，預料這類事件未來將更加頻繁。聯合國減災風險辦公室（UN office for disaster risk reduction, UNDRR）在評估報告中表示，2030 年前全球每年可能發生多達 560 起災難，其中許多與天氣有關，例如旱災、熱浪、洪水、風災及流行病等危機，使數以百萬計人生活於危險之中。

2017 年各類重要自然災害事件分類統計圖

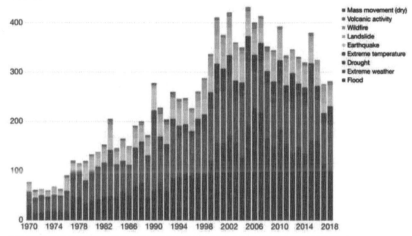

2017 年各類重要自然災害事件，造成人員死亡人數統計圖，含颶風 / 颱風、寒流（cold wave）、水災、地震及雪崩等，共 9,330 人死亡。（EM-DAT）。

1900 ～ 2021 年全球自然災害事件統計圖

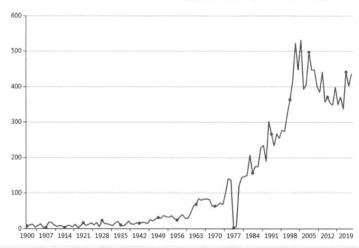

1900 ～ 2021 年全球自然災害發生次數趨勢圖，顯見 20 世紀後半開始自然災害發生次數持續急遽升高之趨勢，尤其 20 世紀末開始更加明顯。回溯 1900 ～ 2021 年超過 100 年的全球天然災害統計資料，可發現 1960 年之後的每年平均災害數量明顯增加許多，1977 年之後每年的災害事件數量皆超過 100 件。在這些天然災害中，多數為水文氣象類災害，包含極端天氣與氣候事件（颱風、颶風、熱帶氣旋等）、洪水及土石流災害等。（圖 / EM-DAT）

10-10 氣候變遷與糧食危機

　　氣候暖化會造成乾旱、風暴、洪水和炎熱等極端天氣，以及造成全球冷暖溫差加劇。受到全球暖化影響造成乾旱的事實，不只在低緯度地區，像美洲、歐洲、澳洲、巴西、中國及印度等幾乎涵蓋全球各地，對世界糧食問題造成莫大影響，尤其東非衣索比亞、索馬利亞、肯尼亞、烏干達、坦尚尼亞、蘇丹等非洲國家乾旱最為嚴重。

　　自 2006 年開始，國際糧食政策研機構（international food policy research institute, IFPRI），每年 10 月發布全球飢餓指數（global hunger index, GHI），以反映相對於總人口的營養不足率、未滿 5 歲兒童的低體重率和死亡率等的綜合指數。2010 年 10 月 11 日公布 GHI 指數年度報告，全球約 10 億多人陷入飢荒，其中大部分是非洲和亞洲的兒童。該年報涵蓋的 122 個國家，有 25 個國家飢餓程度達到「警戒」程度、4 個非洲國家為「高度警戒」。

　　2013 年美國中西部發生 56 年來最嚴重的旱災，加上印度、哈薩克和歐洲從俄羅斯到義大利的農業區普遍為乾旱所苦，直接的結果便是糧價飆漲。聯合國跨政府氣候變遷小組 2013 年研究報告（IPCC AR5），除揭露全球暖化在未來數十年間，氣候變遷造成長期乾旱，不只對世界糧食供給可能造成重大風險，如產出銳減、糧價飆升等問題外，也將使經濟成長減緩及貧窮情況惡化。

　　2014 年 10 月自然氣候變化（nature climate change）雜誌報導研究報告，氣候暖化和臭氧汙染，如何影響水稻、小麥、玉米和大豆等 4 種農作物，這 4 種農作物目前占有全球人類消耗熱量的 1/2 以上。研究顯示臭氧會減緩光合作用和殺死細胞，對植物的危害，超過所有其他空氣汙染的總和，和 2000 年相比，由於氣候暖化和臭氧汙染，可能導致 2050 年農作物產量減少 10%，屆時發展中國家，營養不良人數會從現在的 18%，增長到 2050 年的 27%。

　　2020 年非洲發生極為嚴重的蝗災，數千億隻蝗蟲在數月間橫掃非洲、亞洲及中東等地，一天吃掉 35,000 人的糧食，引發非、亞兩洲多國面臨糧食危機；而造成世紀蝗災的主要原因之一，正是氣候變遷；然而，氣候變遷可能引發的災害不只有蝗災。

　　2021 年由於極端氣候與洪水衝擊，從巴西咖啡、比利時馬鈴薯到加拿大黃豆，食品價格均大幅上漲。斯德哥爾摩環境研究所（Stockholm environment institute）報告指出，農業是氣候變遷之下風險最大的產業之一，無論是單一的極端天氣事件或氣候模式長期的轉變，都將衝擊農業，且整體風險是其他產業的好幾倍。聯合國糧食及農業組織（FAO）2022 年 1 月 6 日發表報告顯示，2021 年世界糧食價格全年大漲 28%，達到 2011 年以來的最高平均水準。

2020 年非洲發生極為嚴重的蝗災

2020 年非洲發生極為嚴重的蝗災，數千億隻蝗蟲在數月間橫掃非洲、亞洲及中東等地，一天吃掉 35,000 人的糧食，引發非、亞兩洲多國面臨糧食危機；而造成世紀蝗災罪魁禍首就是「氣候變遷」；然而，氣候變遷可能引發的災害卻不只有蝗災。（Greenpeace / Paul Basweti）

2022 年全球 38 國爆發糧荒危機

Erik Solheim ✔ @ErikSolheim · Aug 27 ···

Climate disaster!

Madagascar 🇲🇬 is on the brink of experiencing the world's first "climate change famine". Tens of thousands of people are already suffering "catastrophic" levels of hunger and food insecurity after four years without rain.

buff.ly/3slo3GC

2021 年 8 月非洲島國馬達加斯加正經歷長達 40 年以來最嚴重的旱災，部分地區甚至已有連續 4 年沒有降雨，飽受連年乾旱衝擊，使得當地無法種出農作物，世界糧食計畫署（WFP）估計當地已超過 100 萬人面臨飢餓，孩童嚴重營養不良。聯合國表示，馬達加斯加類似飢荒的情況，「是由氣候所造成的，並非戰爭或衝突」，這也是全球首個「氣候變遷導致飢荒」的國家。從 2019 年以來，面對嚴重糧食不安全的人口，即受到嚴重糧食短缺衝擊，導致生命處於危險之中，幾乎成長了快一倍，從 1.35 億人增加到 2.76 億人。WFP 更沉痛指出，目前全球有 38 個國家的 4,400 萬人口，正在處於飢荒邊緣。然而戰爭、新冠疫情以及氣候變遷，都是導致全球糧食危機、糧食不安全的關鍵因素。上圖：馬達加斯加農作物長不出來，居民吃蝗蟲度日，孩童手臂與成年人手指一樣粗。（圖／翻攝自 @ErikSolheim 推特）

10-11 中國沙漠化與沙塵暴更趨惡化

　　2004 年時中國沙漠化土地約為 263.62 萬 km^2，占中國 27.46%，主要分布在青海、寧夏及新疆等 18 省市，98% 分布在疆、蒙、藏及肅等 8 省。每年沙漠化面積平均約達 3,400 km^2，因此面臨耕地喪失與缺水等嚴重問題。部分黃沙隨風從塔克拉瑪干沙漠、戈壁沙漠及內蒙古自治區等地區搬運到北京，曾經 1 天就降達 30 萬噸。甚至形容：「北京無時無刻被黃沙所包圍」。依據中國國家林業局的研究，中國沙漠化日益嚴重，全球暖化使沙漠化加劇，人禍加重天災的程度，讓中國鄰近各國全都受害。

　　最近幾年中國沙塵暴也更加惡劣，巨大的灰塵羽狀物經常旅行幾百英哩，到達中國東北城市，造成北京天空一片灰濛濛，能見度降低致使交通阻塞、機場關閉等。在強烈沙塵暴吹襲時，向東移動的沙塵暴經常帶著泥土吹至中國西北、北韓、南韓、日本甚至南下到達我國，造成我國空氣品質惡化。

　　2010 年 3 月華北地區持續發生沙塵暴，伴隨著高氣壓快速向東、向南吹襲，不僅北京整個天空昏黃，市民外出都戴上口罩，不少人甚至要用紗巾蒙頭，影響 16 個省市，包括新疆、寧夏、甘肅、北京等，是中國近年來遭遇最強、影響最廣的一次沙塵暴天氣，超過 2 億 7 千萬民眾受到影響，其中北京累計降塵量達 15 萬噸。2010 年 3 月 21 日大陸沙塵暴伴隨高壓南下到達臺灣，使我國出現有史以來遭受最嚴重的沙塵暴影響，全台有 24 個監測站的懸浮微粒濃度，超過儀器極限 1,000 微克 / 立方公尺，北部的空氣汙染指標（PSI）達 500，超過標準 5 倍，空氣品質屬有害等級。

　　北京深受沙塵暴的侵襲，經當局採取防風固沙措施後，近年來較為罕見。上一次嚴重沙塵暴出現在 2015 年。2021 年 3 月中國近 10 年最強沙塵暴再次侵襲各國，3 月 15 日由中國北方掀起沙塵暴，北京和中國北方城市 3 月 15 日開始遭遇近年來最強沙塵天氣，天空一片昏黃，城區大部分地區能見度低於 1,000 公尺，空氣品質達到重度汙染程度。有網友因此打趣說，今天「出門感覺自己忘騎駱駝了」，亦有網友打趣說到了公司已經變成「兵馬俑」了。鄰國蒙古國也遭到猛烈沙塵暴侵襲，導致至少 10 人死亡及數十人失蹤。沙塵隨著乾冷的東北風南下，16 日開始影響台灣北部，並從北至南陸續影響，所幸這些細懸浮微粒 PM_{10} 到達臺灣後，濃度已經稀釋很多，但許多較為敏感的族群還是感覺不舒服。

　　中國沙塵暴的劇烈化與過度放牧造成草原的急劇退化有著密切的關係，大量飼養山羊，不僅吃草更吃草根，以供應物料予羊毛衫廠，因過度放牧，一些主要牧草亦瀕臨絕種。作為世界上沙漠化最嚴重的國家之一，中國的沙塵暴被視為典型的「人禍型天災」，導致土地沙漠化，一旦與適合的天氣型態結合，就很容易引發沙塵暴，不只殘害中國自己，也為鄰國帶來禍害。

2010 年 3 月 21 日，近年來最嚴重一次的大陸沙塵暴襲擊我國，圖為桃園機場的航機在沙塵中降落。

沙塵暴移動路徑

1 春季內蒙古低壓強風捲起戈壁沙塵，由高空西風帶向東傳送到北京，以順時針方式，被西北風推向沿海地區，再受東北風壓力吹至上海。

2 沙塵暴低上海後再循東北風吹襲至台灣。

3 受緯度影響，沙塵暴呈東北方向吹至香港。

呼和浩特　北京　福岡　日本　上海　廣州　台灣　香港

受全球氣候變遷影響，起源於中國的沙塵暴強度有愈來愈強的趨勢；2010 年 3 月 21 日大陸沙塵暴襲擊我國，接著並於 3 月 22 日吹襲至香港，造成全市「封塵」。根據過去紀錄顯示，中國地區形成的沙塵暴，最遠也僅吹至我國而已，必須屬特大異常情況才能再「南下」襲擊香港。

2021 年 3 月 15 日強烈沙塵暴來襲，不只蒙古國釀成 10 人死亡，中國北方也遭受這波惡劣天候影響，3 月 15 日清晨北京更是昏黃一片。（圖／美聯社／達志影像）

10-12 低海拔珊瑚環礁國家恐被海面上升淹沒

聯合國氣候變遷小組（IPCC）2013 年 9 月 30 日發布氣候變遷評估報告（AR5）顯示，上世紀到本世紀初海平面已上升 19 公分，在 1901 ～ 2010 年期間平均海平面平均以每年 1.7 公釐的速度上升，1993 ～ 2010 年平均上升速度增為 3.2 公釐，是 20 世紀時的 2 倍，IPCC 預測 2100 年以前海平面將會大幅上升最高達 82 公分。自 1970 年代以來，有 75% 的海平面上升原因，可歸因於海洋受熱膨脹與冰原融解，在 1993 ～ 2010 年上述原因促使海平面平均每年上升 2.8 公釐。

吐瓦魯（Tuvalu）是南太平洋上一個小島國，由 9 個環形珊瑚島群組成，海拔最高點只有 4.5 公尺，而當地最大的巨浪則有 3.2 公尺。如果海平面再繼續上升，那麼這個國家將從此被淹沒，成為第一個由於氣候變遷而沉入海底的國家。

吉里巴斯（Kiribati）共和國位於太平洋中部之珊瑚島國，各島平均海拔高度不足 2 公尺，自 1974 年起，吉里巴斯海平面平均每年上升 2.1 公釐，1993 ～ 2007 年間，每年平均上升 5.3 公釐。海平面如上升 0.4 公尺左右，就足以導致該國地下水之淡水層鹹化而無法飲用，亦將使得島上植物因缺乏淡水而枯死，各島將不再適合人類居住。

馬爾地夫（Maldives）共和國有 1,190 個島嶼，位處印度洋寬廣藍色海域中，為一串明珠般白沙環繞的島嶼，被譽為「人間最後的樂園」，吸引著無數的遊客前往度假。馬爾地夫將近 200 個島嶼有人居住，其中 164 個島嶼受到海水嚴重侵蝕，甚至有居民必須從逐漸下陷的島，搬到較高的島上居住，而由於海平面上升，這個地球上海拔最低的島國也面臨著「滅頂」之災。

2007 年 7 月我國首度邀請太平洋友邦國家，吉里巴斯共和國、馬紹爾群島、帛琉共和國、諾魯共和國和索羅門群島等五國召開環境部長會議，各環境部首長都表示，國土有急遽萎縮問題，連飲水都遭地下水鹽化，只能接雨水使用，成為攸關生死難題。

實際上，吉里巴斯、庫克群島（Cook Islands）、東加（Tonga）、諾魯和薩摩亞（Samoa）等太平洋島國即將因海平面上升而淹沒的 14 個低島國，也都面臨著同吐瓦魯一樣的威脅，這些由珊瑚礁形成屬於低海拔的珊瑚環礁國家（low-lying atoll countries），平均土地高度只比海平面高出數公尺，抵抗氣候變遷的能力尤其脆弱，當地居民都能親身感受到海水的上侵已逼近家園。

30 多年來，印度與孟加拉為了一座位在孟加拉灣的新摩爾島（New Moore Island）小島主權吵吵不休，該島原為無人島，長 3.5 公里、寬 3 公里，過去 30 年中印度與孟加拉兩國為了該島的主權發生多次爭論。由於最近海平面加速上升，印度海洋學家從衛星觀測以及海面巡邏偵查，都確定沒有該島的蹤跡，2010 年 3 月 24 日宣布該島已被海水淹沒，因而兩國長期領土之爭終於畫下句點。

從 1993 年到 2018 年時，吐瓦魯的國土面積已經縮小了 2%。TavalaKatea 是吐瓦魯氣象局的首席預報員，他說：「在 2000 年之前，富納富提環礁中間的海水中有一個寬約 5 公尺、長約 10 公尺的小島，當時島上生長著大量椰子樹，從我辦公室就可以看得清清楚楚。如今，這個小島已經沉到海底了，只有退潮時還能看到一點點影子。」

2009 年 10 月 17 日，馬爾地夫首次在水下召開內閣會議，由總統納希德親自主持，14 名內閣部長參加（美聯社）。

海平面上升，島國面積不斷縮小，吉里巴斯居民 2010 年 11 月 10 日在國會外手持旗幟，上頭寫著「救命，我們快淹死了」（歐新社）。

太平洋島國吐瓦魯，一個即將滅頂的國家，滿潮時常造成淹水。從 1993 ～ 2015 年間，吐瓦魯的海平面共上升了 9.12 公分，按照這個數字推算，50 年之後，海平面將上升 37.6 公分，意味著吐瓦魯至少將有 60% 的國土徹底沉入海中。

10-13 人類活動成為物種滅絕加速的重要原因

「生物多樣性（biodiversity）」一詞為「生物的（biological）」和「多樣性（diversity）」所簡併的，統括全球上各種各樣的生命，不僅包含動物、植物、真菌和細菌等不同層次的物種，同時也包含同一物種內，擁有不同遺傳變異的個體。因此生物多樣性包含基因多樣性、物種多樣性以及生態系多樣性等 3 個層次。

多樣性的生物是我們生命之源，糧食、醫藥、建材及衣物織品的主要原料、製造業所需要的化學原料、還有許多充實我們生活的要素，都是由各類物種所提供的，未來人類還需要與生物共存共榮。

自然歷史演化過程中即有物種滅絕（mass extinction），如過去由於隕石撞擊等自然原因，地球曾經歷過 5 次大規模的生物滅絕事件：

1. 第 1 次物種大滅絕發生在距今 4.4 億年前的奧陶紀末期，約有 85% 的物種滅絕。

2. 約 3.65 億年前的泥盆紀後期，發生第 2 次物種大滅絕，海洋生物遭到重創。

3. 距今約 2.5 億年前二疊紀末期的第 3 次物種大滅絕，是史上最嚴重的 1 次，約有 96% 的物種滅絕，其中 90% 的海洋生物和 70% 的陸地脊椎動物滅絕。

4. 第 4 次發生在 1.85 億年前，約 80% 的爬行動物滅絕了。

5. 第 5 次發生在 6,500 萬年前的白堊紀，使統治地球達 1.6 億年的恐龍滅絕。

目前所知地球上所有生物種類共約 175 萬種，近世紀以來人類活動所造成的全球暖化，對生物多樣性衝擊最大，依據 IPCC 第 4 次報告，全球平均氣溫一旦上升達 1.5 ～ 2.5℃時，將衝擊物種生存，並很可能使其高達 20 ～ 30% 滅絕。如果上升更高達 4℃或以上時，則將引起全球性大規模的生物滅絕。

威脅生物多樣性的主要因子，包括：棲地破壞（habitat distruction）、外來入侵種（invasive alien species）、汙染（pollution）、人口增加（population growth）及過度利用（over exploitation）等 5 項因子，取 5 項之英文名稱第一個字母即為河馬（HIPPO）效應。除上述 5 項外，近年科學家也將氣候變遷納入，成為威脅生物多樣性的第 6 項因子。地球環境因人類活動而持續變遷，如全球暖化、臭氧層破壞及氣候異常等，均對生物多樣性造成長期威脅。尤其過去半個世紀以來，人類活動對生物多樣性造成前所未有的破壞，地球上的物種正以每年約 1,000 種，遠超過自然演替的 500 ～ 1,000 倍的速度邁向滅絕之路；目前全球約 34,000 種植物和 5,200 種動物瀕臨滅絕。

2010 年 4 月聯合國環境規劃署發表全球生物多樣性展望（global biodiversity outlook）報告指出，人類活動成為物種滅絕加速的重要原因；生物多樣性公約第十屆締約國大會於 2010 年 10 月 18 ～ 19 日於日本愛知縣名古屋舉行，為解決物種滅絕，乃訂下 20 項愛知生物多樣性目標（Aichi biodiversity targets），並設定 2020 年到期。2020 年 9 月 15 日聯合國發表檢討報告指稱，該 20 項目標沒有一項完全實現，只有 6 項目標部分達成，部分子目標甚至更加惡化。美國學者有「生物多樣性之父」的愛德華威爾森（E. O. Wilson）曾不只 1 次提到，人類的所作所為，正導致地球邁向第 6 次大滅絕的機制中。

南極氣候巨變,雨多、雪少,初生的阿德利企鵝(Adelie penguin)因羽翼未長成,絨毛不能防水,數以萬計的企鵝寶寶在寒風中凍死(路透、2008/07/15 聯合報)。

近年許多地區珊瑚受外在高溫、高光或汙染物質等刺激,引起大量嚴重白化現象。1998 年日本沖繩縣水納島首先發現珊瑚白化(coral bleaching),2002 年世界最大的澳洲大堡礁(great barrier reef)、2005 年加勒比海、2007 年石垣島白保的珊瑚等都曾發現大規模白化現象。2010 年珊瑚出現白化的地區,包括斯里蘭卡、泰國、馬來西亞以及印尼其他海域。上圖左:為健康的珊瑚礁;上圖右為受到自然與人為影響後的珊瑚礁。

10-14 全球氣候異常對人類健康狀態造成負面影響

　　全球氣候異常，如因乾旱或乾燥化造成糧食不足，不僅產生營養不良與增加疾病而已，幼兒的發育與成長都會受到影響。而且在降水量不足的情況下，人類不得不飲用不夠衛生的水，因而可能造成下痢或染患各種疾病；異常高溫或熱浪容易造成中暑等疾病，尤其老人或患有慢性病者、幼兒等屬於高危險群；因颱風或豪雨造成水患而遭到死亡、傷殘、傳染病以及經由水與食物而感染疾病。還有，熱帶地區發生的傳染病不斷擴大中，也是非常棘手的問題。

　　然而全球氣候異常影響最大的莫過於，對氣候變化為脆弱的地區或社會，以及適應力弱的人們。從嚴重急性呼吸道候症群（severe acute respiratory syndrome, SARS）、新流感到「超級細菌（superbug）」，全球氣候異常下自然界中的病毒、細菌可能持續不斷出現變種和抗藥性，面對這種微小世界，難以對抗的威脅造成醫界防不勝防，民眾更是聞之色變。

熱帶地區傳染疾病逐漸往溫帶地區擴散

　　受到全球暖化影響，預測原來主要在熱帶地區流行的傳染病，將有可能擴大感染區域；因為傳染病發生所媒介的動物或擁有病源體的動物（寄生體），在溫度上升或降水量增加情況下有可能提供新的棲息空間。最被大家警惕的傳染病包括登革熱與瘧疾，根據 IPCC 第 4 次評估報告書，因人口增加與氣候變動，預測到 2085 年時將會有 50 億～ 60 億的人口遭受感染的危險。至於瘧疾方面，則預測會有 2.2 億～ 4 億的人口遭受感染的危險。

空氣中的懸浮微粒增加造成健康惡化

　　聯合國環境規劃署 2008 年 11 月 14 日公布報告顯示，全球部分地區正遭受嚴重的亞洲「大氣褐雲（atmospheric brown clouds）」汙染影響，有 13 個城市最為嚴重，包括中國北京、上海、深圳；印度新德里、孟買、加爾各答；巴基斯坦的卡拉奇；孟加拉的達卡；泰國的曼谷；埃及的開羅；南韓的首爾；伊朗的德黑蘭；奈及利亞的拉哥斯，它們大部分集中在亞洲，其中又以中國與印度各有 3 個城市，數目最多。大氣褐雲的成因包括汽車排放黑煙汙染、燃煤火力發電廠造成的霾害、森林大火等；大氣褐雲形成之後幾乎就永久存在，對人類會造成慢性呼吸系統和心臟疾病等問題。

極端氣候助長近 6 成已知傳染病擴大蔓延

　　2013 年聯合國氣候變遷小組報告（IPCC AR5）稱，因為氣候暖化的關係，在某些地區因炎熱相關疾病所造成的死亡率增加，但因寒冷造成的死亡率則下降；區域的溫度和降雨變化也改變了水媒傳播疾病和病媒的分布。

　　2022 年 8 月 8 日國際期刊《自然氣候變遷》（nature climate change）研究報導稱，極端氣候如洪水、熱浪及乾旱等，助長近 6 成已知傳染病擴大蔓延，包括瘧疾、霍亂及炭疽病等，顯示氣候對人類健康的影響極為廣泛。

可能因全球暖化而擴大感染區之傳染病種

傳染病名稱	感染途徑 / 說明
瘧疾 （malaria）	瘧疾是一種由瘧蚊所傳播的瘧原蟲所引起的疾病，主要存在熱帶和亞熱帶。瘧疾是由雌性的瘧蚊叮咬而傳播的，當蚊子吸取血液時瘧原蟲便會進入人體。
登革熱 （dengue fever）	登革熱俗稱「天狗熱」或「斷骨熱」是由登革熱病毒引起的急性傳染病，傳播媒介為埃及斑蚊及白線斑蚊。感染途徑： (1) 登革病毒，只能存於人、猴及病媒蚊體內。 (2) 登革熱之病媒蚊為埃及斑蚊和白線斑蚊。 (3) 病毒必須藉由病媒蚊叮咬才能從人傳給人。 (4) 病媒蚊叮咬登革熱病患 8 至 15 天後，則具有終生傳染病毒的能力。
霍亂 （cholera）	霍亂是感染霍亂弧菌引起的急性腸病，霍亂弧菌約有 150 種血清型，自 1854 年發現以來曾發生 7 次世界大流行，都是由產毒性 O-1 血清型霍亂弧菌引起的。1992 年在印度及孟加拉南部發現一種新型的霍亂弧菌引發大流行，因此命名為霍亂弧菌 O-139 孟加拉型。新型的霍亂弧菌較 O-1 血清型霍亂弧菌更容易存活，散布更快，而且得過 O-1 血清型霍亂弧菌感染的人對 O-139 孟加拉型弧菌沒有抵抗力，所以醫界正密切觀察其是否會造成第 8 次世界大流行。目前 O-139 型和 O-1 型霍亂同樣列為我國之法定傳染病。
日本腦炎 （Japanese encephalitis）	日本腦炎由蚊子所傳播，是造成亞洲兒童急性病毒性腦炎的主因。病毒的傳播是季節性的，與氣候及蚊子的多寡有關，一般從夏末到初秋流行；在熱帶與季節的關係更複雜，主要是因為雨季後蚊蟲大量繁殖，使得日本腦炎可能整年都有病例發生；臺灣地區的流行季節主要集中於每年 5 月～ 10 月。
漢他病毒 （hantavirus） 癥候群	漢他病毒是一群類似的病毒，會引起發熱且併隨血液學及腎臟功能方面的異常，其傳播以呼入囓齒動物宿主的排泄物為主，吃入受汙染的食物，或者被囓齒動物咬傷而受感染也有可能，或經由母體感染而傳給胎兒。目前還未發現人與人之間傳播的證據。

第11章
大氣科學的應用

11-1 大氣科學與地球系統科學

　　由於科學不斷進步，科學家終於體認，地球其實是一個整體，各部分間都密切相關，因而構成一個「有機」的地球系統；系統中任一部分發生變化時，都會對其他部分產生不同程度的影響。這種在地球系統內各部分間，或與整體系統之間的相互作用和影響，成為研究地球系統科學（earth system science）的基礎，也是全球變化研究的理論依據，如大氣中溫室氣體增加時，是否引起全球暖化或氣候變遷，亦即涉及到探討地球大氣圈的變動與地球系統間可能造成某種程度的影響。廣義地球科學，因此包括天文學、太空科學、大氣科學、海洋學、固態地球科學及地球科學系統等。

　　地球系統科學是研究地球系統與次系統間相互影響的科學，針對地球系統內各種不同圈，包括大氣圈、生物圈、岩石圈及水圈等各圈間的相互影響與各圈對整體系統的影響，了解它們的演進與整體系統正在運行的功能，主要關注於各部分間的交互影響，而非各部分本身具有的特性，研究方法為藉由系統動態評估，將這些交互影響視為構成一個「動態的內部連結系統」。從宇宙的生成、地球形成的歷史與環境、到人類生活與文化的演化，並融入全球性的環境問題，藉以研究地球系統內各不同圈的互動，以探討人類行為對大氣圈以及對地球系統所扮演的角色。

大氣科學在環境科學上的應用

　　環境科學是一門綜合性及跨學科領域的科學，主要探討包含大氣變遷與空氣汙染防治、水資源、水汙染及其防治、固體廢棄物、有害廢棄物及放射性廢棄物、噪音汙染及其控制、土壤資源、能源、生態環境與自然保育、環境影響評估等。大氣科學主要研究地球的大氣層，尤其是它和其他系統之間的相互關係；大氣科學在環境科學上的應用，包含空氣汙染物的大氣擴散，甚至是光汙染的研究。

　　大氣科學在環境科學、海洋學、地質學、地理學、人類活動及生活等方面都有廣泛的應用，因此大氣科學乃是極其獨特的科學。我們探討大氣現象，如閃電、龍捲風、暴雨、颱風、寒潮、梅雨、聖嬰現象及全球暖化等，依據的是物理、數學及化學等基礎科學知識。然而許多物理、化學問題可以在可控制的環境（如實驗室）中複製；而數學問題高深難測，仍可以在紙上、電腦中運算。可是，大氣現象龐大無比，即使是尺度甚小的龍捲風也很難在實驗室中複製。

地球系統科學

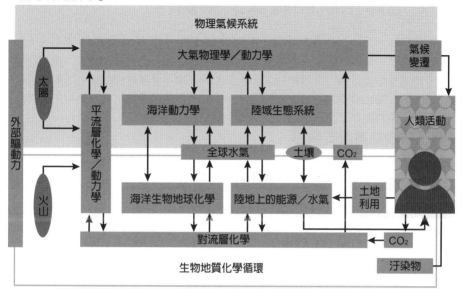

地球系統科學是研究地球系統與次系統間相互影響的科學，針對地球系統內各不同圈之間的相互影響與各圈對整體系統的影響。

地球系統示意圖

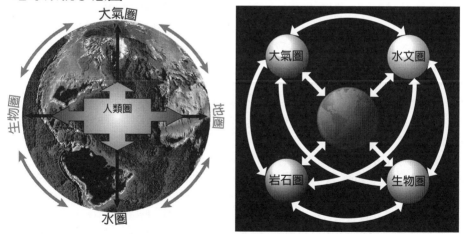

系統之間產生正負回饋—迴圈由於人類行為引起的小變化，如 CO_2 和其他驅動力及汙染等衝擊，經由各相關連結系統而影響到全球系統。

地球科學是研究所有關於地球的科學，包括地球的內部、地表的陸地與海洋，圍繞地球的大氣及氣圈以外的太空等的組成、結構、分布規律、相互關係及其發展變化的科學。廣義的地球科學包括：天文學、太空科學、大氣科學、海洋學、固態地球科學及地球科學系統等部門。

11-2 地球系統能量收支平衡

　　首先舉地球系統能量收支來說明地球之整體系統，將地球視爲一個整體系統，涵蓋大氣層頂以下，地表之上；其內再分成 2 個子系統，分別爲大氣與地表。整體而言，地球系統主要的能量來自太陽輻射，而 2 個子系統除了會吸收部分的太陽輻射外，還會把部分的太陽輻射直接反射回外太空，而 2 個子系統也會發出長波輻射，將能量傳遞到太空，整體地球系統因而能保持能量平衡。

地表子系統能量收支情形

　　太陽輻射到地球整體系統的總能量是 $342W/m^2$，支出部分包括：整體直接反射太陽輻射總量 $107W/m^2$，其中 $77W/m^2$ 來自雲、懸浮微粒與大氣反射，以及地表反射 $30W/m^2$。這部分反射的比率約占太陽入射總量的 30%，稱爲地球的反照率（albedo）。

　　地球系統整體往外長波輻射總和是 $235W/m^2$，其中雲與大氣的長波輻射分別爲 30 與 $165W/m^2$；而地表長波輻射直接穿透大氣的紅外線輻射有 $40W/m^2$。因紅外線中某些波段的輻射不會被大氣吸收，亦即大氣對這些波段是透明的，稱爲「大氣窗（atmospheric window）」，約介於 $3.7 \sim 11\mu m$（微米）。因此對整體地球系統而言，能量收支爲：342=107+235，因此地表子系統能量收支達到收支平衡。

大氣子系統能量收支情形

　　來自太陽輻射 $67W/m^2$；地表熱傳播與水氣蒸發所攜帶的潛熱分別是 24 與 78 W/m^2；來自地表發射的長波輻射是 $350W/m^2$，而非 $390W/m^2$，是因爲扣掉直接穿透大氣窗的 $40W/m^2$。由於大氣幾乎不吸收 $0.4 \sim 0.7\mu m$ 波段的可見光，太陽輻射進入大氣後會先被高層大氣的氮、氧分子吸收，這些分子會光化解成原子狀態。這些分子或原子狀態的氮、氧會吸收波長小於 $0.2\mu m$ 的紫外線，再進一步變爲電離狀態，這也是大氣電離層的來源。波長在 $0.2 \sim 0.3\mu m$ 間的紫外線幾乎會被平流層的臭氧完全吸收。而相當多的近紅外線波段（$0.7 \sim 3\mu m$）的太陽輻射，則會被大氣中的水氣、二氧化碳和雲所吸收。這些被吸收的太陽紅外線波段輻射能量，不僅會使大氣產生增溫的現象，再次釋放後，也會使低層大氣與地球表面增暖，這也是大氣溫室效應的部分能量來源。

　　整體大氣往外輻射出的長波輻射總量是 $165W/m^2$，雲輻射出的長波輻射是 30 W/m^2；最後大氣還有 $324Wm^2$ 的長波輻射返回地表。由於大氣具有溫度，會往外輻射出紅外線的長波輻射。往外輻射指往大氣子系統外，即往太空與地面發射紅外線，但由於絕大部分的氣體會集中在地表附近，所以往地面的輻射量會比往太空來得多。所以對大氣子系統而言，能量收支爲：67+24+78+350=165+30+324，因此大氣子系統能量收支也達到平衡。

地球輻射收支簡易圖

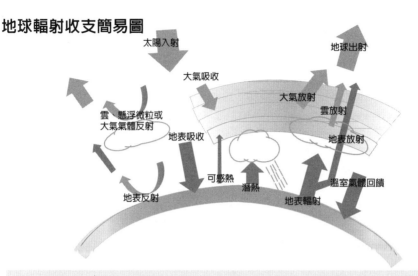

太陽入射量等於地球射出量（直接經由雲、懸浮微粒和大氣氣體和地表反射量）。由於溫室氣體增加，所以溫室氣體回饋於地表的輻射量增加（加熱對流層），而傳遞至平流層的輻射量減少（中平流層之上降溫）；但地表與低層大氣增溫以致其直接放射的輻射量增加，因此輻射收支平衡。

地球系統的能量收支示意圖

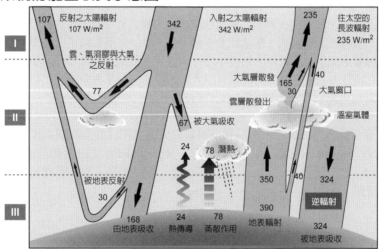

分成左、右兩邊來看，左邊主要是說明太陽輻射的變化，右邊則說明地表輻射。再進一步深入了解時，則需導入地球系統的概念，將該圖分解成 3 部分：先將地球視為一個整體系統，含大氣層頂以下、地表之上，即 I 區；其內部再分成 2 個子系統，分別為大氣（II 區）與地表（III 區）。整體而言，地球系統主要的能量來自太陽輻射，而 2 個子系統除了會吸收部分的太陽輻射外，還會把部分的太陽輻射直接反射回外太空。此外，2 個子系統也會發出長波輻射，將能量傳遞到太空，整體地球系統因而能保持能量平衡。

11-3 地球系統的水文循環

　　海洋與陸地水體受太陽熱能而氣化到大氣，稱為蒸發（evaporation）；而陸地上土壤與植物所含水分氣化到大氣，則稱為「蒸散（transpiration）」；蒸發及蒸散合稱為「蒸發散（evapotranspiration）」，其所形成之水氣，被大氣環流傳送到大氣上層，凝結成液態或固態而形成雲。在適當條件下，大氣中的水氣會冷卻降落成為降水；在降水過程中，部分水滴或冰晶在降落途中，會再度蒸發成水氣，只有顆粒較大的水滴或冰晶有機會落到地面而形成降水。

　　部分降水直接落在植物葉面、樹幹上而未能降落到地面的，稱為「截留（interception）」。降落到地面的降水，部分又為土壤所吸收後滲入地下，成為蓄留在地表下的土壤水，部分繼續滲漏而形成地下水。超過土壤滲入量的雨水形成「地表逕流（surface runoff）」，沿著地表坡度向低處流動，填滿地面低窪處的窪蓄後，繼續向低處匯集形成「河川逕流（stream runoff）」，最後再流入大海中，繼續蒸發為水氣，重新開始水的循環。

流域系統水平衡方程式（hydrologic budget equation）

　　考慮某一流域系統的水文循環（hydrologic cycle）時，降水就是此系統的輸入量；截留、窪蓄、入滲與地下水是此系統的儲存量，蒸發散量與流出量是系統的輸出量。在流域內輸入量應等於儲存量與輸出量的和，即水平衡方程式可表示為：輸入量（降雨量）＝儲存量（截留、窪蓄、入滲與地下水）＋輸出量（蒸發散量與流出量）。

　　一般洪水模擬與水文模式，都依此水平衡方程式設計，但很難精確估算，主要原因之一是：影響水文現象的降雨、地貌、地文、地表覆蓋或土壤地質等因子，常有顯著的空間變化特性，人類在流域所測得有限資料，無法精確掌握空間變化特性。

　　近年因衛星遙測已能提供較完整的空間資訊，使水平衡方程式的精確度提升，各國因而採取綜合水資源管理（integrated water resource management），重視洪水風險與洪水發生的源頭。美國水文局和海軍氣象局定期舉行許多觀測系統，如「世界天氣監視網（world weather watch, WWW）」和「全球水文循環觀測系統（world hydrological cycle observing system, WHYCOS）」等，收集必要的數據並採取明確的洪水管理策略（flood risk management strategy）。

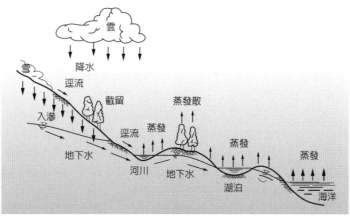

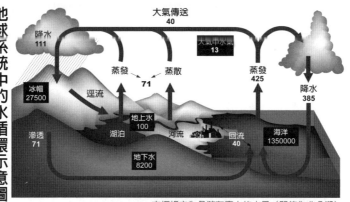

地球系統中的水循環示意圖

方框格內為各儲存庫中的水量（單位為兆公噸）
粗黑色箭頭為各儲存庫間水的交換量（單位為每年兆公噸）

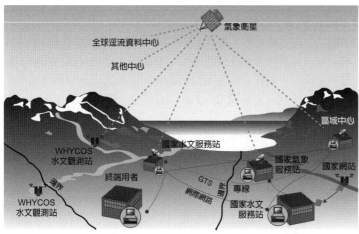

一般洪水組織使用衛星遙測技術的「全球水文循環觀測系統」
數據收集和網絡分發的基本結構圖

世界水文觀測系統（the world hydrological cycle observing system. WHYCOS）
全球逕流資料中心（the global runoff data center, GRDC）

11-4 水文循環與雨水管理

水在大氣、海洋與陸地 3 大系統之間，以不同的形式移動，以保 3 大系統中的水能維持平衡。其中水從大氣以降水形式落至地表後，經截流、窪蓄、蒸發散、入滲以及地表逕流，並匯集至河川後流入大海，再經蒸發返回大氣，形成水文循環。在陸地上，從降雨到產生地表逕流過程的水文現象，即一般所謂的降雨與逕流關係，水利工程師嘗試利用水平衡方程式來設計建立降雨與逕流模式，以模擬洪水過程。當流域水文循環系統產生超量逕流，使河川無法容納其流量時，即漫淹河川兩岸而形成洪水（flood）。

水文循環中降水可能與洪水災害具有最直接的關係，降雨的特性包括降雨總量或降雨強度、降雨面積、降雨延時與降雨規模及發生頻率等。但降雨發生難以捉摸，年與年之間的降雨關係具有明顯隨機變動的特性。尤其近年洪水氾濫次數與強度不斷增加，部分原因是全球暖化，導致全球部分地區降雨量的突增。然而受洪水影響的人口不斷增長，不能全怪罪於全球暖化，近來自然氣候變遷與人為土地開發，對水文循環系統的平衡已造成顯著影響，尤其人類活動行為所造成的衝擊，已長期違反水文循環的自然平衡。例如砍伐森林與都市化的結果，造成水文平衡方程式中的儲存量減少，河川流域的水源涵養能力降低，使水土災害程度日益嚴重。為減少洪水與相關災害所帶來的損失，人類在活動過程中，應顧及水文循環的平衡，避免引發洪水災害。

雨水管理（rain water management）

因水由高處往低處流，當降水達到地面後，受地形地勢影響，開始往低處流動，漸漸匯集形成河川；若流動時夾帶大量土石則可能形成土石流。而當水流受到阻礙，宣洩不及乃積水或從河道溢出，就會造成淹水。近年全球許多城市頻遭乾旱缺水、暴雨淹水與雨水汙染等災害。因而近來雨水管理問題乃成大眾生活及城市基礎設施建設的重大議題，未來各城市將須投資巨額雨水管理。

降雨淋洗大氣、沖刷道路及建築物等後，攜帶大量有機物、病原體、重金屬、油劑、懸浮固體等汙染物，最終滲入地下水。城市河湖水系，受城市水環境汙染，生態系統健康因而失衡。隨著城市化發展，道路、橋梁及建築物等不可滲透表面日益增加，使得城市降雨的逕流量流失急速增加，愈來愈多的人將居住地選擇在洪水易氾濫處，也是暴雨淹水重要原因之一。

為避免造成洪水、缺水及汙染，大都市地區須有嚴謹的雨水管理措施，以兼顧人類居住環境和自然環境的健康；因此雨水管理宜採用綜合式，包括地方社區和不同領域，如大氣科學、水文工程及地質工程等專家共同參與研擬解決方案。

美國加州歷時 3 年旱災，最大人造湖「米德湖（Lake Mead）」，2014 年 7 月蓄水量創 1937 年啓用以來最低水準。加州水資源管理委員會為搶救水資源，決議自同年 8 月初起針對浪費水資源的用戶開罰、每天最高罰金可達 500 美元，這是加州有史以來第一次祭出罰則。

日月潭是臺灣電力公司管轄的發電用水庫，滿水位時為 748.48 公尺，由於水源供給臺電大觀 1 廠、2 廠及明潭電廠作為水力發電，以抽蓄式發電使日月潭水位一天落差最多達 2 公尺，湖中擺設九蛙像讓遊客一眼就能看出水位變化。若未有完善之水文循環及水位管控，將降低日月潭之發電與觀光功能。圖左：2015 年 3 月我國持續乾旱，日月潭水位指標「九蛙疊像」因缺水全都露，在泥濘挖除後，最底下的「蛙王」也重見天日，16 年來首度露臉。圖右：正常水位時，九蛙疊像中僅最上方極少隻露出水面。

11-5 航空運輸運用——飛航安全與氣象因素

　　航空器之所以能夠飛行，乃依靠大氣作用，因此大氣科學在航空器上的運作及應用，占有相當的重要性。因此預防航空器失事的一個重要因素，即必須了解天氣現象的特性，以達到飛航安全（flight safety）的目的。飛航安全是相當嚴肅的課題，一談到飛安每個人腦海中的第一印象必然是失事，大量的人命損失及高價值的航空器在瞬間損毀，尤其帶給人們的震撼及社會成本是無可諱言的。

　　國際航協（international air transport association, IATA）將航空器失事分類（accident classification）為：人為、技術、環境、組織及資料不足等 5 類。航空器失事是指自任何飛航目的登上航空器時起，至所有人離開該航空器時止，於航空器運作中所發生之事故，直接對他人或航空器上之人，造成罹難或傷害，或使航空器遭受實質上損害（substantial damage）或失蹤。航空器重大意外事件是指航空器運作中所發生之事故，有造成航空器失事之虞者。航空器意外事件則指航空器運作中所發生除前二款以外之事故。

　　飛航狀態一般分為：起飛、初期爬升、爬升、巡航、下降初期進場、最後進場及著陸等階段。國際航機危險失事主要狀態為最後進場，降落時跑道偏移、著陸點異常及遭遇亂流等。

影響飛航安全的基本大氣因子

　　IATA2002 的失事統計，64 件固定翼噴射機及渦輪旋槳客機失事中有 20 件與天氣有關。影響飛安的主要大氣因子有：

　　1. 氣壓、氣溫和空氣密度：與飛機發動機工作特性、空氣動力性能、高度表及速度表顯示有關。

　　2. 風：風向決定跑道方向；逆風起降可縮短距離、穩定操作，側風著陸之操縱則較複雜而困難。起落時由於高度及速度均較小，低空風切常導致嚴重後果。

　　3. 雲、能見度：儘管有儀器導航，目視飛行仍相當重要。機場與飛機飛行及開放條件也與之相關。

　　4. 強對流天氣：雷雨雲內或附近強烈亂流、積冰、大風、暴雨、雷電、冰雹，及雷暴下層之強烈低層風切與下暴氣流，均為嚴重之飛行障礙。

　　5. 積冰：飛機在含有過冷卻水滴的雲層中飛行時，若機體表面溫度小於 0℃，機體突出部位就會積冰；如此將破壞飛機外形、增加飛行阻力及油耗，並影響部分儀表顯示與操控之穩定性。

　　6. 雷擊：雷擊會穿過機體表面，導致機上電子儀器與設備之故障，甚至擊中油箱引起爆炸。

1998 年～ 2008 年期間，全球飛機失事原因排名前十大類

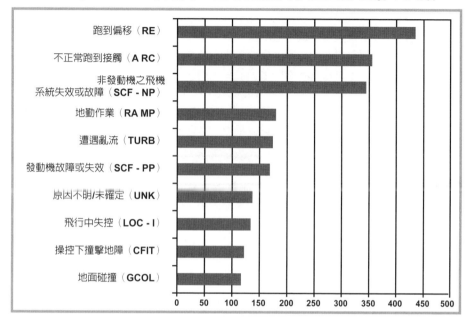

跑到偏移（RE）
不正常跑到接觸（ARC）
非發動機之飛機系統失效或故障（SCF - NP）
地勤作業（RAMP）
遭遇亂流（TURB）
發動機故障或失效（SCF - PP）
原因不明/未確定（UNK）
飛行中失控（LOC - I）
操控下撞擊地障（CFIT）
地面碰撞（GCOL）

0 50 100 150 200 250 300 350 400 450 500

2014 年 2 月 11 日阿爾及利亞一架 C-130 大力士型運輸機，原定飛往東部城市君士坦丁（Constantine），但由於天候狀況不佳，風雪交加，在首都阿爾及爾以東約 500 公里的烏姆布瓦吉（Oum El Bouaghi）墜毀，機上 78 人，僅 1 人生還。

11-6 航空運輸運用──影響飛安之低空風切

　　伴隨熱帶風暴（含颱風、颶風及熱帶氣旋等）、熱雷雨、鋒面雷雨及颮線等劇烈對流性雷雨，所造成的低空風切或下爆氣流，會影響飛機航道上風速之水平和垂直方向的急速變化，而引起飛機空速也跟著急速變化。如強烈逆風突然轉變爲順風使飛機起降時之浮力顯著減少，有造成飛機墜落之危險。颮線指排列成線狀的雷雨系統，常綿延上百公里，移動速度快，通常在強烈冷鋒前形成。

　　因對流性雷雨是空氣在極端不穩定狀況下，所產生的劇烈天氣現象，常挾帶著強風、暴雨、閃電、雷擊、低能見度與低雲幕，甚至伴隨有冰雹或龍捲風出現，因此對飛安易構成危險。

低空風切（low-level wind shear）

　　風切（wind shear）又稱風切變或風剪，是指大氣中不同兩點之間的風速或風向的劇烈變化，由於低空風切具有變化時間短、範圍小、強度大等特點，在這種環境中飛行，會突然發生空速變化，導致飛行高度變化，不僅能使飛機航跡偏離，且可能使飛機失去穩定，如果駕駛員判斷失誤和處置不當，常會產生嚴重後果，因此飛行員把低空風切視若「機場瘟神」。

　　低空風切對飛航構成危險原因：

　　1. 探測與預測兩難，雖然低空風切多伴隨在雷暴天氣系統，氣象作業員可以根據對流、都卜勒雷達掃瞄進行追蹤，但其尺度小移動快，行蹤難掌握。

　　2. 飛行員反應時間不夠，在遇到風切飛行高度發生變化時，飛機需要加快速度來保持原有的升力，如果飛機能在高度降低的一瞬間增加到一定的速度，風切就不會造成影響。然而大型噴氣飛機在風切條件下改變空速所用的時間只有幾秒鐘，但恢復到相應的空速卻要 3 分鐘左右。因此，遇到風切時飛機會有墜毀的危險。

下爆氣流（downburst）

　　1. **大型下爆氣流**：雷雨前的陣風鋒面，爲風速或風向變化的界面，常伴隨範圍超過 4 公里的大型下爆氣流，約可持續 30 分鐘之久，風速達 120Knot，發生時地面並伴隨明顯氣壓變化與溫度下降現象。

　　2. **小型下爆氣流**：風切作用於航空器上，因突如其來改變升力，常導致飛機空速及飛行特性突然改變，如進場和離場時遭遇小型下爆氣流，是航空器意外事件的主要元兇。若 1,000 呎風切值大於 12Knot，即可形成強烈下降氣流，當它向下衝擊地面時，可造成水平向外擴散的氣流及向內倒捲的渦流。

　　3. **微爆氣流（microburst）**：其初始爲小型劇烈下爆氣流，發生在大雷雨內部，由距地面 3,000 ～ 6,000 公尺處向下降落，對正在最後進場或剛起飛的航空器威脅最大，這種向下急衝的冷空氣到達地面時，以水平方向，向四面八方散開或爆開，造成劇烈但厚度很淺的局部輻散風切。

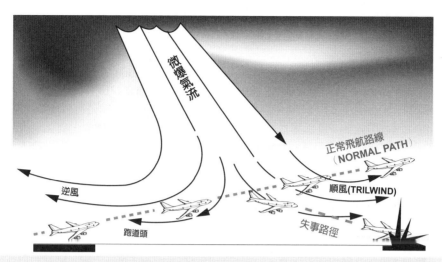

美國於 1970 ～ 1987 期間僅雷暴雨所引發之下爆氣流和低空風切，造成飛機失事就達 18 次和 575 人死亡。1970 年 8 月 12 日中午華航 YS-11 型機，撞毀於臺北松山機場左方之福山。1975 年 7 月 31 日遠航 134 班機，撞毀於臺北松山機場跑道之右方，兩失事事件也都發生於大雷暴雨中。 當雷暴雨發展成熟階段，會產生強烈的上升和下降氣流，此時飛機若近場時，朝向機場跑道進入 雷暴雨下降氣流區，飛機先遇下爆氣流所帶來強逆風，使飛機抬升，飛行員須修正下降高度，才 能滑行降落，但就在飛機以修正後的高度，繼續通過雷暴雨風切區時，下爆氣流卻轉為強順風， 飛機頓失浮力，因而失速下墜，容易造成無法彌補的慘劇。

2014 年 7 月 23 日 19 時，復興航空 GE222 班機在馬公機場附近西溪村墜毀起火，造成 49 人死 亡 9 人輕重傷，以及地面 5 人輕傷。飛機發生意外時，澎湖雖已脫離麥德姆颱風暴風圈，但澎湖 上空仍滯留一條長長的雨帶，天氣非常惡劣。

而更早於 2000 年 11 月 3 日，受象神颱風惡劣天氣影響，中正國際機場風雨交加，新加坡航空公 司 SQ-006 班機因飛行員誤闖施工中的跑道，起飛時撞及施工工具爆炸起火，機身斷成 3 截，造 成 83 名旅客死亡和 44 人受傷。

11-7 航空運輸運用──影響飛安之亂流

　　國際民用航空組織（international civil aviation organization, ICAO）分析 2009 ～ 2013 年全球渦輪噴射機失事案例，2013 年全球有 90 架商業航班飛機墜毀，較 2012 年少 9 架，比 2011 年的 118 架明顯進步，2013 年飛航事故率降至每百萬起飛航班 2.8 次，是 ICAO 開始統計此數據以來最低。然而排名 10 大失事原因中，與氣象有關的亂流（turbulence）因素仍排名在第 5，顯示亂流仍與近年飛安事故有明顯關聯。

　　亂流主要分為 3 大類型，即「可預期亂流」、「不可預期亂流」及航機「機尾亂流」等 3 種；「可預期亂流」如雷雨高空亂流是因為空氣對流旺盛所產生的對流性亂流，飛機穿越雲層時被上下擾動的氣流所影響，飛行員透過肉眼或是氣象雷達都可以偵測到，所以可以及早避開。

對流性可預期亂流

　　一般天氣現象都發生在對流層，而對流層頂的高度大約 3 萬 6 千呎，剛好是現代民航機的巡航高度，超過這個高度就不再有天氣現象影響飛行。不過愈接近赤道地區，對流層頂愈高，尤其在夏季午後的東南亞航線，熱對流旺盛，積雨雲常超過 4 萬呎，超過民航機飛行高度。例如 2008 年 9 月 20 日中華航空由臺北飛往峇里島班機 CI-687，在馬來西亞亞庇上空突然遭遇亂流，機上有 20 多位旅客及 4 名空服組員受傷。

晴空亂流（clear-air turbulence, CAT）

　　另一種亂流飛行員無雲層可作判斷，是「不可預期亂流」，稱為晴空亂流，常發生在平流層天氣晴朗萬里無雲的高空中，無水氣微粒可供氣象雷達偵測，目前仍是飛航安全的死角。劇烈晴空亂流，可以在瞬間來回驟降或驟升達幾百呎高度，客艙內的行李或餐車可能跟著未繫好安全帶的人來回撞擊天花板或地板。因此，晴空亂流最可怕，除了不可預期，撞擊造成的傷害也十分巨大，機身甚至會破裂，造成更恐怖的失壓。

　　日本上空是氣流最不平穩的區域之一，例如 1997 年 12 月 28 日美國聯合航空 UA-862 班機，自東京飛往夏威夷時遭遇強烈晴空亂流，飛機在無預警狀態驟降 300 公尺，導致機上 1 人死亡、15 名重傷，近百位輕傷。

機尾亂流（tail turbulence）

　　機尾亂流或稱飛機尾波亂流，或飛機尾後亂流（wake turbulence）。前面所談到的晴空亂流是自然形成的，且通常發生在一定的地區，而尾後亂流的生成卻不拘限於區域性。每架飛行中的飛機，均可於飛機尾端產生一對方向相反的渦旋，其強度受航機的機翼形狀及大小、重量及速度不同而異，例如大型客機 B-747 所產生的渦流強度，比小型客機 B-737 來的強烈。主要的機尾亂流災害是誘發的滾軸渦旋，易導致尾隨之飛機失控，甚至造成飛機結構受損及意外。

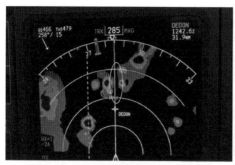 

駕駛艙內雷達螢幕看起來的樣子　　　駕駛艙外雲層看起來的樣子

機上氣象雷達觀測劇烈對流區，顯示偵測的水氣數據、方位距離，以綠、黃、紅漸進的顏色，表示水氣分布範圍與濃度，藉此避開可能發生的亂流。綠色表輕微亂流；黃色表中度亂流；紅色是強度亂流區，機師會試著繞過紅區，避開黃區，以護守飛航安全。

2001 年 11 月 12 日美國航空公司一架空中巴士 A300-605R 客機，從甘迺迪國際機場起飛後不久，突然失速墜毀在紐約市皇后區附近，機上 251 名乘客、9 名機組員及地面上 5 位居民，總計 265 人罹難。美國國家運輸安全委員會於 2004 年 10 月 26 日發表的報告指出，該起飛時刻距日航班機起飛只有 1 分 45 秒，結果飛進日航班機所造成的亂流中失控而墜毀。美國聯邦航空總署有規定，按照飛機大小釐定飛機之間的「最小安全距離」；因為機尾亂流通常可以在無風或微風的環境中停留數分鐘，並向後延伸達 12 公里以上。

11-8 低雲與濃霧

低雲及濃霧（heavy fog）影響人類眼睛所能看到的距離，飛行員在此種情況下，起降時常看不清跑道。

1977 年 3 月 27 日卡納利群島洛羅狄奧機場（Los Rodes）發生濃霧，能見度只有 500 公尺，當時機場停滿飛機，其中有荷蘭航空 4805 班機和泛美航空 1736 班機，兩架 B-747 型飛機都載滿旅客，荷航在跑道上起飛時，撞上正在掉轉中尚未轉入滑行道，仍在跑道上滑行的泛美航空，結果造成航空史上最殘酷的特內里費空難（Tenerife disaster）亦稱加那利空難事件，共 577 人罹難。事後調查失事原因認為有十幾種巧合湊在一起，只要其中一項錯開，就可避免這次的大災難。但最重要的是如果當時沒有濃霧，荷航飛行員可看到跑道上的泛美飛機，也許這次大悲劇就不會發生。

1998 年 2 月 16 日晚間 8 時許，華航 CI-676 班機 A300 型空中巴士由印尼峇里島飛往中正國際機場準備降落時，因當時機場被濃霧籠罩，能見度僅約 1,000 公尺，惟仍超過機場最低起降標準 350 公尺能見度，飛機進場時高度過高，飛行員要求重飛，不幸墜毀在機場北跑道外濱海公路上，造成全機 196 人及地面一輛計程車、民宅 6 人，總共 202 人罹難，現場如人間地獄慘不忍賭，成為國內有史以來死亡人數最多的空難。雖失事原因排除天氣因素，但因濃霧能見度不佳，間接造成飛行員操作不當所致。

2010 年 7 月 28 日藍色航空（Airblue）的空中巴士 A320 客機，在巴基斯坦伊斯蘭堡即將降落時，疑因遇上暴雨和濃霧，於目的地附近山區墜毀，全機 152 名乘客及機組人員，全部罹難為近 18 年來最嚴重的空難。在伊斯蘭堡以北的默爾加拉山的山勢崎嶇，不規則的風勢變化難以預測，對於飛行員來說，伊斯蘭堡是全球氣候條件最惡劣的地方之一。

為了避免濃霧影響飛航安全，目前機場和飛機上都裝有完善的儀降系統，由儀器來輔助飛機起降，同時由航空氣象單位提供低雲及濃霧所引起的低能見度資料，若能見度低於起降天氣標準，將機場關閉等濃霧消散，能見度轉好，機場再度開放供飛機起降。松山機場和高雄國際機場能見度最低起降標準分別為 800 公尺和 600 公尺，中正國際機場儀降設施較完善，能見度最低起降標準為 350 公尺。

1977 年 3 月 27 日卡納利群島洛羅狄奧機場濃霧,荷蘭航空 4805 班機和泛美航空 1736 班機,兩架 B-747 型飛機都載滿旅客正準備起飛,荷航在跑道上起飛時,撞上仍在跑道上滑行的泛美航空,結果造成航空史上最殘酷的特內里費空難事件,共 577 人罹難。
(圖／翻攝自網路)

2010 年 7 月 28 日藍色航空 Airblue 的空中巴士 A321 客機,在巴基斯坦伊斯蘭堡即將降落時,疑因遇上暴雨和濃霧,於目的地附近山區墜毀,全機 152 名乘客及機組人員,全部罹難。
上圖為救援人員在陡峭的山坡進行拯救。

11-9 農業氣象應用

　　廣義農業包括種植業、林業、畜牧業及漁業等，而一般人所說的農業通常指種植業。農業雖屬於初級生產，卻為人類最大和最重要之經濟活動之一，是人類運用智慧改變自然環境，利用動植物的生長繁殖來獲得產品與經濟效益的事業。影響農業生物生命活動的各種自然條件，包括農業生物周圍之植被、雜草、病蟲、昆蟲等要素和培植物質，如種子、牲畜等，以及地形、土壤、天氣有關之日照、氣溫、水氣等條件。它們為農作物生長、發育、繁殖提供了空間、物質和能源，是農業不可少的條件，因此天氣與農業之間有著密切相關。

　　農業氣象學之基礎理論包括大氣、輻射、溫度、水分、氣壓和空氣運動、天氣和氣候；農業氣象之應用則包含農業氣候、農業氣象信息服務、農業氣象與減災、農業小氣候與精準農業（precision agriculture）等。人類文明歷經千百年漫長時間的摸索，在實際農作過程中的體會，造就現行農作體系，提供配合人口增長所需要的糧食，卻也衍生諸多環保與氣候變遷問題，如農藥與肥料殘留、水質汙染、土質劣化及溫室氣體釋放等，使全球全體生物的生存空間趨於不利，也使人類生活品質亮起警訊。精準農業即在引導農業朝向高科技及高效能時代邁進的同時，也追求農業永續的理想境界。

　　在溫度適當，且有充足的日照、足夠的水分和養分供應的環境下，大氣中 CO_2 濃度增加，對於糧食作物有明顯的增產效果。但每種作物在不同生育階段都有適溫範圍及可忍受的高溫上限，因此 CO_2 濃度升高的增產效果，將依其所處緯度受全球暖化所導致的氣溫升高幅度調控。未來熱帶和副熱帶地區將因溫度升高導致農作物產量降低；溫帶地區若增溫幅度不大，農作產量將會增加，但若增溫幅度太大，農作物產量仍會下降。

　　氣候暖化也將提高昆蟲越冬的存活率，以及不耐低溫之熱帶地區害蟲的北移，因此抵銷部分因 CO_2 濃度升高的增產效果。許多目前被侷限在熱帶和副熱帶地區生長的雜草，也得以向高緯度地區擴張，與作物競爭水分和養分。氣候變遷對農業所帶來的衝擊包括氣候暖化、二氧化碳濃度升高、極端氣候頻率增加及水資源變動等，對農業的生產力、穩定性及耕作制度等都將造成影響。

　　與農業活動相關的溫室氣體有 CO_2、CH_4 和 N_2O 等 3 種；其中 CO_2 主要與土地利用變遷和土壤 CO_2 的蓄積與釋放有關；CH_4 主要與水稻生產和畜牧生產有關；N_2O 主要與農耕土壤氮肥施用有關。為因應氣候變遷所帶來的衝擊，全球農業部門除盡力滿足糧食需求外，應從增加土壤碳蓄存，減少 CH_4 和 N_2O 排放，和增加生質能供應等方面進行努力，以減緩全球暖化的趨勢。第 14 屆農業氣象學委員會議（CAgM-XIV）於 2006 年在新德里舉行，主要探討「氣候變遷對於農業之風險與相關因應策略」。

　　2017 年聯合國成立「氣候變遷綱要公約」下的千分之四聯盟論壇，我國由農委會農業試驗所擔任創始會員，目前已有 254 個會員加入，相關研究證實農業土壤碳封存對氣候變遷發揮關鍵作用，聯盟主席呼籲各國決策者將碳封存的農業作法納入國家政策積極推動。

田間氣象觀測與影像監測站

田間氣象觀測與影像監測改良型

田間影像
監控設備

田間氣象資料
觀測設備

我農委會農業試驗所經多年努力,已發展出可穩定產量並控制產期之玉荷包荔枝微精準(micro-precision farming)生產栽培管理系統。以格網觀念架構建置之山區道路邊坡雨量觀測系統,藉由網際網路將山區道路邊坡之雨量資料,作為降雨引致山區道路邊坡崩塌機率之探討。

美國農業氣象學家和乾旱監測小組成員布拉德(BraRippey)表示,美國乾旱開始於 2012 年,最壞的地區包括印第安納州、俄亥俄州和密西根州,被喻為玉米生產地帶;2012 年夏天,失去約 1/4 玉米糧食。根據美國 2013 年 4 月統計報告,美國 48 個州有超過一半出現異常乾燥,至少中度乾旱的情況,其中 7 個州被列為「嚴重旱災」,水源短缺和限制用水。受災最嚴重的地區,農作物產量下降,乾旱狀況持續達數個月。

11-10 水文氣象學應用

　　水文學是研究關於地球表面、土壤中、岩石下和大氣中水的發生、循環、含量、分布、物理化學特性、影響以及與所有生物間的關係。而水文學研究又可分為：河流水文學也稱河川水文學、湖泊水文學、沼澤水文學、冰川水文學、雪水文學、水文氣象學（hydro-meteorology）、地下水水文學、區域水文學、海洋水文學、農業水文學、森林水文學及都市水文學等。

　　水文氣象學的研究範圍，包括所有影響地球水利資源，而大氣科學家和水文工程師所共同的興趣為大氣過程。藉由量度雨量及因蒸發作用而引致水的損耗非常重要，所得結果可以應用於水利資源策劃、排水系統設計、水質控制、水塘設計和管理、灌溉、水文預報及防洪等。因此水文氣象學可以說是大氣科學與水文學之間共同研究領域，既是大氣科學的一個分支，又是水文學的重要組成部分，其研究成果可應用於河道、水庫的防洪興利，以及水資源的開發利用和水利水電工程的規劃設計等。

　　水分子藉由吸收太陽輻射能，使其從海水或陸地蒸發，蒸發的水分子，或稱水蒸汽，上升至高空，因寒冷而凝結成雲，再以雨水、雪或冰雹等形式降至海洋及陸地；若降在寒冷高地則可能形成冰川，如降在較為平緩的地勢即可匯集形成湖泊或河流、如滲入土壤後就成為地下水，隨後河水、湖水及地下水等液態水再流入海洋，過程中可能伴隨著蒸發，由於這個過程可以不斷的循環發生，因此稱為水文循環。

　　水平衡是指地表上某一區域，在一定時間之內，水量收入和支出的均衡狀態。全球海陸總降水量又與總蒸發量保持平衡，大約 57 萬立方公里。儘管整體來說全球保持水平衡，但因不同地區氣候差異，使水平衡隨時間、空間產生變化。一般而言，降水量與蒸發量的差額稱為逕流量（river runoff），包括地面水體與地下水。逕流量可以反應一地可用水的盈虧，也就是一個地區是否為剩水區或缺水區，更意味著逕流量的差距，在不同地區會影響人們用水的習慣。例如在以色列，該國因地處副熱帶高壓區，因大量蒸發與缺少降水，儘管約旦河流經該國，逕流量仍為負值，而在農業上發展出對水的高度節約使用技術，稱為「滴灌（drip irrigation）」。

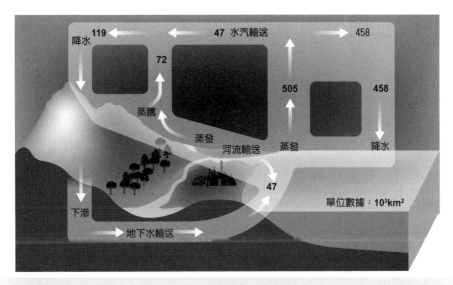

據統計每年大約有 505×10³km² 的水從海洋表面蒸發到大氣中，其中約 90% 的水以降水形式再次返回海洋，其餘 10% 被攜至陸地上空，與從陸地蒸發的 72×10³km² 的水匯合，形成陸地 119×10³km² 的總降水量。落至地表的 119×10³km² 水中，約有 4×10³km² 的水透過河流再度流入海洋，其餘 72×10³km² 的水則滲入地下，絕大部分成為地下水，少量被生物體吸收。

滴灌系統示意圖

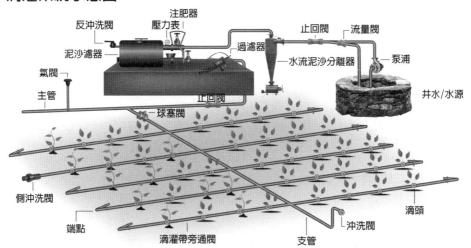

滴灌系統主要由樞紐、管路和滴頭等 3 部分組成，為利用塑料管線將水通過直徑約 10 公釐管線上的孔或滴頭送到作物根部進行局部灌溉，是目前乾旱缺水地區最有效的一種節水灌溉方式，水的利用率可達 95%，同時可以結合施肥，提高肥效一倍以上。可適用於果樹、蔬菜、經濟作物以及溫室灌溉，在乾旱缺水的地方也可用於大耕作物灌溉。

11-11 引發洪水常見原因

「洪水」是指河流、湖泊及海洋等所含的水體上漲，超過一般水位的水流現象；洪水類型包括，暴雨洪水、山洪、土石流、潰堤及海嘯等。近年全球洪水氾濫次數頻仍，受到洪水肆虐人數不斷增加。洪水可能以任何形式發生，從小的、短暫的洪水到大面積的土地遮蓋物被全部席捲而去等。洪水主要由強大的雷暴、熱帶風暴、聖嬰現象、季風和融雪等極端天氣所引發。如 2010 年 8 月巴基斯坦洪水，造成 1,300 多萬難民；2011 年 1 月澳洲昆士蘭水災，約 20 萬人受災；2011 年 3 月日本東北海域地震及海嘯，約 12,000 多人死亡，15,000 餘人失蹤。引發洪水常見原因：

1. 熱帶風暴：颱風或颶風夾帶 3 種破壞力量：(1) 強風、(2) 大雨和 (3) 飛落的碎片殘骸。這些可導致沿海地區發生風暴潮以及暴雨，從而造成內陸數百英里地帶洪水氾濫。儘管所有沿海地區都有風險，某些城市特別容易受到傷害，造成的損失甚至可能與 2005 年颶風卡崔娜（hurricane Katrina）在紐奧良和密西西比州造成的損失相似或更大。

2. 春季融雪：春天凍結的土地防止融雪或降雨滲入地下，每立方英尺緊實的雪含有數加侖的水，一旦冰雪融化，將導致溪流、河流和湖泊氾濫，加上春季的暴風雨，往往會造成巨大的春季洪水。

3. 暴雨（heavy / torrential rain）：美國西北地區因為聖嬰現象屬於高風險區，其中包括：冰雪融化、暴雨和森林火災；東北地區由於東北風暴產生的暴雨而成為高風險區。這種過大的雨量可能在全年中任何時間發生，使民眾的生命財產面臨風險。

4. 防洪堤和堤壩（flood protection embankment）：防洪堤旨在防止某種程度的洪水，然而防洪堤可能隨時間的推移衰退，使得維修成為嚴峻的挑戰。防洪堤也可能溢頂，甚至在大洪水來臨時垮掉，造成比沒有防洪堤更大的破壞。由於建有防洪堤地區的洪水風險不斷上升，特別是美國中西部地區，美國聯邦緊急事務處理總署（federal emergency management agency, FEMA）竭力建議這些地區的所有屋主購買洪水保險。

5. 暴洪（flash flood）：暴洪是美國第一位與天氣有關的殺手，因為它們會滾動石塊、扯倒樹木、毀壞建築物和橋樑。暴洪在不到 6 小時的時間內即可快速淹沒低窪地區，它是雷暴雨或數次雷暴雨造成的大量降雨造成。

6. 建築與新開發：建築與開發可能改變自然排水狀況，因而造成新的洪水風險。這是因為新建築物、停車場和道路意味著更少的土地用於吸收暴雨、颶風和熱帶風暴帶來的多餘水量。

2010 年 5 月 20 日中歐連日遭暴雨襲擊，造成波蘭、捷克共和國、斯洛伐克及匈牙利等國嚴重
暴洪，迫使數千人逃離家園，圖為波蘭南部索科爾尼基村（Sokolniki）災民搭乘救生艇逃難。
（REUTERS/Krzysztof Koch/Agencja Gazeta）

2009 年 8 月 8 日凌晨中度颱風莫拉克（fyphoor Morakot）在花蓮附近登陸，暴雨造成近半個臺
灣島南臺灣泡在水裡，幾十個鄉鎮被沖毀，一些村莊被泥石流掩埋；圖為高雄縣小林村被滅村事
件前後照片。http://www.boston.com /bigpicture/2009/08/typhoon_morakot.html 網站

11-12 水災監測與預警

全球洪水氾濫頻率不斷增加，部分原因是全球暖化，直接導致全球部分地區降雨量劇增。但受洪水影響人口大量增加，不能只怪全球暖化，愈來愈多的人選擇居住在洪水氾濫平原上，卻未採取有效管理措施，致使問題更加嚴重。在沿海地區，熱帶風暴引發的風暴潮、海嘯以及巨大的海潮造成的河水溢流都是洪水產生的原因，而當河水夾帶大量的融雪注入湖泊時也會引發洪水；大壩坍塌也會造成災難性的大洪水。

洪水雖然會給人類生命和財產帶來威脅，但它也能補充濕地、養漁場和灌溉系統的水源；洪水氾濫平原也有巨大的開發潛能，由於瀕臨河流，因此這些地區的土壤肥沃、豐富的水供應和交通發達，如尼羅河谷地區的洪水是受歡迎的，因為這樣可以重新滋潤土地；但氾濫平原的建築和農場不可避免的，會增加被洪水損害的危險，監控和減緩洪水危害的救濟乃逐漸被關注。

洪水預測與洪水管理策略（flood management strategies）

在人類文明演化歷程中，往往以經驗和過去紀錄訂定公共設施建造的安全門檻，如堤防、防潮閘門、橋梁及下水道等，如常被提及的百年洪水頻率保護標準，便是依據歷史降雨紀錄推算出百年發生一次的洪水量，當極端降雨量愈大頻率愈多，所推算出的百年頻率洪水量便會隨之增加，因此，如果還是依循過去習慣，僅消極地提升公共設施保護標準因應，需增加巨額工程費且恐徒勞無功。為保全現有公共設施並使未來各項公共建設可以抵擋天然災害，目前英國、美國及中國等均先後制訂了「氣候變遷法（climate change act）」。

近年美國水文局和海軍氣象局在世界氣象組織的資助下，已針對一些中小型降水預測，研發「定量降水預報（quantitative precipitation forecast）」法，準確率雖有提高，但劇烈降水和突發事件仍難準確預測。洪水形成因素又非常複雜，洪水本身也存有諸多問題，因此解決洪水問題，須由大氣學家、水文學家、城市設計人員以及民防當局通力合作，利用適合的綜合模型進行預測，包括地表觀測、遙感和衛星技術以及電腦模型等，建立一套結合天氣預報和與水相關事件預測系統，以獲取及時和準確信息。

優良的洪水管理策略，應能為整個流域的經濟獲得發展，還要適當的兼顧土地和水資源利用。目前有許多國家採取「綜合水資源管理（integrated water resources management）」法，也就是既要重視洪水風險，也不能忽視洪水發生的源頭。如美國「世界天氣監視網（world weather watch）」和「全球水文循環觀測系統（world hydrological cycle observing system）」，乃收集必要數據，做為訂定洪水管理策略。

氣候變化、經濟擴張以及城市化使世界各河口三角洲地帶的居民屢遭威脅。荷蘭地勢低窪,全國一半的土地處於或低於海平面。早在 1953 年遭受特大洪災後,荷蘭就建成了當時世界上最先進的防洪系統。荷蘭人以其高專業之水利工程、防護、壩基以及基礎設施建設等人才,設計修建防洪壩,使用高科技疏浚技術圍海造田以及建造海岸線及港口區域的能力著稱於世,同時也精於河流改造與養護,並引領高氣候適應能力建築的風潮,這種技術讓房屋能夠建造在洪水高發生地區。

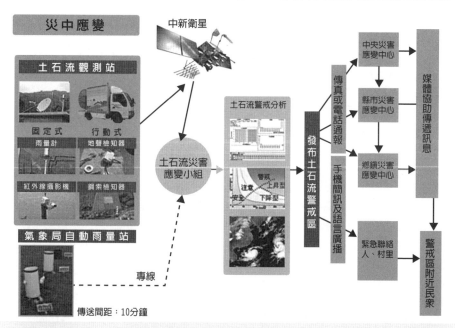

近來全球氣候變遷下,我國豪雨期間常發生強降雨並導致土石流加劇,農委會水土保持局於 2016 年 3 月 27 日發布土石流災害緊急應變小組作業規定,開設土石流災害緊急應變小組,透過土石流觀測站及衛星傳輸方式,將現地影像回傳至土石流防災應變系統中。土石流災害緊急應變小組以土石流防災應變系統進行土石流警戒分析,發布土石流警戒區,以傳真、電話通報中央災害應變中心及各縣市鄉鎮災害應變中心,並透過媒體協助傳遞訊息,或者以手機簡訊通知緊急聯絡人、村里長、土石流防災專員協助通知附近民眾。

11-13 森林氣象學

　　人類很早就注意到森林和氣候之間有密切關係，如中國西漢《周禮考工記》所述：「橘踰淮而北爲枳」，爲距今 2,000 多年前關於南北氣候不同而引起的樹種變異的記載。19 世紀中葉歐洲工業發展，加速對森林的砍伐，許多國家相繼設置林內與林外對比氣象觀測站。1924 年德國的施莫斯（Schmauss）和蓋格爾（Geiger）爲進行林內大氣要素垂直分布的研究，建立第一個森林氣象觀測塔，森林氣象研究開始具備一門獨立學科的特點。

　　森林氣象學（forestry meteorology）是研究大氣條件與森林之間相互關係與相互作用的科學，爲應用大氣科學一個分支，也是森林學的基礎學科，主要研究大氣條件對林木生長發育、森林組成、地理分布等方面的影響，屬大氣科學在林業生產上的應用，並研究森林對改變林內及周圍大氣結構的作用，爲合理開發森林資源、保護生態環境及調節氣候等提供理論依據。

森林災害（forestry disaster）與氣象

　　森林自然災害包括森林病蟲害、森林火災、森林氣象災害等。森林氣象災害主要有遭受颱風、豪雨、乾旱、寒流、霜凍、冰雹及地震等天然災害；這些災害無不直接或間接的與氣象條件有關，最嚴重的則是森林火災。

　　森林火災的發生和蔓延與氣象條件息息相關，除雷擊可以直接引起森林火災外，高溫、乾燥也是易於引發的重要氣象條件。1978 年歐洲除蘇聯和羅馬尼亞外，共發生 4.3 萬餘次森林火災。1988 年美國黃石國家公園發生有記錄以來最大的一場大火，燃燒幾個月直至同年秋末，由於潮濕的天氣才完全撲滅，計 3,213 平方公里受到影響，災區約占黃石公園總面積的 36%。

　　1979 年 9 月世界氣象組織農業氣象學委員會（commission for agricultural meteorology, CAgM）在索非亞召開第 7 次會議，成立森林對全球 CO_2、水分和能量平衡作用的研究組。1983 年 CAgM 第 8 次會議，確定 1984 ～ 1993 年研究森林採伐和更新爲主的林業氣象和酸雨對森林的影響，以及森林對 CO_2 的交換等。

　　各種災害性天氣對林木生長發育造成的爲害，包括低溫、高溫、乾旱、洪澇、雪害、風害、雨淞、雹害及大氣汙染等。當氣象因子在最適區間變化時，林木生長發育最好；如接近或超過最高或最低極限，則受到抑制，甚至死亡。

　　降雪時因樹冠積雪重量超過樹枝承載量而造成的雪壓、雪折爲害；風會對樹木造成機械或生理爲害，風害系指內陸地區因大風（指風速大於 10m/sec）造成的風倒和風折，淺根樹種一般較深根樹種易發生風倒；雨淞又稱凍雨，是過冷卻雨滴在溫度小於 0℃ 的物體上凍結而成的堅硬冰層，多形成於樹木的迎風面上，如冰層不斷地凍結加厚，常會壓斷樹枝，對林木造成嚴重破壞。

1988 年美國黃石國家公園發生有記錄以來最大的一場大火災,該次大火,總計達 3,213 平方公里受到影響,災害區域約占黃石公園總面積的 36%。

霜凍情形:霜凍指氣溫突降,地表溫度驟降到低於 0℃,使農作物受害,甚至死亡;秋、冬及春季都會出現。冬季霜凍,主要發生在溫暖地區(熱帶、亞熱帶)。寒潮凍害與霜凍不同,寒潮凍害發生在寒冷時期,霜凍發生在較暖氣候條件下。寒潮凍害的溫度一般低於 − 5℃;霜凍凍害的溫度一般高於 − 5℃。

11-14 太空科學的應用

太空科學為研究地球、太陽和星際間，太空環境中所發生之一切自然及人為現象，涵蓋範圍包括：(1) 高層大氣、(2) 電離層、(3) 磁層、(4) 行星際空間 、(5) 太陽系與太陽圈等。

並可區分為 3 大領域：(1) 太空電漿物理（plasma physics）、(2) 雷達探測及 (3) 遙測科學等。

1859 年科學家從地面上觀測到太陽閃焰發出不尋常的白光，18 個小時之後地球發生史上最大規模的磁暴之一，人類開始建立日地電漿現象之相關性。太陽閃焰觀測始於 1970 年代後期，衛星將儀器帶入太空，尤其近幾年衛星高解析度觀測，太陽的非可見光波段特性才有較深入的了解。太陽閃焰為太陽系最猛烈的爆發現象，可以在幾十秒至十幾分鐘內，釋放出約 1027 ～ 1033 爾格（ergs）能量，平均溫度高達幾百，甚至幾千萬度。輻射之波段範圍包含無線電波與 X 及伽瑪射線（gamma ray），並大量釋出高能帶電粒子，包括電子、質子與其他原子核，10 分鐘內即可抵達地球，影響無線電通訊與直接加熱大氣。

太空科學就像大氣科學與地球科學一樣有賴多點多樣的觀測證據，才能拼湊出各種擾動時空變化情形。因此整合多點多樣的觀測資料，成為國際太空領域的研究趨勢。臺灣地處低磁緯區，附近的電離層與地磁觀測結果，有助於太空科學界深入了解電離層大尺度赤道異常現象，與小尺度不規則體的產生與傳播過程。電離層電子密度的擾動，會影響民生仰賴的衛星通訊，也會影響 GPS 定位的準確度，更可間接地從電離層的變化，獲得磁層擾動、大氣重力波擾動乃至於地震前兆等重要資訊。

近年我國與鄰近東亞地區建立電離層與地磁觀測網，如架設於中央大學的特高頻雷達、光雷達、數位式動態電離層探測儀、分布全臺北中南東的數位電離層垂直探測儀、地磁觀測系統、高頻都卜勒電離層斜向探測系統、全球定位系統電離層閃爍現象觀測網、鹿林山全天氣輝光度計以及分布於臺灣與東南亞低緯度電離層斷層掃描網等。

我國 GPS 掩星科學研究，涵蓋大氣科學、太空天氣及大地軌道研究等，目的乃為提升太空天氣及氣象預報作業之效益及科學應用。目前由我國中央氣象局及颱風洪水研究中心等，與美國合作發展建置掩星資料處理系統驗證平臺及福衛七號之發展，以改善我國劇烈天氣如颱風之分析及預報。

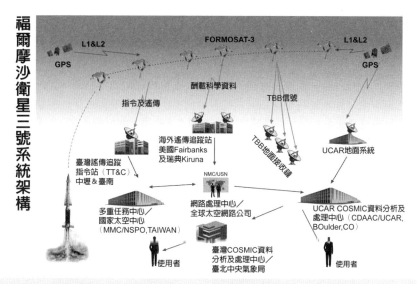

福爾摩沙衛星三號系統架構

我國太空中心迄今共執行福爾摩沙衛星一號、二號及三號（Formosat-3）3 個計畫，共成功發射 8 枚衛星，分別進行科學實驗、遙測影像及氣象研究等衛星任務。

附註 1：L1：1575.42 MHz, L2：1227.6 MHz。附註 2：電離層科學團隊的 TBB 地面站，是以排成 3 行的 10 個站所構成，稱為太平洋鏈（Pacific chain）。

我國太空科技發展三大主軸計畫

光學遙測衛星	福衛二號	影像已支援 178 個政府單位及 161 個學術單位，廣泛應用於國土安全、救災勘災、環境監控、科技外交、科學研究等施政需求；並為國際救災急先鋒，計有 59 國受益。
	福衛五號	結合產學研究發展 100% 國內自製高解析度光學遙測照相儀器，並建立衛星傳承設計及關鍵元件發展能量，預計 2015 年底發射。
氣象衛星星系	福衛三號	目前日產出約 1,000 筆資料，已有 74 國家使用者，應用於氣象預測、氣候變遷、太空天氣等研究。世界主要氣象預報機構也將資料納入數值預報模式中，被譽為「太空中最準確的溫度計」。
	福衛七號	臺美合作，分 2 組發射 13 枚衛星。第一組 6 枚低傾角軌道衛星，將於 2016 年第 2 季發射，臺灣附近的資料量將較福三衛星資料量增加 3+ 倍。
探空火箭		1998～2014 年，共計發射 10 次固態火箭及 4 次混合式火箭。

福爾摩沙衛星五號酬載之「先進電離層探測儀」，已於 2014 年 3 月 26 日發射升空之探空 9 號火箭上完成飛行驗證，並在 2014 年 7 月完成全功能測試，未來將隨福衛五號在美國加州范登堡空軍基地發射升空。福衛五號除了主要之遙測任務外，亦將執行太空科學與地震前兆探測任務。福衛七號計畫為福衛三號計畫的後續計畫，目標為部署 12 枚衛星，業於 2016 年及 2018 年分 2 批發射。

11-15 軍事氣象之應用

　　「孔明借東風」的故事為三國時，孫吳軍在赤壁，而曹操位在赤壁西北的烏林一帶，兩軍夾江南北對峙。如要火攻燒曹操的船，就得吹東南風。諸葛亮說，曹營在西北，我方在東南，火攻須有東南風的幫忙，否則風勢不順怎麼火攻？他說願助一場大風，而且還說自有天地以來，能借風的只有 3 個人，「第 1 個軒轅黃帝，拜風侯為師，降了蚩尤；又聞舜帝拜皋陶為師，使風困三苗。」，第 3 個不用說是他自己，也就是大家熟悉的「孔明借東風」。

　　由於戰爭與氣候的微妙關係，近年各國紛紛成立軍事氣象（military meteorology）機構，原因為二次世界大戰期間，火炮的射程增大，艦艇活動範圍大大擴展，且飛機、煙幕、毒氣等投入戰爭使用，使軍事氣象準確度要求愈高，不僅要求提供精確的地面氣象觀測及短期的天氣預報，還要求高空氣象資料及長期的天氣預報。目前軍事氣象的應用層面包括：海軍、空軍、砲兵、導彈、化學武器、生物武器和核武器等領域。

　　2021 年美國《國家科學院院刊》（proceedings of the national academy of sciences）報導針對韓國史書（朝鮮三國時代正史），記載西元前 57 年到西元 668 年之間，所進行的研究顯示：旱澇等極端天氣事件與戰爭呈現高度正相關，亦即乾旱與洪水等異常天災的出現，就預示著戰爭這種人禍即將爆發。

軍事氣象與各軍種的關係

　　軍事氣象是研究大氣條件對軍事行動、武器使用和裝備、部隊作戰與訓練和國防科學試驗的影響及應用的科學，以有效運用大氣條件，趨利避害。孫子兵法：道、天（指陰陽、寒暑、時制）、地、將、法，並指出：「凡此五者，將莫不聞，知之者勝，不知者不勝」。

　　陸軍：除炮兵之彈道氣象要素外，氣象對核生化作戰自然極端重要；降水則會影響機械化部隊之活動能力；而陸軍的集結、照明、斥候以及獲得空中支援之程度等亦無不與天氣有關。

　　海軍：與海軍有關的氣象為航海氣象，主要研究氣象條件對於艦艇航行、作戰和訓練的影響，艦艇防範及規避危險之航行天氣，以及對於艦艇部隊實施氣象保障的方法。

　　空軍：與空軍有關的氣象為航空氣象，主要乃是研究氣象條件對於飛機飛行、作戰和訓練的影響以及對於航空部隊實施氣象保障的方法。除此之外，空軍有若干特殊任務亦均與氣象有關，如亂流會影響空中加油，卷雲會影響編隊飛行，低雲層會影響飛機之一般照相等，因此空軍的氣象勤務不僅在保障飛行安全，更要確保任務之達成，並發揮最高的作戰效率。

天氣與氣候自古為影響戰爭成敗的重要因素之一，如：

(1) 黃帝 vs 蚩尤（逐鹿之戰）

(2) 赤壁之戰：諸葛亮借東風

(3) 元世祖 vs 日本

(4) 亞歷山大大帝 vs 印度

(5) 拿破崙 & 希特勒 vs 俄國

(6) 二次世界大戰：諾曼第登陸等

軍事氣象與各軍種的關係：現代化兵器對天氣的依賴性，如天氣狀況對衛星、導彈的發射；風向對毒氣或核武器的使用。

在戰爭中，正確運用氣象條件，趨利避害，歷來被視為兵家不可缺少的一項指揮藝術，中國春秋末年的軍事名著《孫子兵法》，把天氣、氣候條件視同與戰爭勝負有關的因素，因此指出「道、天、地、將、法」為兵事五要，「天」即今日之天文與氣象。他認為天者「陰陽寒暑時制也。」，時制就是知所行止，也就是用兵前應充分掌握戰區內氣候與天氣。

11-16 氣象戰

氣象戰（military meteorology）主要包括：(1) 以隱形飛機執行人造暴風雨，使敵軍陣地發生洪水。(2) 人為製造乾旱，使戰場上的敵軍沒有淡水飲用。(3) 人為製造颶風，使敵軍的防禦陣線變成廢墟。(4) 利用鐳射製造雷擊閃電，擊落戰區空中的敵機或使其無法起飛。(5) 利用微波和粒子束把電磁、熱能量傳送到大氣中，干擾敵軍的衛星通信和雷達系統。(6) 利用某種方法把核爆物質放置在地底或海中，製造大殺傷力的地震或海嘯等。

1950 年代美國艾森豪總統執政期間，美軍曾提出「氣象控制比原子彈還重要」的報告，並在坦帕灣空軍基地建立「麥金萊氣候實驗室（McKinley climatic laboratory）」，研發氣象武器，越戰期間，美軍曾利用東南亞地區西南季風多雨的有利條件，在老撾、越南和柬埔寨毗鄰地區進行人造雨，使局部地區洪水氾濫，破壞北越軍隊「胡志明小道」運輸線，當時越南受人造雨損失，超過整個越戰期間飛機轟炸造成的損失。

1965 年美國在南太平洋比基尼島試爆氫彈，結果在距爆炸中心 500 公尺的海域掀起 60 公尺高的海浪，離爆炸中心 1.5 公里之外，仍形成浪高 15 公尺的海嘯，該事件引發美國軍事家們研製海嘯武器的興趣。

據解密檔案，1970 年代美國除在古巴製造乾旱外，1974 年 9 月 18 日將「法夫颶風（Hurricane Fifi-Orlene）」導向宏都拉斯，造成中美洲國家巨額損失，人員傷亡逾萬。此後，美國在大西洋上又成功地進行過 3 次導引颶風實驗，在颶風周圍實施人工降雨以改變風暴方向的「暴風雨計畫」。1970 年代乃出現「氣象戰或天氣戰、氣候戰」一詞，即指人造劇烈風暴，造成對敵方不利的特殊天氣，達到消滅敵人的目標。

2002 年美國空軍和海軍出資在美國阿拉斯加的加科納（Gakona）軍事基地建造「高頻主動式極光研究計畫（high frequency active auroral research program, HAARP）」，天線多達 180 根，每根都有幾十公尺高，天線其實是一個高頻電磁波發射裝置，發射功率 3.6MW，可向大氣電離層發射短波電磁波束，改變地球大氣層的風向，並給聚合物和上層大氣加熱，從而改變大氣溫度和密度，目的就是改變氣候，因此科學家指出，HAARP 計畫實際上就是氣象武器。

1941 年 6 月，為阻擋納粹德軍進攻，蘇軍使用氣象武器，以人為增加降水量，加速溫度下降，導致冬天提前到來，致打敗不擅長在嚴寒中作戰的德軍；現俄羅斯也有類似 HAARP 強大的 Sura 設施。此外，如在挪威的 EISCAT（European incoherent scatter scientific association, near Tromso）。

氣象武器所造成的後果若和自然天氣混合在一起，會讓受災地區很難分辨天災或人禍，且即便可分別出是人為所致，也難拿出足夠的證據來證明這些惡劣天氣與使用氣象武器的人之間的必然關聯；聯合國為穩定國際社會秩序乃禁止軍事或其他敵對目的使用改變環境公約，簡稱環境戰公約（environmental modification convention, ENMOD），於 1978 年 10 月 5 日生效，1992 年再次發布《聯合國氣候變化框架公約》，強調禁止發展使用氣象武器。

美軍 F-117 秘照曝光，在麥金萊氣候實驗室通過氣候的模擬，其被瞬間凍成冰棒，化為廢鐵。上圖為麥金萊氣象實驗室內承受冰凍試驗的 C-130 運輸機及工作人員。

位於美國阿拉斯加的美軍 HAARP 計畫，使用高頻電磁波束控制高層大氣。1978 年 10 月 5 日聯合國「禁止軍事上或者任何其他敵對性利用環境改造」條約正式生效，美國雖然在該條約上簽字，但美軍 HAARP 研究計畫以雙重技術為掩護進行軍事項目開發。且聯合國條約並沒有禁止改造氣象為商用服務，多年來美國一直進行改造氣象的民用研究和試驗。然而一旦需要，民用氣象改造成果隨時可以轉為軍用。

20 世紀早期，科學家特斯拉（Nicholai Tesla）發現地球藉由極低頻率 3 ～ 30Hz，波長 10,000 ～ 100,000Km 的無線電網，稱為「極低頻（extremely low frequency, ELF）電網」，該全球電網以非常精確和穩定的頻率運行。當科學家發出一個與地球電網相同的 ELF，他們就能夠製造和控制地球所有天氣和地殼運動。

參考文獻

第 1 章

1. Biography of a Star: Our Sun's Birth, Life, and Death, Astronomical Society of the Pacific, Max Planck Research Magazine, 1997
2. Measurement of cosmic microwave background polarization power spectra from two years of BICEP data (H. C. Chiang, P. A. R. Ade, D. Barkats, J. O. Battle, E. M. Bierman, J. J. Bock, C. D. Dowell, L. Duband, E. F. Hivon, W. L. Holzapfel, The Astrophysical Journal, Volume 711, 2010)
3. What is the Milky Way? (Universe Today, Matt Williams, 2015)
4. The International Astronomical Union (IAU) ann06023—Announcement, Proceedings IAU Symposium No. 234
5. Evolution: When Did Photosynthesis Emerge on Earth? (De Marais, David J., Science, 2000）
6. Algal Phylogeny and the Origin of Land Plants (Bhattacharya, Debashish; Linda Medlin. Plant Physiology, 1998)
7. The oxidation state of Hadean magmas and implications for early Earth's atmosphere (Dustin Trail, E. Bruce Watson, Nicholas D. Tailby, Nature, 2011)
8. Earth's Early Atmosphere and Surface Environment (George H. Shaw, 2014)
9. Earth's Early Atmosphere (James F. Kasting, Science, 1993)

第 2 章

10. It contains about four-fifths of the mass of the whole atmosphere Troposphere (McGraw-Hill Concise Encyclopedia of Science & Technology, 1984)
11. The oxygenation of the atmosphere and oceans (Holland HD, Philos Trans R Soc London Ser B 361:903–915, 2006)
12. Evolution of the Earth's Atmosphere - ScientificPsychic.com
13. Life and the Evolution of Earth's Atmosphere (Stephen J. Mojzsis, 2014)
14. On Atmospheric Loss of Oxygen Ions from Earth Through Magnetospheric Processes (Seki, K.; Elphic, R. C.; Hirahara, M.; Terasawa, T.; Mukai, T. Science, 291, 2001)
15. Carbon dioxide (NOAA Earth System Research Laboratory, 2013).
16. Layers of the Atmosphere (National Weather Service, NOAA)
17. Atmosphere, Climate & Environment Information ProgGFKDamme (UK Department for Environment, Food and Rural Affairs, 2010)

第 3 章

18. Contributions of the Hadley and Ferrel Circulations to the Energetics of the Atmosphere over the Past 32 Years (Junling Huang and Michael B. McElroy, Journal of Climate. 27, 2014)
19. The Climate System: General Circulation and Climate Zones (Yochanan Kushnir, 2012)
20. The Chinook Winds (Burrows, Alvin, Yearbook of the Department of Agriculture, US Department of Agriculture, 2016)
21. Weather Basics - Jet Streams (bbc.co.uk, 2008)
22. Meteorolog(Lyndon State Collegey, 2008)
23. The Jet Stream (Gedney, Larry, University of Alaska Fairbanks, 1983)
24. Glossary of Meteorology (trade winds, American Meteorological Society, 2010)
25. Physical Geography (Introduction to the Hydrosphere, Cloud Formation Processes, 2009)

第 4 章

26. Convective and stratiform rainfall in the tropics (B. Geerts, 2007)
27. Stratiform Precipitation in Regions of Convection: A Meteorological Paradox (Houze, Rober, Bulletin of the American Meteorological Society, 78 ,1997)
28. Physical Geography (Cloud Formation Processes, Free Webinar, 2009)
29. Extreme Weather (Michael H. Mogil, New York: Black Dog & Leventhal Publisher, 2007)
30. Glossary of Meteorology (Squall line, American Meteorological Society, 2009)
31. Tropical Cyclones and Global Climate Change: A Post-IPCC Assessment (Henderson-Sellers, A.; Zhang, H.; Berz, G.; Emanuel, K.; Gray, W.; Landsea, C.; Holland, G.; Lighthill, J.; Shieh, S. L.; Webster, P.(Bulletin of the American Meteorological Society. 79,1998)
32. The structure and energetics of the tropical cyclone (Frank, W. M., Monthly Weather Review. 105, 1977)
33. Stationary Front (University of Illinois Department of Atmospheric Sciences, 2006)
34. The environment: principles and applications (Chris C. Park, Psychology Press, 2010)

第 5 章

35. Oceans and Climate (air-sea interactions, Oceanus Magazine,1996)
36. Satellites Record Weakening North Atlantic Current Impact (NASA, 2008)
37. Introduction to Physical Oceanography (Knauss, J.A., Waveland Press. Second Edition, 2005)
38. Tropical Cyclone Report: Hurricane Katrina (Knabb, Richard D; Rhome, Jamie R.; Brown, Daniel P, National Hurricane Center, 2008)
39. A slowing cog in the North Atlantic ocean climate machine (Kerr, Richard A., Science, 304, 2004)
40. Investigating the Gulf Stream (National Environmental Satellite, Data, and Information Service, North Carolina State University, 2009)
41. The Definition of El Niño (Trenberth, Kevin E, Bulletin of the American Meteorological Society. 78, 1997)
42. The impact of global warming on the tropical Pacific Ocean and El Niño (Collins, Mat; An, Soon-Il; Cai, Wenju; Ganachaud, Alexandre; Guilyardi, Eric; Jin, Fei-Fei; Jochum, Markus; Lengaigne, Matthieu; Power, Scott; Timmermann, Axel; Vecchi, Gabe; Wittenberg, Andrew, Nature Geoscience. 3, 2010)

第 6 章

43. Earth Observation of Global Change: The Role of Satellite Remote Sensing in Monitoring the Global Environment (Chuvieco, Emilio, Springer, 2008)
44. WMO Integrated Global Observing System (WIGOS, home page, https://www.wmo.int/wigos)
45. Glossary of Meteorology, Gust Front (American Meteorological Society, 2009)
46. Microbursts: A Handbook for Visual Identification (Fernando Caracena; Ronald L. Holle & Charles A. Doswell, Cooperative Institute for Mesoscale Meteorological Studies, 2008)
47. Making the Skies Safer From Wind shear (National Aeronautics and Space Administration, Langley Research Center, 2012)

第 7 章

48. Cyclonic scale (American Meteorological Society, 2007)
49. Middle-Latitude Cyclones – II (Konstantin Matchev, University of Florida, 2009)

50. The Weather Map (Bureau of Meteorology, 2007)

51. Weather's Highs and Lows: Part 1The High (Keith C. Heidorn, The Weather Doctor, 2009)

52. Automated Weather Observing System World Wide AWOS System Provider (All Weather, Inc, AWI)

53. Weather Prediction by Numerical Process (Richardson, Lewis Fry, Cambridge, England: Cambridge University Press, 1922)

54. The Emergence of Numerical Weather Prediction (Lynch, P., Cambridge U.P., 2006)

55. Aviation Hazards: Thunderstorms and Deep Convection (Bureau of Meteorology, 2008)

56. The origins of computer weather prediction and climate modeling (Lynch, Peter Journal of Computational Physics, 227, University of Miami, 2008)

第 8 章

57. Atmospheric Chemistry and Physics: From Air Pollution to Climate Change (2nded.) (Seinfeld, John; Spyros Pandis, Hoboken, New Jersey: John Wiley & Sons, Inc., 1998)

58. Earth Not So Hot Thanks to Volcanoes (Sid Perkins, Science Now, 2013)

59. Region 4: Laboratory and Field Operations – PM 2.5 (PM 2.5 Objectives and History, U.S. Environmental Protection Agency, 2008)

60. The global burden of disease due to outdoor air pollution(Cohen, A. J.; Anderson, Ross H.; Ostro, B; Pandey, K. D.; Krzyzanowski, M; Künzli, N; Gutschmidt, K; Pope, A; Romieu, I; Samet, J. M.; Smith, K, J. Toxicol. Environ. Health Part A. 68, 2005)

61. Computation of the Pollutant Standards Index (PSI) (National Environment Agency of Singapore, 2014)

62. Smog – Causes (The Environment: A Global Challenge, 2013)

63. Impact of agriculture crop residue burning on atmospheric aerosol loading--a study over Punjab State, India (Sharma, A. R., Kharol, S. K., Badarinath, K. V. S., & Singh, D., Annales Geophysicae, 28(2), 2010)

64. Newly detected ozone-depleting substances in the atmosphere(Johannes C. Laube; Mike J. Newland; Christopher Hogan; Carl A. M. Brenninkmeijer; Paul J. Fraser; Patricia Martinerie; David E. Oram; Claire E. Reeves; Thomas Röckmann; Jakob Schwander; Emmanuel Witrant; William T. Sturges , Nature Geoscience. 7 (4), 2014)

65. Compliance with the Multilateral Environmental Agreements to Protect the Ozone Layer, in Ulrich Beyerlin et al. Ensuring Compliance with Multilateral Environmental Agreements Leiden: Martinus Nijhoff, Sarma, K. Madhava, 2006

66. Radiation and human health (Gofman, John W., San Francisco: Sierra Club Books, 1981)

67. Radiation Safety for Personnel Security Screening Systems Using X Rays or Gamma Radiation (American National Standards Institute, ANSI/HPS N43.17, 2012)

68. A Critical Evaluation of Nuclear Power and Renewable Electricity in Asia (Benjamin K. Sovacool, Journal of Contemporary Asia, Vol. 40, 2010)

第 9 章

69 What's the Difference Between Weather and Climate? (Shepherd, Dr. J. Marshall; Shindell, Drew; O'Carroll, Cynthia M., NASA. 2015)

70. Climate change and greenhouse gases (Ledley, T.S.; Sundquist, E. T.; Schwartz, S. E.; Hall, D. K.; Fellows, J. D.; Killeen, T. L., EOS. 80, 1999)

71. Updated world map of the Köppen–Geiger climate classification (Peel, M. C.; Finlayson, B. L.; McMahon, T. A., Hydrol Earth Syst, Sci.11, 2007)

72. Poverty and the drylands, in Global Drylands Imperative (Dobie, Ph., Challenge paper, Undp, Nairobi, Kenya, 2001)

73. Holistic Management Handbook: Healthy Land, Healthy Profits (Butterfield, Jody Second Edition, Island Press, 2006)
74. El Niño Southern Oscillation (ENSO) (Australian Bureau of Meteorology, 2008)
75. The impact of global warming on the tropical Pacific Ocean and El Niño (Collins, M.; An, S-I; Cai, W.; Ganachaud, A.; Guilyardi, E.; Jin, F-F; Jochum, M.; Lengaigne, M.; Power, S.; Timmermann, A.; Vecchi, G.; Wittenberg, A, Nature Geosci. 3 (6), 2010)
76. Probabilistic Forecast for 21st century Climate Based on Uncertainties in Emissions (without Policy) and Climate Parameters(Sokolov, A.P.; et al., Journal of Climate 22 (19), 2009)
77. An Assessment of Climate Feedbacks in Coupled Ocean–Atmosphere Models (Soden, Brian J.; Held, Isaac M., J. Climate (19), 2006)

第 10 章

78. Sea ice index (Fetterer, F., and K. Knowles, 2004, Boulder, CO: National Snow and Ice Data Center. Digital media)
79. A Reconciled Estimate of Glacier Contributions to Sea Level Rise: 2003 to 2009 (Alex S. Gardner; Geir Moholdt; J. Graham Cogley; Bert Wouters; Anthony A. Arendt; John Wahr; Etienne Berthier; Regine Hock; W. Tad Pfeffer; Georg Kaser; Stefan R. M. Ligtenberg; Tobias Bolch; Martin J. Sharp; Jon Ove Hagen; Michiel R. van den Broeke; Frank Paul, Science. 340 (6134), 2013)
80. Near-surface permafrost degradation: How severe during the 21st century? (Delisle, G., Geophysical Research Letters, American Geophysical Union. 34 ,2007)
81. Sensitivity of the carbon cycle in the Arctic to climate change (McGuire, A.D., Anderson, L.G., Christensen, T.R., Dallimore, S., Guo, L., Hayes, D.J., Heimann, M., Lorenson, T.D., Macdonald, R.W., and Roulet, N., Ecological Monographs. 79 (4), 2009)
82. Death toll exceeded 70,000 in Europe during the summer of 2003 (Robine, Jean-Marie; Siu Lan K. Cheung, Sophie Le Roy, Herman Van Oyen, Clare Griffiths, Jean-Pierre Michel, François Richard Herrmann, Comptes Rendus Biologies. 331 (2), 2008)
83. The 2003 Heat Wave in France: Dangerous Climate Change Here and Now (Poumadère, M.; Mays, C.; Le Mer, S.; Blong, R., Risk Analysis. 25, 2005)
84. NDRRMC Updates re Effects of TY YOLANDA (HAIYAN)(National Disaster Risk Reduction and Management Council, 2014)
85. More bodies turning up in Tacloban Joey Gabieta, Philippine Daily Inquirer, Asia News Network, 2014)
86. The association between stratospheric weak polar vortex events and cold air outbreaks in the Northern Hemisphere Kolstad, Erik W.; Breiteig, Tarjei; Scaife, Adam A., Quarterly Journal of the Royal Meteorological Society, Royal Meteorological Society, 136, 2010)
87. On the differences and climate impacts of early and late stratospheric polar vortex breakup (Li, L; Li, C; Pan, Y, Advances in Atmospheric Sciences, 29 (5), 2012)
88. A stratospheric connection to Atlantic climate variability(Reichler, Tom; Kim, J; Manzini, E; Kroger, J., Nature Geoscience, 5, 2012)
89. Climate Threat to the Planet: Implications for Energy Policy and Intergenerational Justice (Hansen, James E., 2008)
90. Food Security Indicators (Food and Agriculture Organization of the United Nations, Rome, 2015)
91. Child Mortality Estimates Info, Under-five Mortality Estimates (Inter-agency Group for Child Mortality Estimation, 2014)

92. Climate Change Indicators in the United States: Sea level (United States Environmental Protection Agency, 2014)
93. Accelerated Sea-Level Rise from West Antarctica (Thomas, R; et al, Science 306, 2004)
94. Estimating Mean Sea Level Change from the TOPEX and Jason Altimeter Missions (Nerem; R. S.; et al., Marine Geodesy, 33, 2010)
95. National Biodiversity Strategies and Action Plans (NBSAPs)
96. Fifth Report of the European Union to the Convention on Biological Diversity (www.cbd.int, 2014)
97. Climate Change and Human Health: Present and Future Risks (A.J. McMichael; R. Woodruff; S. Hales, Lancet, 367, 2006)
98. Yale Environment 360: Study Claims 300,000 Deaths Attributable to Global Warming Each Year
99. WHO - The global burden of disease: 2004 update

第 11 章

100. Integrated Water Resources Management in South and Southeast Asia (Biswas, A.K., Varis,O. & Tortajada, C., New Delhi, Oxford University Press, 2005)
101. Advantages of integrated and sustainability based assessment for metabolism based strategic planning of urban water systems (Behzadian, k; Kapelan, Z., Science of The Total Environment, Elsevier, 527-528, 2015)
102. The Downburst, microburst and macroburst (Fujita, T.T., SMRP Research Paper, 210, 1985)
103. Vertical Wind Shear (University of Illinois, 2006)
104. Terminal Doppler Weather Radar Information (National Weather Service, 2009)
105. Clear-Air Turbulence: Simultaneous Observations by Radar and Aircraft (John J. Hicks, Isadore Katz, Claude R. Landry, and Kenneth R. Hardy, Science,157, 1967)
106. Flight to the death (Younge, Gary, The Guardian, 2006)
107. Future Directions of Precision Agriculture (McBratney, A., Whelan, B., Ancev, T., Precision Agriculture, 6, 2005)
108. Management of drip/trickle or micro irrigation (R. Goyal, Megh, Oakville, CA: Apple Academic Press, 2012)
109. Weather Hazards and the Changing Atmosphere (McGuire, Thomas, Earth Science: The Physical Setting. Amsco School Pubns Inc. 2008)
110. Hundreds killed by landslides and flash floods triggered by heavy monsoon rains in Kashmir (Jane, Sophie, Dailymail.co.uk, 2014)
111. Global evidence that deforestation amplifies flood risk and severity in the developing world (Bradshaw, CJ; Sodhi, NS; Peh, SH; Brook, BW, Global Change Biology, 13, 2007)
112. The Science of Wildland fire (National Interagency Fire Center, 2008)
113. Forest Fires and Climate Change in the 21st century (Flannigan, M.D.; B.D. Amiro; K.A. Logan; B.J. Stocks & B.M. Wotton, Mitigation and Adaptation Strategies for Global Change, 11 (4), 2005)
114. The Framework of Plasma Physics (Hazeltine, R.D.; Waelbroeck, F.L., Westview Press, 2004)
115. Air Force Weather Agency, public website
116. Weather and War (John F. Fuller, Military Airlift Command, U.S. Air Force, 1974)
117. McKinley Climatic Laboratory, 46th Test Wing Fact Sheet, US Air Force, 2009)
118. F-22 endures 3-week, cold-weather test at Eielson, Air Force Link, US Air Force, 2012)
119. Purpose and Objectives of the HAARP Program, HAARP, 2009
120. ESA - Space Debris - Scanning & observing, ESA, 2015

國家圖書館出版品預行編目資料

圖解大氣科學／張泉湧著. -- 三版. -- 臺北
市：五南圖書出版股份有限公司, 2023.09
　面；　公分
　ISBN 978-626-366-523-1 (平裝)

1.CST: 大氣

328.2　　　　　　　　　112013715

5U07

圖解大氣科學

作　　　者 — 張泉湧 (200.6)

發 行 人 — 楊榮川

總 經 理 — 楊士清

總 編 輯 — 楊秀麗

副總編輯 — 王正華

責任編輯 — 金明芬、張維文

封面設計 — 陳翰陞、姚孝慈

出 版 者 — 五南圖書出版股份有限公司

地　　　址：106臺北市大安區和平東路二段339號4樓

電　　　話：(02)2705-5066　　傳　　真：(02)2706-6100

網　　　址：https://www.wunan.com.tw

電子郵件：wunan@wunan.com.tw

劃撥帳號：01068953

戶　　　名：五南圖書出版股份有限公司

法律顧問　林勝安律師

出版日期　2015年11月初版一刷
　　　　　2016年10月二版一刷
　　　　　2022年10月二版六刷
　　　　　2023年 9月三版一刷

定　　　價　新臺幣480元

經典永恆·名著常在

五十週年的獻禮 —— 經典名著文庫

五南，五十年了，半個世紀，人生旅程的一大半，走過來了。

思索著，邁向百年的未來歷程，能為知識界、文化學術界作些什麼？

在速食文化的生態下，有什麼值得讓人雋永品味的？

歷代經典·當今名著，經過時間的洗禮，千錘百鍊，流傳至今，光芒耀人；

不僅使我們能領悟前人的智慧，同時也增深加廣我們思考的深度與視野。

我們決心投入巨資，有計畫的系統梳選，成立「經典名著文庫」，

希望收入古今中外思想性的、充滿睿智與獨見的經典、名著。

這是一項理想性的、永續性的巨大出版工程。

不在意讀者的眾寡，只考慮它的學術價值，力求完整展現先哲思想的軌跡；

為知識界開啟一片智慧之窗，營造一座百花綻放的世界文明公園，

任君遨遊、取菁吸蜜、嘉惠學子！